Empfohlen vom World Wildlife Fund
Umweltstiftung WWF-Deutschland

Carl-Albrecht v. Treuenfels

Sie alle brauchen Lebensraum

Bedrohte Tiere in freier Wildbahn

Mit 116 Fotos des Autors

Hoffmann und Campe

CIP-Kurztitelaufnahme der Deutschen Bibliothek

Treuenfels, Carl-Albrecht v.:
Sie alle brauchen Lebensraum : bedrohte Tiere in freier Wildbahn /
Carl-Albrecht v. Treuenfels. — Hamburg : Hoffmann und Campe, 1982.
ISBN 3-455-08713-2
Treuenfels, Carl-Albrecht v.

Gestaltung Jan Buchholz und Reni Hinsch
Satz Otto Gutfreund, Darmstadt
Lithographie Otterbach Repro KG, Rastatt
Druck- und Bindearbeiten Richterdruck, Würzburg
Printed in Germany

Zu diesem Buch

Der Fischotter und der Große Brachvogel in Deutschland, der Moschusochse nördlich des Polarkreises, der Bartkauz in den Rocky Mountains, der Elefant im afrikanischen Busch und indischen Dschungel oder der in Sibirien beheimatete Schneekranich — mit unzähligen anderen freilebenden Tierarten teilen sie das gleiche Schicksal: Ihr Lebensraum wird von Tag zu Tag kleiner. Der Mensch trägt die Verantwortung dafür, daß die Erde immer unwirtlicher oder gar unbewohnbar für seine Mitgeschöpfe wird. Die unaufhörlich länger werdenden »Roten Listen« der von der Ausrottung bedrohten Tier- und Pflanzenarten sind einer von vielen Beweisen für diese traurige Erkenntnis. Allein in Deutschland sind in den vergangenen hundert Jahren etwa zweihundert einheimische Wirbeltierarten ausgerottet oder so stark dezimiert worden, daß mit ihrem »Aussterben« gerechnet werden muß, wenn ihnen nicht schnellstens geholfen wird. Genauso viele heimische Farn- und Blütenpflanzenarten sind betroffen. Schon jetzt steht nach dem Urteil von Fachleuten fest, daß wir viele freilebende Tierarten, die wir heute noch beobachten können, im Jahr 2000 nicht mehr sehen werden. Dazu gehören in der Bundesrepublik Deutschland vielleicht so populäre Tiere wie der Seehund, in Afrika das Nashorn, in Asien der Große Panda (Bambusbär), in Nordamerika der Kalifornische Kondor.

Doch je beängstigender die Zahl der Menschen in vielen Staaten der Erde zunimmt, je stärker das Land, das Wasser und die Luft von ihnen über Gebühr genutzt und verbraucht werden, desto größer wird auch das Lager derer, die sich Sorgen um die Zukunft des Lebens auf unserer Erde machen und die Rücksichtslosigkeit gegenüber den Naturgütern nicht einfach als gegeben hinnehmen. Die sich persönlich engagieren und praktisch Hand anlegen, um zu helfen. Umwelt- und Naturschutz haben in der öffentlichen Diskussion und im politischen Alltag einen hohen Stellenwert erlangt. In der Praxis mangelt es allerdings häufig noch an der erforderlichen Durchsetzung.

Der Begriff »Lebensraum« ist ein geflügeltes Wort im Naturschutz geworden. Jeder, der sich damit beschäftigt, weiß, daß die Erhaltung der freilebenden Tier- und Pflanzenwelt nicht möglich ist ohne die Erhaltung oder die (Wieder-)Schaffung ihrer artbedingten Lebensvoraussetzungen. Lebensraum — das ist die Landschaft in ihrer vielfältigen Gestalt und Ausformung, die durch eine mehr oder weniger artenreiche Besiedlung verschiedenster Pflanzen und Tiere zum Biotop, zur Lebensstätte, wird: Moore, nasse Wiesen, Teiche, Seen, Bäche, Flüsse, das Meer mit seinen fruchtbaren Wattzonen — alle als Feuchtgebiete besonders »produktive« Gebiete; Heide- und Trockenrasenflächen; Wälder in ihren unterschiedlichen Erscheinungsformen; Felder mit Hecken und Rainen; mit Büschen und Einzelbäumen durchsetzte Auen; das Gebirge mit seinen wechselnden Vegetationszonen; die Savanne und die Steppe; die Wüste; die Tundra; die Arktis und die Antarktis.

In jedem dieser Bereiche auf unserer Erde haben sich Lebensgemeinschaften von Pflanzen und Tieren entwickelt, die auf Gedeih und Verderb von bestimmten Voraussetzungen und Wechselwirkungen abhängen. Fällt ein Glied in der oftmals kompliziert angelegten Kette des Essens und Gegessenwerdens aus, so kann das katastrophale Folgen für den gesamten Kreislauf haben.

Was heute für den Seeadler und den Leoparden gilt, die hier stellvertretend für die mehr als 1700 vom Washingtoner Artenschutzübereinkommen erfaßten Tierarten und die um ein Vielfaches größere Zahl der Pflanzenarten genannt seien, kann morgen bereits für den Schwarzspecht und das Murmeltier, eines gar nicht so fernen Tages für den Feldhasen oder das Rotkehlchen Wirklichkeit werden. Kaum ein Mensch will das. Sicherlich auch derjenige nicht, dem die Natur fremd oder einerlei ist. Doch neben der Rücksichtslosigkeit ist es vor allem die Gleichgültigkeit, ohne die manche Zerstörung unserer lebendigen Umwelt unterbleiben würde. Gleichgültigkeit, Gedankenlosigkeit im Verhältnis zur Natur sowie fehlendes Interesse oder mangelnde Zivilcourage im Hinblick auf ihren Schutz, nehmen nicht zuletzt in dem Grad ab, in dem die Kenntnisse über sie und ihre vielen aufregenden Wechselbeziehungen wachsen. Und mit der Kenntnis wächst das Engagement, aus dem Engagierten wird vielleicht sogar ein Liebhaber — ein Naturliebhaber. Und umgekehrt.

Dieses Buch will dazu beitragen, daß beides wächst, die Kenntnis von der Natur und die Liebe zu ihr. Wer könnte dafür besser werben als die freilebende Tierwelt? In Wort und Bild werden Wildtiere vorgestellt, von denen einige schon vor unserer Haustür, andere weit verstreut über den Globus und vom Menschen so weit wie noch möglich zurückgezogen leben. Tiere und Pflanzen haben ein Lebensrecht auf dieser Erde. Sie sind darüber hinaus letzten Endes Partner des Menschen, die auf seine Einsicht — vielleicht muß man schon sagen, auf seine Gnade — angewiesen sind. Mit ihnen erhält sich der Mensch nicht nur Vielfalt und Schönheit auf »seiner« Erde, erfüllt er nicht nur eine sittlich-moralische Pflicht seinen andersgearteten Mitbewohnern gegenüber, sondern bewahrt er auch für sich selber Lebensraum und -grundlage. Denn: Wo eines Tages keine Pflanzen und Tiere mehr gedeihen, wird der Mensch auch für sich den gemeinsamen Planeten unbewohnbar gemacht haben.

»Naturschutz ist Menschenschutz« heißt es in einem Appell der internationalen Naturschutzstiftung WWF. Die Schönheit, Vielgestaltigkeit und das interessante Leben der Tiere, aber auch ihre Hilflosigkeit dem Menschen gegenüber und ihre Schutzbedürftigkeit können vielleicht als Anregung und Aufforderung dienen: Indem wir mehr für den Schutz ihrer Lebensräume tun, leisten wir uns und unseren Nachfahren einen lebenswichtigen Dienst.

Dieses Buch wäre sicherlich nicht entstanden, wenn nicht ein gut Teil der Kapitel in ähnlicher Form in der »Frankfurter Allgemeinen Zeitung« erschienen wäre. Und dort hätten sie vielleicht nie ihren Platz auf den Seiten von »Deutschland und die Welt« erhalten, würde sich nicht der Leiter des Ressorts, Claus Lafrenz, für die Natur und ihren Schutz journalistisch so engagieren. Ihm sowie den Redaktionsmitgliedern Dr. Michael Fritzen und Gisela Friedrichsen danke ich dafür.

Das Buch wäre vielleicht auch nicht geplant worden ohne die vielen Zuschriften und Anfragen von Lesern der FAZ, die sich eine Zusammenfassung wünschten. Ihnen sei für die mannigfache Anregung gedankt.

Daß der vorliegende Band so viel mehr als nur eine Sammlung von Beiträgen geworden ist, dafür bin ich dem Hoffmann und Campe Verlag sehr dankbar, insbesondere seinem Leiter, Hans-Helmut Röhring, der Lektorin Regine Stützner und Helmut Müller, der für die Herstellung verantwortlich war.

Mein Dank gilt schließlich noch allen amtlichen und privaten Naturschützern, die mir bei fotografischen Unternehmen geholfen haben, die mir Informationen gaben und mit denen ich viele erlebnisreiche Stunden in der Wildbahn verbrachte.

Januar 1982 Carl-Albrecht v. Treuenfels

Inhalt

Junger Seeadler kurz vor dem Ausfliegen im Geäst (Norwegen)

Schreiseeadler

Ihr Ruf gilt als die Stimme Afrikas

Seeadler sind faszinierende Vögel. Die näher mit den Milanen als mit den übrigen Adlern verwandten Greife sind in acht Arten über weite Teile der Erde mit Ausnahme von Südamerika verbreitet. Wo sie heute noch leben, machen sie durch ihre stattliche Erscheinung, ihre weithin vernehmbare Stimme und ihre Jagdmethode auf sich aufmerksam. Einer von ihnen hat es geschafft, den »Ruf der Wildbahn« für einen ganzen Kontinent zu versinnbildlichen. Wenn der Schreiseeadler im Sitzen oder beim Fliegen seinen Kopf in den Nacken wirft und seinen gellenden fünfsilbigen Schrei ausstößt, dann kommt nach dem Empfinden vieler Naturkenner und Schriftsteller darin am unmittelbarsten der großartige Reiz und die farbige Vielfalt der afrikanischen Natur zum Ausdruck. Und in der Tat hat der Ruf des Schreiseeadlers, die »Voice of Africa«, etwas Mitreißendes, Bewegendes, Urtümliches und gleichzeitig Geheimnisvolles an sich. Hinzukommen mag, daß sich kein anderer großer Greifvogel dort so oft und so lauthals äußert. Nicht nur mit dem deutschen, sondern auch mit dem lateinischen Namen wird ihm das bestätigt: Die wissenschaftliche Bezeichnung lautet Haliaeetus vocifer. Die Engländer dagegen haben ihm einen auf seine Ernährungsweise abgestellten Namen gegeben und ihn Fish Eagle genannt. (Daher wird er auf deutsch oft fälschlich als Fischadler — englisch: Osprey — bezeichnet und mit diesem verwechselt.)
Wenn auch nicht in ganz so überwiegendem Ausmaß wie beim Fischadler, so stehen doch Fische auf der Beuteliste des Schreiseeadlers ganz oben. Hat er ein Opfer unter der Wasseroberfläche entdeckt, gleitet er flach auf die Stelle zu, streckt kurz vor Erreichen des Beutetieres (das ihn meistens wegen des spitzen Anflugwinkels nicht rechtzeitig entdeckt) seine Fänge weit vor, zieht die Flügel nach hinten, stößt mit den Krallen zu und schlägt gleichzeitig seine mächtigen Schwingen nach unten, um unter Ausnutzung der Anflugsgeschwindigkeit kraftvoll durchzustarten und möglichst schnell wieder an Höhe zu gewinnen. Anders als der (nicht zur Gruppe der Seeadler gehörende) kleinere Fischadler taucht der Schreiseeadler nicht völlig unter, wenn er zupackt. Die meisten seiner Beutefische schwimmen nicht tiefer als 15 Zentimeter. Und dennoch geht mancher Stoß daneben: Beobachtungen haben ergeben, daß im Durchschnitt nur jeder siebente bis achte Versuch erfolgreich ausgeht.
Da ist es nicht verwunderlich, daß die Vögel mit den ungewöhnlich breiten Flügeln sich auf bequemere Art die Nahrung zu beschaffen versuchen. Zum einen fliegen sie die Ufer ihres Reviers an einem Fluß oder See ab und lesen angespülte tote Fische oder die Reste anderer Tiere auf. Zum anderen verlegen sie sich darauf, anderen Vögeln die Beute abzujagen. Nicht selten verfolgen sie einen Reiher, einen Löffler, einen Nimmersatt-Storch, einen Kormoran oder gar einen schwächeren, meist jüngeren Artgenossen kilometerweit, bis dieser in höchster Not seinen Fang herauswürgt.
Dort, wo die Schreiseeadler dicht beieinander leben (und es gibt in ihrem Verbreitungsgebiet, das sich vom Südrand der Sahara bis zum Kap der Guten Hoffnung erstreckt, Seen und Flüsse, wo auf einer Strecke von mehreren Kilometern alle paar hundert Meter ein anderes Paar sein Territorium hat), brüten sie nicht regelmäßig jedes Jahr. Wenn sie es tun, legt das Weibchen ein bis drei (meistens zwei) Eier, die von beiden Partnern ungewöhnlich lange, nämlich sechs Wochen, bebrütet werden. Nach einer Nestlingszeit von 70 bis 75 Tagen werden die Jungen flügge. Sobald sie selbständig jagen können, vertreiben die Alten sie aus ihrem Revier. Da auch andere Paare sie nicht in ihrem Jagdgebiet dulden, haben es die Jungen oft sehr schwer, irgendwo Fuß zu fassen. Zwischen 65 und 80 Prozent von ihnen, so schätzen Vogelforscher, erreichen — wie viele andere Greifvögel auch — nicht einmal die Geschlechtsreife im Alter von vier bis fünf Jahren. Die einen verhungern, die anderen ertrinken, wenn sie sich an einem zu großen Fisch versuchen oder nach zu vielen vergeblichen Angriffsflügen mit nassem Gefieder nicht mehr vom Wasser abheben können. Oft trägt das Federkleid dann noch gar nicht die leuchtenden Farben, die einen erwachsenen Schreiseeadler zum schönsten der ganzen Art machen: Kopf, Brust und ein Teil des Rückens sind strahlend weiß, das übrige Gefieder einschließlich der »Hosen« an den Beinen zeigt kastanien- und schokoladenbraune Tönung.
Haben die Schreiseeadler dieses Stadium erreicht, sind sie dem gefährlichsten Lebensabschnitt entwachsen. Dann haben sie Aussicht, älter als 25 Jahre zu werden, denn in Afrika werden sie vom Menschen nur selten verfolgt.

Seeadler

Wird es jemals wieder mehr als vier Brutpaare geben?

Vieltausendfach ist der Seeadler über die gesamte Bundesrepublik verbreitet – allerdings nur als schwarzweiße Silhouette auf dem grün umrandeten Hinweisschild vor Natur- und Landschaftsschutzgebieten. In lebendiger Wirklichkeit ist der Seeadler jedoch der seltenste Brutvogel in der Bundesrepublik geworden: Ganze vier Paare gibt es noch im Osten Schleswig-Holsteins. Zwischen Ende Februar und Anfang Juli versuchen sie jedes Jahr aufs neue, ihre Sippe zahlenmäßig zu stärken. Mit wechselndem Erfolg, denn das Leben in der dichtbesiedelten Zivilisationslandschaft ist für die größten in Mittel- und Nordeuropa vorkommenden Greifvögel nicht einfach. Und hätten nicht seit Ende der sechziger Jahre einige Menschen sich des Seeadlerschutzes angenommen, so gäbe es heute keinen einzigen der imposanten Gefiederten mehr als Standvogel in der Bundesrepublik. Damit wäre nicht nur deren Natur um ein Vermögen ärmer, sondern sie hätte auch ihren Wappenvogel verloren.
Doch es war zunächst nicht der Staat mit seinen amtlichen Naturschutzstellen, der sich an die Rettung des Seeadlers machte, sondern auf die Initiative einiger Greifvogelfreunde hin und mit finanzieller Unterstützung des World Wildlife Fund (WWF) wurde 1969 nach mehrjähriger Vorbereitung ein Schutzprogramm gestartet, das zunächst die Brutplätze der Seeadler sichern sollte. Damals gab es immerhin noch sieben Paare mit festen Revieren, doch es glückte nur einem oder zwei von ihnen, hin und wieder einen Jungvogel großzuziehen. Die Tiere wurden zu oft am Horst gestört, ihre Nester von fanatischen Eiersammlern ausgenommen. Manche Paare bebrüteten ihre meistens zwei Eier (das Gelege kann auch nur aus einem, ganz selten aber auch sogar aus vier Eiern bestehen) fünfeinhalb Wochen vergeblich: Unter den Schalen waren im Eidotter und Eiweiß so viele Rückstände von Umweltgiften konzentriert, daß sich kein lebensfähiger Vogel bilden konnte. Untersuchungen der von den Vögeln verlassenen Eier bewiesen es.
Dieses Schicksal teilen die Seeadler mit vielen

Seiten 10/11 *Schreiseeadler mit gerade erbeutetem Fisch (Botswana)*

anderen derjenigen Tiere, die am Ende einer Nahrungskette stehen. Der Seeadler — einst von den Britischen Inseln über große Teile Europas bis hinab nach Ägypten, über das nördliche und mittlere Sibirien bis nach China und das nördliche Japan verbreitet, heute aber in weiten Gebieten seines früheren Vorkommens ausgerottet — lebt von Wasservögeln und Fischen. Diese wiederum ernähren sich entweder auch von — kleineren — Fischen und anderem im Wasser lebenden Getier oder von Pflanzen. So setzt sich die Kette nach unten zu immer kleineren Lebewesen fort, bis hin zum Plankton. Doch die Qualität des Wassers wird durch eingeschwemmte Fremdstoffe wie Kunstdüngerreste, chemische Pflanzenschutzmittel, Haus-, Stall- und Industrieabwässer gemindert. Immer wieder stößt man auf diesen verhängnisvollen Kreislauf.

Wenn die Naturschützer diese Gefahr auch nicht völlig bannen können, so haben sie doch bis zum Jahr 1981 erreicht, daß die Nachwuchsrate der schleswig-holsteinischen Seeadler wieder erheblich gestiegen ist: 1981 flogen vier Jungadler aus, ein Jahr zuvor waren es sogar sechs »wilde« und ein in Gefangenschaft gezüchteter und kurz vor dem Ausfliegen in einen Horst zugesetzter Artgenosse. Mit diesem Trick versuchen die Vogelschützer, seit einigen Jahren die natürliche Reproduktionsrate zusätzlich zu erhöhen. Auch wird gelegentlich ein in der Voliere großgewordener flugfähiger Jungadler in einem Adlerrevier »ausgewildert«, was nur dann klappt, wenn er nicht auf den Menschen geprägt ist und Anschluß an die freilebenden Artgenossen findet.

Solche Maßnahmen können das Seeadlerproblem in den Augen der in einer vom schleswig-holsteinischen Ministerium für Ernährung, Landwirtschaft und Forsten und vom WWF-Deutschland unterstützten »Projektgruppe Seeadlerschutz« zusammenarbeitenden Fachleute nicht lösen. Am wichtigsten ist für die Adler, daß sie sowohl während der Brutzeit als auch bei der Nahrungssuche vom Menschen in Ruhe gelassen werden. Um das erste zu garantieren, bewachen jedes Jahr zwischen 100 und 150 Menschen vier Monate lang ununterbrochen die mächtigen in der Krone hoher alter Buchen stehenden Horste.

Bevor er mit seinen breiten Schwingen, deren Spannweite beim größeren Weibchen zweieinhalb Meter erreichen kann, zu einem Angriffsflug über die Wasserfläche startet, sitzt ein Seeadler oft stundenlang auf Beobachtungsposten. Dafür benutzt er gern freistehende Bäume in Ufernähe. Meist fliegt er seine Opfer flach an und zeigt beim Zustoßen eine beachtliche Schnelligkeit und Geschicklichkeit. Die Liste seiner Beutetiere ist lang und richtet sich sowohl danach, was der Biotop hergibt, als auch nach der Jahreszeit. Dutzende von Vogelarten wurden den Seeadlern schon als »Opfer« nachgewiesen: Lachmöwe wie Haubentaucher, Stockente, Bläßhuhn, Graugans und Schwan genauso wie Mäusebussard und Eule neben vielen anderen. Auch bei den Fischen zeigen sie sich nicht als Kostverächter. Vom halbpfündigen Hecht bis zum 15 Kilogramm schweren Lachs packen sie alles, was sie erwischen und bewältigen können. Im Winter nehmen sie auch gerne Aas, und an den Meeresküsten finden sich die Seeadler regelmäßig in der Nähe von Fischfabriken ein oder folgen den Fischkuttern, um Abfälle aufzulesen. Vor der norwegischen Küste, an der in Europa noch die meisten Seeadler (überwiegend in steilen Felswänden) brüten, machen es sich manche Paare auch während der fast drei Monate dauernden Aufzucht ihrer Jungen bequem. Wird in der Nähe ihres Horstes viel gefischt, so kommen sie häufiger mit einem Fischkopf oder einem nicht verwerteten Knurrhahn im Fang zum Horst als mit einer jungen Eiderente oder einem noch nicht flüggen Austernfischer.

Im Winter taucht mancher skandinavische Jungvogel in Deutschland auf, mit Vorliebe in Mecklenburg und Pommern. Dort gibt es — der größeren Zahl der Seen entsprechend — noch wesentlich mehr über viele Seeadlergenerationen hinweg besiedelte Reviere. In der DDR sollen es zwischen 90 und 100 sein. Von dort kommen immer wieder einzelne Vögel zu der derzeit am weitesten nach Westen vorgeschobenen Bastion ihrer Art, nach Schleswig-Holstein. So geschah es auch zwischen 1945 und 1947, als nach einer durch ständige Verfolgung seitens des Menschen erzwungenen Pause von mehreren Jahrzehnten sich die ersten hellköpfigen und weißschwänzigen Altadler in Ostholstein wieder ansiedelten.

Seinem einmal auserkorenen 25 bis 100 Quadratkilometer großen Revier bleibt ein Adlerpaar lange treu, wenn es nicht vom Menschen daran gehindert wird, denn die Vögel können mehr als 50 Jahre alt werden. Darauf gründet sich auch die Hoffnung der Seeadlerschützer im Westen Europas. Nachdem er in fast allen Ländern völlig geschützt ist, müßte es durch konsequente Schutzmaßnahmen und bei einigem finanziellem Aufwand gelingen, den Seeadler ähnlich einem wertvollen Kulturgut nicht nur zu erhalten, sondern sogar zu mehren.

Seeadlerweibchen mit fast flüggen Jungen im Horst (Norwegen)

Weißkopfseeadler, der linke im Jugendkleid, beim Kröpfen eines Lachses (Alaska)

Weißkopfseeadler

Zu Tausenden gehen sie auf Lachsfang

Was in Alaska für die Lachsangler am Chilkat River bei Haines in der Zeit von Oktober bis Dezember zum gewohnten Schauspiel geworden ist, das bezeichnen selbst weitgereiste Biologen als ein Ereignis, das in der Tierwelt der nördlichen Erdhalbkugel seinesgleichen sucht. Die Tatsache, daß ausgerechnet eine Vogelart, die auf der Liste der vom Aussterben bedrohten Tiere steht, dafür sorgt, macht das Geschehen am Chilkat River um so bewundernswerter: 3000 oder 4000 Weißkopfseeadler finden sich alljährlich im Spätherbst auf einer etwa 20 Kilometer langen Strecke beiderseits des Mündungsarmes ein, um auf Fischfang zu gehen. Das Wort »gehen« ist in der Tat angebracht, denn so bequem wie hier kommt der Wappenvogel der Vereinigten Staaten von Amerika nirgendwo sonst an seine Beute heran. Abertausende von Lachsen, die nach einer langen Reise im Fluß abgelaicht haben, treiben geschwächt oder verendet in dem an vielen Stellen flachen Wasser und brauchen von den Adlern nur noch mit den Fängen gepackt zu werden. Den Anglern, die es nur auf »frische«, vom nahen Pazifik hereinkommende Lachse abgesehen haben und ohnehin eine Tagesquote beachten müssen, werden die mächtigen Greifvögel somit nicht zur »Konkurrenz«.
Wenn sich gerade am Chilkat River um diese Jahreszeit so viele Bald Eagles versammeln, so hat das seinen guten Grund. Dank des vom Pazifik beeinflußten Klimas friert der Fluß auf einer langen Strecke gar nicht oder erst sehr spät zu. Da gegen Ende des Jahres die Lachse ausbleiben, zerstreuen sich die Adler dann. Sie ziehen nun mitunter viele Kilometer die Küste entlang. Die meisten der in Alaska und Kanada beheimateten Vögel sind gezwungen, in der kalten Jahreszeit weiträumige Wanderungen zu unternehmen, da die Gewässer des Brutreviers zufrieren. Nicht wenige fliegen bis in den Süden der Vereinigten Staaten, wo sie oft ihren Futterplan ändern müssen. Leben sie während des Sommers überwiegend von Fisch und Wasservögeln, so jagen sie dort, wo sie solche Beute nicht finden, Präriehunde, Erdhörnchen, Hasen; auch halten sie sich an Fallwild schadlos. Mancher Farmer betrachtet den Weißkopfseeadler als Feind seiner Schafe oder jungen Rinder und tut ihm damit genauso unrecht wie dem Steinadler (englisch: Golden Eagle), dem zweiten nordamerikanischen Vertreter der Adlersippe. Wenn einer von ihnen auf dem Kadaver eines verendeten Weidetieres sitzt und für dessen Beseitigung sorgt, macht mancher Jäger immer noch den Finger krumm, obwohl die Adler unter Schutz stehen.
Das war nicht immer so. Allein in Alaska wurden in den Jahren zwischen 1922 und 1940 Prämien für 103 454 getötete Weißkopfseeadler gezahlt; 1949 und 1950 registrierte man dort noch 7455 gemeldete Abschüsse. Doch nicht nur die Verfolgung, sondern auch die durch die chemische Belastung in der Landschaft hervorgerufene schleichende Vergiftung, die in Amerika beim Weißkopfseeadler als erstem Vogel festgestellt und offiziell zur Kenntnis genommen wurde, hat die Bestände dezimiert. Vor hundert Jahren lebten nach Schätzungen von Wissenschaftlern in Nordamerika 250 000 Weißkopfseeadler. Heute wird ihre Zahl in den Vereinigten Staaten (ohne Alaska) mit etwa 4500 angegeben; von ihnen brüteten nach einer jüngsten Untersuchung 708 Paare. Die Schätzung des Bestandes in Kanada und Alaska nennt Zahlen zwischen 35 000 und 80 000 Vögeln; gemessen an der Größe des Kontinents also nicht mehr viele.
Der Bald Eagle kommt in zwei Rassen vor, eine größere im Norden und eine kleinere im Süden. Die kleinere ist in ihrem Bestand äußerst stark gefährdet. Ihre Vertreter leben in Kalifornien bis South Carolina und in Florida. Die flügge gewordenen Jungvögel ziehen gelegentlich bis nach Südkanada, bevor sie sich im Alter von etwa fünf Jahren paaren und in den angestammten Revieren zur Brut niederlassen. Erst dann tragen die amerikanischen Seeadler auch ihr besonderes Erkennungszeichen: den weißen Kopf, der von weitem als kahl (bald) erscheinen mag; außerdem den weißen Stoß, den auch die europäischen Seeadler haben. Im braunen Jugendkleid sind die Weißkopfseeadler aus der Ferne leicht mit dem Steinadler, dem Golden Eagle, zu verwechseln.
Ein bis drei Junge sitzen zwei Monate lang im Horst, nachdem sie in fünf Wochen erbrütet worden sind. Das in hohen Bäumen, an Felskanten der Küste, in der Tundra gelegentlich auch mal auf dem Erdboden gebaute Nest wird nicht selten über Generationen hinweg benutzt. Wie bei fast allen Greifvögeln sind die Weibchen größer als die Männchen. Mit einer Spannweite bis zu 2,20 Metern und einer Körperlänge bis zu 75 Zentimetern bleiben sie um

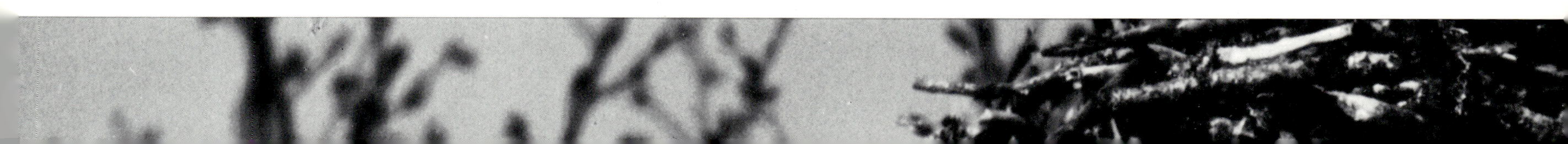

einiges hinter dem europäischen Seeadler zu- Fischadler republik nur noch im Frühjahr und Herbst

Bandseeadler

Gelegentlich besucht einer der Asiaten auch Europa

Das Bläßhuhn, das der Bandseeadler gerade zu rupfen beginnt, hat kaum etwas von seinem Tod gemerkt. Wie der Blitz aus heiterem Himmel war der große Greifvogel in den Pulk der dunklen Zappen am Ufer eines nordindischen Sees gestoßen und hatte zielsicher mit seinen spitzkralligen Fängen einen der Gefiederten mit dem hellen Fleck über dem Schnabel gepackt. Als der Schwarm der Wasservögel flügelrauschend startete, war schon alles geschehen: Aus der Menge der flatternden Leiber löste sich der Adler mit seiner Beute und trug sie zu einem abgestorbenen Baum, der aus dem Wasser ragt. Als er unmittelbar danach die ersten Federn mit dem Hakenschnabel aus seinem Opfer zieht, lebt dieses nicht mehr. Ist es nicht schon, wie häufig, infolge des Schocks gestorben, so verendet es kurz danach durch den luftabschnürenden Druck und die das Gefieder durchdringenden dornengleichen Krallen der Fänge. Nur selten muß der Vogel zum Töten seinen Schnabel einsetzen.

Die übrigen Zappen und Enten haben sich sofort wieder beruhigt, nachdem sie gemerkt haben, daß der Adler erfolgreich war. Sie wissen — ähnlich wie eine Gnu- oder Springbockherde in Afrika nach dem Riß eines Tieres durch Löwe oder Gepard —, daß ihnen vorerst keine Gefahr droht. Wie fast alle Angreifer eines größeren Tierverbandes stürzt sich auch der Bandseeadler nicht aufs Geratewohl in die Menge, sondern hat ein ganz bestimmtes Tier von vornherein im Auge. Verfehlt er dieses, so gibt er meistens den Versuch auf, obwohl vielleicht nur wenige Zentimeter nebenan noch ein anderes Opfer erreichbar wäre. Oder er verfolgt den einmal auserkorenen Vogel längere Zeit, ungeachtet der Möglichkeit, bei einem anderen schneller zum Ziel zu kommen. Letztlich bringt aber diese konsequente Konzentration den meisten jagenden Tieren, insbesondere den Greifvögeln, die durchschnittlich beste »Trefferquote«.

Wasservögel machen zwar dort, wo sie in seinem Revier vorkommen, einen größeren Teil seiner Beute aus, doch ist die Speisekarte des Bandseeadlers (Haliaeetus leucoryphus), ähnlich wie die des auch in Deutschland noch beheimateten Seeadlers (Haliaeetus albicilla), äußerst vielseitig: Große und kleine Vögel, Fische, Säugetiere und Aas stehen an erster Stelle. Das kommt schon daher, daß er innerhalb Asiens ein großes Verbreitungsgebiet hat. Er ist sowohl in Mittelindien als auch in der Mandschurei, in der Mongolei und in den Hochsteppen Tibets anzutreffen. Sein Brutgebiet erstreckt sich nach Westen bis nördlich des Kaspischen Meeres. An Binnenseen und Flüssen in Höhe des Meeresspiegels fühlt er sich genauso wohl wie in Gebirgstälern oberhalb von 4000 Metern. Obwohl er ein echter Seeadler ist, nimmt er dort den Platz des Steppenadlers ein und ist auch dementsprechend auf Landbeute eingestellt. In baumlosen Steppengebieten brütet er zwangsläufig auf dem Boden, während sein Horst sonst häufig auf einzelstehenden Bäumen zu sehen ist. Wo diese in der Nähe des Wassers fehlen, baut er sein Nest auch auf umgeknickten Schilfhalmen.

Den unterschiedlichen Klimaverhältnissen seiner großräumigen Verbreitung entsprechend weichen die Brutzeiten stark voneinander ab. Im Norden Asiens liegen die zwei bis vier Eier manchmal schon im März im Nest, im Süden werden die Jungen zwischen Oktober und Dezember aufgezogen. Mit einer Nestlingszeit von zehn Wochen brauchen die Adlerkinder noch einmal gut doppelt so lange bis zum Ausfliegen wie die Brutzeit (30 bis 32 Tage) beträgt. Die Jungen sind anfangs dunkelbraun und zeigen noch nicht den charakteristischen hellen Kopf. Auch das Merkmal, das diesen Adlern ihren Namen gegeben hat, bildet sich im Lauf der ersten fünf Jahre immer deutlicher heraus und wird auch später noch heller: Die bei Altvögeln fast weiße Querbinde in der Mitte des Stoßes, die ihnen auch die Bezeichnung Bindenseeadler eintrug. (Der englische Name ist Pallas' Sea Eagle.)

In ihrer asiatischen Heimat sind die Bandseeadler in beiden Richtungen Zugvögel: Die südlichen verlassen während der heißesten Zeit ihre Brutreviere, die nördlichen suchen im Winter wärmere Gefilde auf. Dabei zeigen manche, vor allem noch nicht geschlechtsreife Jungvögel, ausgesprochene Wanderlust. Schon mehrfach tauchten welche in Europa auf. Sie sind häufig ähnlich vertraut wie auch die amerikanischen Weißkopfseeadler, die im Winter aus einsamen Gegenden Alaskas oder Kanadas nach Süden ziehen und erstmals in Kontakt mit dem Menschen kommen. Bandseeadler haben die gleiche Größe wie Weißkopfseeadler und sind damit etwa um ein Fünftel kleiner als der »weißschwänzige« europäische Seeadler, der auf englisch White-tailed Eagle heißt.

Bandseeadler rupft ein geschlagenes Bläßhuhn (Indien)

Fischotter verzehrt einen Fisch (Deutschland)

Fischotter beim Durchschwimmen eines Baches (Deutschland)

In fast allen Ländern am Rand der Ausrottung

Bei einem so heimlich und unstet lebenden Tier wie dem Fischotter ist es schwierig, gültige Bestandszahlen zu ermitteln. Doch leider kommt es auf hundert mehr oder weniger in der gegenwärtigen Statistik nicht an, obwohl jeder einzelne von ihnen in freier Wildbahn fast schon überlebensnotwendig für die Art in Mitteleuropa ist: Selbst ein paar hundert Tiere mehr auf den Frage- und Erfassungsbögen oder eine großzügig nach oben korrigierte Dunkelziffer würden nichts daran ändern, daß der Fischotter die am stärksten in ihrer Existenz bedrohte Säugetierart in den meisten europäischen Ländern ist. In der Bundesrepublik Deutschland sollen es nach letzten Erhebungen zwischen 200 und 400 Tiere sein, in der DDR, so hat eine Fragebogen-Aktion ergeben, sind es allenfalls doppelt so viele. Noch unmittelbar vor dem Ersten Weltkrieg wurden im damaligen Deutschen Reich jährlich 10 000 Otter erlegt – eine Zahl, die heute allen Naturschützern, die sich mit den »Wassermardern« beschäftigen, als völlig unglaubhaft erschiene, wäre sie nicht unanfechtbar überliefert.

Was hat bewirkt, daß innerhalb weniger Jahrzehnte ein von Natur aus robustes Lebewesen, das überdies noch zu den Raubtieren, den Beutegreifern, zählt, nahezu von der Bildfläche verschwunden ist? Denn was für Deutschland gilt, zeigt sich auch in anderen Ländern: In Schweden, wo noch zwischen 1947 und 1951 die Jahresstrecke durchschnittlich 1500 Tiere betrug, gibt es wahrscheinlich insgesamt nicht mehr so viele. Selbst in einem wasserreichen Land wie Finnland rechnet man nur noch mit 500 Ottern, genauso viele wie in Dänemark. In der Schweiz, wo um die Jahrhundertwende Fischotter noch weit verbreitet waren und bis zu einer Höhe von etwa 2500 Metern lebten, werden offiziell zehn bis fünfzehn in freier Wildbahn verbliebene Exemplare angegeben. An ähnlich negativen Bilanzen ist das Schicksal des Fischotters in allen übrigen europäischen Ländern abzulesen – obwohl mit ganz wenigen Ausnahmen die Tiere unter vollem Schutz stehen. In den Niederlanden durften sie bereits ab 1942 nicht mehr verfolgt werden, die Bundesrepublik Deutschland schloß sich diesem Beispiel erst 1968 an. Da konnte die Jagdverschonung nicht mehr viel bewirken, denn die Verbreitung des Fischotters war schon sehr lückenhaft geworden.

Damals wie heute befinden sich die letzten Rückzugsgebiete auf bundesdeutschem Boden in Bayern, Niedersachsen und Schleswig-Holstein. War es früher in erster Linie die Bejagung mit dem Gewehr und mit eigens dazu abgerichteten Hunden, das Fangen mit Eisen und Fallen, nicht selten sogar brutales Erschlagen, wodurch die Otter dezimiert wurden, so sind es seit dem Zweiten Weltkrieg die Veränderung der Landschaft, die Zerstörung und Verschmutzung der Gewässer, die Zunahme des Straßenverkehrs und der »Freizeitdruck« des Menschen auf die Natur geworden.

Jahrhundertelang galt der Fischotter als »Feind« und »Schädling«, und mancher Angler oder Fischteichbesitzer ist auch heute noch nicht frei von solchem Denken. Was schädlich ist, das kann guten Gewissens verfolgt, bejagt und gequält werden... Um dem Erfolg dabei nachzuhelfen, wurden früher jahrzehntelang von Regierungen und Landesherren Prämien gezahlt. Sie machten einen erbeuteten Fischotter noch wertvoller, denn bereits für sein Fell mit dem gleichmäßig langen, dichten (da wasserabstoßenden) Haar zahlten die Pelzhändler einen guten Preis. Heutzutage darf aufgrund des Washingtoner Artenschutzübereinkommens (WA), auf dessen Anhang I der europäische Otter gemeinsam mit anderen seiner Art steht, kein Handel mehr mit ihm getrieben werden. Aber keine Regel ohne Ausnahme, die noch in jüngster Zeit gerissene Tierhändler immer wieder ausnutzten: Da lebende Otter, die in Gefangenschaft gezüchtet wurden, unter bestimmten Umständen nicht unter das WA fallen, sind dem Betrug Tür und Tor geöffnet. Mit gefälschten Bescheinigungen wurde mancher in südosteuropäischer Wildbahn gefangene Otter zu einem in menschlicher Obhut geborenen Zootier.

Daß die einen Naturschützer dafür plädieren, die erste Hälfte seines Namens – also: Fisch – unter den Tisch fallenzulassen, weil damit Antipathien von Anglern und Fischzüchtern genährt oder erst geweckt würden, halten andere, die sich genauso ernsthaft um seinen Bestand sorgen und bemühen, für falsch. Es sei nun einmal nicht zu leugnen, daß der zur Familie der Marder zählende Fischotter zu 50 bis 60 Prozent von Fisch lebe und in einem fischwirtschaftlichen Betrieb auch erheblichen Schaden anrichten könne. Mit einer Namensänderung würde nichts erreicht, sondern eher das Problem vergrößert, weil die Otterfeinde das Argument hätten, die Otterschützer würden mit falschen Angaben operieren. Für den Schutz gewisser Arten müssen nun einmal bestimmte Opfer gebracht werden, und in einem Zeitalter, in dem technische Perfektion und Nahrungsüberfluß in Mitteleuropa herrschen, kann nicht eine bestimmte Interessengruppe eine Wildtierart ausrotten, nur weil einige in ihr vielleicht wirtschaftliche Einbußen hinnehmen müssen oder ihr Sport mit dem lebensnotwendigen Nahrungserwerb eines Mitgeschöpfes kollidiert.

Die Wassermarder, die in 18 Arten über die Erde verbreitet sind, brauchen hierzulande saubere, fischreiche Gewässer mit viel Uferbewuchs. Wie schlecht es damit aussieht, wird in manchem der anderen Kapitel zur Genüge beschrieben. Doch selbst wenn die Bäche nicht verrohrt, Flüsse nicht begradigt sind, das Wasser nicht verschmutzt oder vergiftet ist – der Fischotter braucht weitere Voraussetzungen zum Überleben. Da er bei seinen überwiegend nächtlichen Beutezügen manchmal Dutzende von Kilometern zu Fuß zurücklegt, darf sein Revier nicht von großen Autostraßen oder Bahnlinien zerschnitten sein. Würden alle in den letzten 30 Jahren von Autos überfahrenen Fischotter heute noch leben oder hätten sie sich vermehren können, sähe es heute nicht so traurig um ihr Schicksal aus. Das gleiche gilt für diejenigen, die in Fischreusen ertrunken sind. Bei drei Auswertungen der Todesursachen von auf unnatürliche Weise ums Leben gekommenen Ottern (eine in Schleswig-Holstein, eine in der DDR, eine in Polen) standen Fischreusen und -netze mit mindestens 30 Prozent obenan. (In Schleswig-Holstein rangierten noch davor die Verkehrsopfer mit über 50 Prozent.) Früher, als es noch keine Perlonschnüre gab, konnten sich die Fischotter, die ihre Beute aus der Reuse holten, freibeißen und mußten nicht ertrinken.

Wenn auch ihre Tagesration von 500 bis 700 Gramm zu einem gut Teil aus Fisch besteht, so nehmen die Fischotter (der Name geht auf das althochdeutsche »ottar« = »zu Wasser« zurück) auch gerne mit anderer Beute vorlieb: Krebse, Frösche, Kröten, Schlangen, Lurche, Schermäuse, Bisam- und Wasserratten, Schnecken, Käfer, Würmer, Vögel und deren Eier, selbst Wildkaninchen, Junghasen und auch Aas – die Liste ist lang. Wo sie in Ruhe jagen können (das ist bei den vielen Freizeitaktivitäten, die sich am und auf dem Wasser abspielen, kaum irgendwo mehr der Fall, solange nicht Schutzgebiete für den Fischotter ausgewiesen werden), benutzen sie immer

wieder dieselben Pässe sowie Ein- und Ausstiegsstellen am Gewässerrand. Solche Otterstiege und darüber hinaus Fischgräten verraten gelegentlich, wo die seltenen Tiere zu Hause sind. Denn bei Helligkeit bekommt man sie nur selten zu Gesicht: Die bis zu 140 Zentimeter langen (den Schwanz mitgerechnet) und bis zu zwölf Kilogramm schweren Tiere verschlafen den Tag in ihrer am Ufer gelegenen Behausung, die einen oder mehrere Zugänge unter Wasser und mindestens ein Luftloch im oberen Bereich hat. Hier wirft die Fähe nach einer Tragzeit von 60 bis 63 Tagen (mit gelegentlich vorgeschalteter mehrmonatiger Keimruhe wie bei anderen Mardern) im Mai oder Juni zwei bis drei, seltener vier Junge.
Bei der Geburt sind die Otterkinder nicht größer als Mäuse. Erst frühestens nach zwei Wochen öffnen sich ihre Augen. Von der Mutter bleiben sie noch lange abhängig, nachdem sie im Alter von etwa zweieinhalb Monaten das Schwimmen gelernt haben. Bis sie nämlich etwa fünf Minuten ununterbrochen mit geschlossenen Nasen- und Ohröffnungen, aber offenen Augen unter Wasser auf Jagd gehen können, müssen sie fleißig trainieren. Vielleicht liegt es an der langen Fürsorge, die sie ihrem Nachwuchs angedeihen lassen, daß die meisten Weibchen nur alle zwei Jahre trächtig werden. Da sie frühestens mit 24 Monaten geschlechtsreif sind und ein Höchstalter von 15 Jahren erreichen, sind der Vermehrung schon von der Natur enge Grenzen gesetzt.
Seit einiger Zeit ist bekannt, daß die Fruchtbarkeit durch andere Faktoren zusätzlich eingeschränkt wird. Untersuchungen an schwedischen und norwegischen Fischottern haben ergeben, daß viele von ihnen hohe Konzentrationen an Umweltgiften aufwiesen, vor allen anderen Polychlorierte Biphenyle (PCB). Die Folgen waren dieselben wie die bei den ebenfalls durch PCB vergifteten Seehunden in der Ostsee: Die Reproduktionsrate sank, der Bestand ging in den betroffenen Gebieten stark zurück. Einen weiteren schädigenden Einfluß messen Wissenschaftler dem sauren Regen zu, von dem gerade in Skandinavien viele Gewässer betroffen sind. Der Ölpest fallen vor allem jene Fischotter zum Opfer, die im Küstenbereich leben und im Brackwasser jagen.
In der Bundesrepublik konzentrieren sich die Bemühungen der Naturschützer, insbesondere der im Harz ansässigen Aktion Fischotterschutz e. V., vor allem darauf, die letzten Vorkommen der Fischotter durch den verstärkten Schutz ihrer Lebensräume zu sichern und ein Zuchtprogramm aufzubauen.

Gänsesäger

Das Leben beginnt mit einer Mutprobe

Sobald das Gänsesägerweibchen Fahrt aufnimmt, gibt es bei den im Kielwasser folgenden Jungen einiges Gerangel. Jedes von ihnen versucht auf dem Rücken der Mutter einen Platz zu ergattern. Besteht die Brut aus nicht mehr als fünf oder sechs Küken, so kommen die braun-weiß-grau bedunten Kinder während ihrer ersten Lebenstage alle auf dem gefiederten Boot unter. Doch mancher Vogel brütet zwölf oder fünfzehn Eier aus, und da muß ein Teil der jungen Schar von Anfang an auf die eigene Kraft vertrauen. Allerdings sind die Küken, die beim Schlüpfen wenig mehr als 40 Gramm wiegen, gut aufs Wasserleben vorbereitet: Sie können ihrer Mutter sofort kilometerweit hinterherschwimmen, und sie können bei Gefahr für einige Sekunden wegtauchen. Vor dem ersten Ausflug auf dem Wasser jedoch müssen viele der Jungen einen Fußmarsch hinter sich bringen. Und nicht genug damit. Auch eine Mutprobe wird ihnen abverlangt. Ihr Nest befindet sich nämlich an einem für die meisten der anderen Wasservögel ungewöhnlichen Ort: in einer Baumhöhle oder Felsspalte, die höher als 20 Meter vom Erdboden und weiter als einen Kilometer vom nächsten Gewässer entfernt liegen kann.
Einen oder höchstens zwei Tage haben die jungen Gänsesäger Zeit, sich vom Aufsprengen der Eischalen zu erholen. Dann lockt sie die Mutter, die knapp fünf Wochen lang alleine ihr Gelege bebrütet hat, mit leisem »kro... kro... kro...« vom Boden aus an den Höhlenrand. Schon dieser Weg kann beschwerlich sein, denn manche Nistmulde liegt einen oder zwei Meter tief, und die jungen Tiere müssen neben den scharfen Krallen der Füße den Schnabel und die bereits kräftig entwickelten Flügelstummel zu Hilfe nehmen. Das Weibchen ruft so lange, bis das erste Junge den Sprung wagt. Die Flügel, den Fächerschwanz und die Schwimmhäute so weit wie möglich gespreizt, überstehen sie alle nacheinander meistens unverletzt den Aufprall aus großer Höhe. Manchmal bleiben sie allerdings einige Zeit benommen liegen, bevor sie

Gänsesägerweibchen mit seinen fünf Jungen (Deutschland)

sich aufrappeln und sich schließlich, wenn alle beisammen sind, mit der Mutter auf den Weg zum Wasser machen.

In ihren ersten Lebenstagen ernähren sich die Jungen zu einem gut Teil von Wasserinsekten, die sie an der Oberfläche aufsammeln. Davon finden sie um so mehr, je später im Jahr sie die Eierschalen abwerfen. Bei den Gänsesägern variiert die Brutzeit besonders stark: Bereits Ende April schlüpfen Junge, doch manches Weibchen führt seine Kinderschar erst Mitte Juli aus der Nisthöhle. Derart späte Bruten sind aber eher die Ausnahme; dazu kommt es, wenn das erste Gelege verlorengegangen ist. Zu den Besonderheiten muß auch gezählt werden, daß eventuell zwei oder drei Weibchen ihre Eier gemeinsam in eine Höhle legen und ein solches Nest dann dreißig oder mehr Junge verlassen.

Mit kleinem Wassergetier gibt sich der Gänsesägernachwuchs nicht lange zufrieden. Von der Mutter lernt er schnell, wie Fischbeute unter Wasser geortet wird: Mit eingetauchtem Kopf schwimmt er so lange, bis er ein glänzendes Opfer in einer Tiefe bis zu vier Metern erkennt. Dann kippt der bis zu zwei Kilogramm schwere Gänsesäger blitzschnell nach unten weg und verfolgt den Fisch, wobei der schlanke Körper pfeilartig durchs Wasser schießt. Der schmale, lange Schnabel der zur Entenfamilie zählenden Vögel ist für den Fischfang besonders ausgerüstet, und einer ihrer speziellen Einrichtungen verdanken sie auch ihren Namen: Wo bei den anderen Enten Lamellen am Schnabelrand sitzen, tragen sie schräg nach hinten gerichtete Sägezähne, mit denen sie ihre glitschige Beute festhalten. Wichtig zum Packen der Fische ist außerdem die zu einem Haken gebogene Spitze des Oberschnabels, der »Nagel«, wie ihn die Ornithologen nennen.

Die Fische, an denen sich ein ausgewachsener Gänsesäger versucht, können ziemlich groß sein. So wurde beobachtet (und später nachgemessen), wie einer der Vögel einen 56 Zentimeter langen Aal bezwang; ein anderer erbeutete eine 425 Gramm schwere Forelle (etwa ein Viertel seines eigenen Gewichts). Den Hauptteil seiner Nahrung machen allerdings bis zu zehn Zentimeter lange Jungfische aus: Barsche, Hechte, Karpfen, Rotaugen, Stichlinge — die Speisekarte ist vielseitig und davon abhängig, ob die Säger an der Meeresküste oder auf Binnengewässern jagen. Auch Krebstiere, Würmer, Lurche und junge Wasserspitzmäuse dienen gelegentlich als Nahrung.

Sind die jungen Gänsesäger nach etwa zwei Monaten flügge, dann sehen beide Geschlechter zunächst der Mutter ähnlich: Kopf und Oberhals rostbraun, Rücken und Flanken asch- bis bläulichgrau; die Kehle und der Bauch schimmern hellgrau bis weiß; der Schnabel ist rotbraun, die Beine und Füße leuchten in einem kräftigen Rot. Besonders auffällig und ein gutes Erkennungsmerkmal ist die Federhaube auf dem Kopf, die sich zu einem Nackenschopf fortsetzt.

Die Männchen, die sich um das Weibchen nicht mehr kümmern, sobald das Gelege vollzählig ist, tragen in den Winter- und den Frühjahrsmonaten ein überwiegend weißes »Prachtkleid«. Für einen farbigen Kontrast sorgt das Dunkelgrün von Kopf- und Halsgefieder, das ebenfalls in einen (weniger stark ausgebildeten) Schopf ausläuft. Den Rücken ziert ein schmaler schwarzer Streifen, der zum Körperende hin grau wird. Nur aus der Nähe ist die zarte lachsrote Tönung des im übrigen weißen Bauchgefieders zu erkennen. Wenn die Erpel bei der Mauser im Sommer ihr »Ruhekleid« anlegen, sind sie aus der Entfernung nur schwer von den Weibchen zu unterscheiden. Sie werden dann auch häufig mit dem um acht Zentimeter kleineren Mittelsäger, der die Größe einer Stockente hat, verwechselt. (Der kleinste der drei Verwandten in Europa ist der weit im Norden brütende Zwergsäger.)

Das Brutgebiet der Gänsesäger erstreckt sich von Ostasien über den Norden Europas bis nach Nordamerika. Hierzulande endet ihre südliche zusammenhängende Ausbreitung in Schleswig-Holstein und Mecklenburg. Fast 1000 Kilometer entfernt — im Alpenvorland Bayerns, in einem kleinen Gebiet des südlichen Baden-Württemberg und in der Schweiz — gibt es noch einmal eine Besiedlung durch gegenwärtig (insgesamt) etwa 400 Paare, die sich auf einige große Seen und Flüsse verteilen. Dieses inselartige Vorkommen wird von Naturwissenschaftlern als ein Relikt aus der Eiszeit betrachtet.

Im Winter bevölkern die aus dem Norden zuziehenden Gänsesäger die mitteleuropäischen Gewässer in größeren Trupps. Nicht selten bietet sich dann die Gelegenheit, die Erpel bei der Balz zu sehen. Ob auch in der Zukunft einige der Vögel an der bisherigen südlichen Verbreitungsgrenze zur Brutzeit festhalten, das hängt in erster Linie von drei Voraussetzungen in diesen Gebieten ab: sauberes und fischreiches Wasser; vom Freizeitverkehr freigehaltene Ruhezonen; alter Baumbestand mit Nisthöhlen oder Nistkästen in der Nähe von Fluß- und Seeufern.

Haubentaucher

Ihre Schwimmnester sind allerlei Gefahren ausgesetzt

Im Schilfgürtel von Seen und Teichen haben sich viele Wasservögel eingerichtet. Bläß- und Teichhühner, Wasserrallen, Rohrdommeln, Enten, Gänse, Schwäne und Taucher bauen auf dem Wasser ihre unterschiedlich konstruierten Nester, während eine Etage höher, zwischen den alten und den nachwachsenden Halmen, allerlei Singvögel ihre Brutstätten herrichten. Eine spezielle Unterlage für das Gelege tragen die Taucher zusammen. Hierzulande sind es Schwarzhals-, Rothals-, Zwerg- und Haubentaucher. (Diese Gruppe gehört zu den Lappentauchern, so bezeichnet, weil sie statt Schwimmhäuten an den Füßen nur Schwimmlappen längs der Zehen tragen.) Die Reihenfolge, in der sie genannt werden, gibt Aufschluß über die Häufigkeit des Vorkommens, wobei die ersten beiden Arten nicht überall in Deutschland vertreten sind. Bekanntester der Sippe ist der Haubentaucher; ihn gibt es auf nahezu jedem größeren Gewässer mit Fischbestand.

Die hübschen Vögel beginnen ihre zeremoniebeladenen Balzspiele oft schon im März; spätestens im Mai werden die Brutstätten aus Schilfhalmen, Seerosenblättern und vom Grund hochgeholtem Schlick fertiggestellt. Da die Nester meistens im ufernahen Schilf lose verankert sind, verwandelt sich die schaukelnde Unterlage im flachen, warmen Wasser schnell in einen undefinierbaren großen Klumpen. Wenn der Taucher nicht darauf sitzt, spricht man ihn kaum als Vogelnest an. Die vier bis sechs ovalen Eier, die während der dreieinhalbwöchigen Brut vom Schlamm manchmal dunkelbraun gefärbt werden, bleiben nämlich unsichtbar: Wenn der Vogel das Nest verläßt, deckt er sorgfältig das Gelege zu. Wer die Jungen in den ersten Tagen nach dem Schlüpfen entdecken will, muß ebenfalls sehr genau hinsehen. Meistens haben sie sich im Federkleid der Altvögel verkrochen und »fahren« auf dem Rücken oder unter den kurzen Schwingen in eigens dafür ausgebildeten Federtaschen mit. Nur die Köpfe der kleinen Passagiere erscheinen hin und wieder. Später schwimmen die gestreiften Dunenjungen bettelnd den Eltern entgegen, wenn diese mit einem kleinen Fisch im Schnabel kommen. Es

dauert viele Wochen, bis sie selbständig tauchen können. Im Gefieder der Alten jedoch machen sie bereits gleich nach dem Verlassen des Nestes lange Tauchfahrten mit.
In vergangenen Jahrzehnten wurden die Haubentaucher vielfach verfolgt, weil man in ihnen Fischräuber sah. Auch heutzutage gibt es immer noch Fischer und Angler, die ihnen nicht wohlgesonnen sind, obwohl man erkannt hat, daß die Vögel mit dem schönen Kopfschmuck und dem spitzen Schnabel hauptsächlich von kleinen Oberflächenfischen leben, die für die Fischwirtschaft ohne Bedeutung sind. Etwa 200 Gramm wiegt die tägliche Portion von Silberlingen, die in einer Tiefe von zwei bis fünf Metern erbeutet werden. Schon am Körperbau erkennt man die Tauchkünstler. Die kurzen Beine mit den Schwimmfüßen sind weit hinten angebracht: das trug der gesamten Ordnung den Namen »Steißfüße« ein. Wegen dieser eigenwilligen Konstruktion können sich die Vögel auf dem Land nur unbeholfen fortbewegen. Bei Gefahr vertrauen sie sich daher nur dem nassen Element an: Bis zu einer Minute halten sie unter Wasser aus; sie bleiben aber auch beim Atemholen unsichtbar, weil sie durch eine entsprechende Luftregulierung in ihrem Körper den Tiefgang verändern können. Mitunter schwimmen sie lange Strecken mit dem Rumpf unter Wasser, und nur der Kopf schaut heraus.
Wer im Frühling einen Ausflug ans Wasser macht oder eine Bootspartie unternimmt, sollte die Schilfzonen meiden. Allzu schnell ist, auch ohne böse Absicht, ein Nest zerstört; außerdem können die Vögel so stark beunruhigt werden, daß sie ihre Gelege im Stich lassen oder die Brut zu lange unterbrechen müssen, so daß die Eier erkalten und die Embryonen unter der Schale absterben. Nicht wenige Angler tragen so — oft unbewußt — dazu bei, daß mancher Brutbeginn von Wasservögeln kein gutes Ende hat.

Prachttaucher

Alljährlich im großen Schleifenzug durch viele Gewässer

Etliche der Vögel, die im Herbst aus ihren nordischen Brutgebieten in mittel- und südeuropäische Breiten ziehen, um dort den Winter zu verbringen, reisen sozusagen inkognito. Spätestens nach der Aufzucht der Jungen legen sie während einer Gefiedermauser ihr »Prachtkleid« ab und präsentieren sich im wesentlich farb- und zeichnungsärmeren »Schlichtkleid« oder »Ruhekleid«. Bei einem Vogel, auf dessen prächtiges Aussehen schon mit seinem Namen hingewiesen wird, fällt die Veränderung besonders stark aus: Der Prachttaucher trägt zwar nicht viele Farben zur Schau, hat aber zur Balz- und Brutzeit ein schwarz-grau-weißes Muster auf dem Körper, wie es so ausgeprägt und variationsreich kaum einem anderen Vogel gegeben ist: Kopf und Hals sind oberseits silbrig grau-braun, über und neben der schwarzen Kehle verlaufen schräge und senkrechte helle Streifen, die sich auf der Brust verdichten und in die weiße Unterseite des Körpers übergehen. Auf den Schultern trägt der Prachttaucher ein schwarzweißes Gitternetz in ovaler Form, an das sich tropfenförmige weiße Flecken auf den dunklen Flügeldekken anschließen.
Im Winterkleid ist von dem reizvollen Muster, das die Konturen des großen, etwa zwei Kilogramm schweren Vogels sowohl im Wasser als auch auf dem Nest vorzüglich auflöst, nichts zu sehen. In ihm erscheinen die Vögel mehr oder weniger einheitlich graubraun und können leicht mit dem kleineren Sterntaucher, bei flüchtigem Hinsehen auch mit dem größeren Eistaucher verwechselt werden. Diese drei zu den Seetauchern zählenden Arten, die mit den durchweg kleineren und schlankeren Lappentauchern (dazu gehören in Europa Hauben-, Rothals-, Schwarzhals-, Ohren- und Zwergtaucher) nicht verwandt sind, überwintern in manchmal großen Gruppen auf dem Meer. Prachttaucher lassen sich sowohl auf der Nord- als auch auf der Ostsee beobachten. Dabei treffen die in Sibirien und in Skandinavien (ganz selten in Pommern und Polen) brütenden Vögel zu unterschiedlichen Zeiten ein. Während viele »finnische« und »schwedische« sich gleich im Herbst auf der Ostsee einrichten und den Winter dort verbringen, ziehen ihre westsibirischen Artgenossen die großen Flüsse entlang zum Schwarzen Meer, fliegen und schwimmen dann ins östliche Mittelmeer und kommen später in einer Schleife ebenfalls in die Ostsee. Zwischendurch rasten sie auch längere Zeit im Binnenland. Streben sie ab April wieder ihrer Brutheimat zu, schließen sie den Kreis von vielen tausend Kilometern.
Mancher Prachttaucher, von dem es in Eurasien und in Nordamerika jeweils eine Unterart gibt, verliert sein Leben in einem Fischnetz, besonders in den Stellnetzen für Lachse. Bei der Verfolgung ihrer Fischbeute verstricken sich die Unterwasserjäger nicht selten in den Maschen und ertrinken. Auf diese Weise kam früher die Vogelwarte Rossitten zu einer beträchtlichen Anzahl auch lebender Taucher, die beringt werden konnten. Mit Hilfe einer derartigen Kennzeichnung wurde unter anderem erforscht, daß ein Prachttaucher mindestens 28 Jahre alt werden kann. Vielleicht lebten manche Vögel sogar noch länger, wenn sie nicht während ihres winterlichen Meeraufenthalts ein Opfer der Ölpest würden.
Das Licht der Welt erblicken die zwei Jungen nach einer vierwöchigen Brutzeit in einer flachen mit Gras ausgepolsterten Nestmulde, die unmittelbar an der Uferkante eines Binnensees liegt. Ist Gefahr im Verzug braucht sich der brütende Vogel nur über den Nestrand fallen zu lassen. Damit er gleich wegtauchen kann, muß das an den Nistplatz grenzende Wasser tief genug sein. Wenn es darauf ankommt, kann der Prachttaucher mehrere hundert Meter unter der Oberfläche zurücklegen. Taucht er nach mehr als zwei Minuten wieder auf, so bleibt er dennoch weitgehend unsichtbar: Durch eine entsprechende Luftregulierung in ihrem Körper können die Vögel erreichen, daß nur ihr Kopf aus dem Wasser herausragt. So wird man häufig auch vergebens nach ihm Ausschau halten, wenn er seine durchdringende, klagend anmutende Stimme ertönen läßt. Besonders zur Balzzeit und in der Dämmerung lassen sich die Prachttaucher kilometerweit vernehmen. Wenn sie das langgezogene »Kuuuik« oder »Kukuuik« erschallen lassen, sind sie immer im Wasser. Nachdem sie sich mit schnellem Schwingenschlag auf einer langen Startbahn, bei deren Bewältigung sie die Füße zu Hilfe nehmen, in die Luft begeben haben, lassen sie hin und wieder gänseartiges Gackern hören. Beim Fliegen sind sie aber kaum mit Gänsen zu verwechseln: Wie alle Seetaucher winkeln sie in der Luft den Hals schräg nach unten ab, so daß sie einen Buckel zu haben scheinen.

Haubentaucher auf seinem Nest (Deutschland)

Prachttaucher in der Nähe seines Brutplatzes (Schweden)

Eisvogel mit einem Fisch auf seiner Sitzwarte (Deutschland)

Eisvögel

Wo können sie noch erfolgreich fischen?

Jeder strenge Winter sorgt erneut dafür, daß einer der farbenprächtigsten Vögel im darauffolgenden Sommer eine Rarität bleibt: Viele Eisvögel sind dem Schnee und der Kälte nicht gewachsen. Denn obwohl der stahlblau, türkis, rost- bis orangerot und weiß gezeichnete Fischjäger von der Größe einer Goldammer aussieht, als seien die Tropen seine Heimat, zieht er nicht einmal im Winter in südliche Gefilde. Allenfalls weicht er, wenn Gewässer es ihm ermöglichen, um einige hundert Kilometer zurück. Kommt es aber so dick wie Anfang des Jahres 1982 in weiten Teilen Europas, dann sind die Tage für viele der »fliegenden Edelsteine« gezählt. Sie benötigen kleine Fische, Krebse und größere Wasserinsekten. Wenn ihr Jagdrevier zugefroren ist, leben sie nur noch wenige Tage. Doch selbst dann, wenn sie bei starkem Frost in einem schnellfließenden Bach oder über einer Quelle im See im Stoßtauchen von einer Warte herab Beute packen, sind sie in Gefahr: Ihr naß gewordenes Gefieder friert zusammen und macht sie, die Vögel mit dem vergleichsweise sehr groß wirkenden Kopf und Schnabel, flugunfähig.
Jedoch, gegen einen lokal begrenzten Ausfall infolge eines harten Winters ist die Sippe der Eisvögel gewappnet. Als es noch genügend natürlich fließende und auch genügend saubere Gewässer gab, als noch an jedem Bach, Fluß oder See irgendwo ein Steilufer zum Graben der Nisthöhlen zu finden war und als sich noch genügend ungestörte Sitzplätze boten, dauerte es meistens nicht lange, bis Eisvögel aus benachbarten Landstrichen verwaiste Reviere wiederbesiedelt hatten. Denn dort, wo genug Nahrung und Brutmöglichkeiten vorhanden sind, kann ein Paar im Jahr bis zu 20 Junge aufziehen. Fünf bis sieben Eier legt das Weibchen für eine Brut in den von den Partnern in eine Lehm- oder Sandwand hineingescharrten Nistkessel, der sich am Ende eines 50 bis 100 Zentimeter schräg nach oben verlaufenden Tunnels befindet. Gelegentlich bringt es ein Eisvogelpaar auf drei Bruten im Jahr; jedesmal wird ein neues Nest benutzt.
Trotz solcher Fähigkeit, sich zu vermehren, sind Eisvögel bei uns nicht mehr zahlreich. Begradigte und zementierte Bachläufe, eingeebnete Steilufer, verschmutztes Wasser in Gräben und Flüssen, von Anglern und Sommerfrischlern in Beschlag genommene Seeufer — das alles erschwert dem »Fischer-Martin« das Leben. Und dort, wo ihm der Tisch reich gedeckt ist und wo er auch die nötige Ruhe hat, stellt ihm der Mensch — meistens gesetzeswidrig — nach: In Fischzuchtanlagen sind die Rackenvögel äußerst unbeliebt, werden sie mit Kleinkalibergewehren oder geköderten Rattenfallen verfolgt. Die Bunten mit dem kurzen, schrillen Ruf, den sie während ihres schnurgeraden, schnellen Fluges mindestens einmal erklingen lassen, stehen zwar unter Schutz, doch nehmen manche Fischzüchter darauf keine Rücksicht. Das ist besonders deshalb bedauerlich, weil ein getötetes Eisvogelpaar im Bereich der Zuchtteiche schon bald durch ein anderes ersetzt wird: Wo ein nahrungsreiches Gebiet frei geworden ist, gibt es — wegen der Knappheit guter Reviere — bald wieder Zuzug. So kann es geschehen, daß ein Teichwirt, der dem Vogel die etwa zehn (sieben bis zehn Zentimeter kleinen) Fische täglich nicht gönnt, in kurzer Zeit ein ganzes Gebiet von Eisvögeln entvölkert. Mancher Züchter allerdings weiß, daß die bunten Fischer häufig auch kranke Fische greifen — und duldet diese Vögel. Andere aber spannen Netze über ihre Zuchtbecken, so daß die Vögel nicht einmal aus dem Rüttelflug ins Wasser stoßen können. Im schleswig-holsteinischen Kreis Herzogtum Lauenburg dagegen gibt es einen Fischzuchtbetrieb, der für sein Eisvogelpaar eigens einen »Futterteich« mit Kleinstfischen und einigen Ansitzpfählen rundherum angelegt hat; vielleicht kann das als Beispiel dienen.
Obwohl er geschickt ist, muß sich der kurzschwänzige Eisvogel seine tägliche Ration hart verdienen. Im Durchschnitt taucht er zehnmal, ehe er einen Fisch im Schnabel hat und zu seinem Eßplatz trägt, wo er ihm, nachdem er ihn totgeschüttelt oder an einem Ast erschlagen hat, mit dem Kopf zuerst herunterschluckt. Den Jungen, die — sich im Kreis abwechselnd — ihre einzeln anfliegenden Eltern am Niströhrenende erwarten, werden die Fische so serviert, daß die geschuppte Beute den Rachen weich hinabgleitet. Ist aber der Fisch zu groß, dann müssen die jungen Vögel zunächst den unteren Teil verdauen, ehe der Rest nachrutschen kann.

Wasseramseln

Singvögel, die schwimmen und unter Wasser laufen können

Mit den eingeknickten Beinen und dem schräg nach oben gestellten Schwanz steht sie schon wie ein Altvogel da, doch die Farbe stimmt noch nicht: Erst einige Monate, nachdem die junge Wasseramsel ausgeflogen ist, wird sie ein schwarzbraunes Rückengefieder tragen, werden Kehle und Brust weiß leuchten und nach unten von einem rostbraunen Band begrenzt sein. Bis dahin verlieren sich langsam die Flekken im anfangs grauen Jugendkleid, sind die Vögel so selbständig und behende geworden, daß sie auf diese Tarnung verzichten können.
In ihrem großen Verbreitungsgebiet — von Nord- und Südamerika über Europa und Nordwestafrika bis nach Asien — ist ihre Färbung nicht überall gleich. Unter den verschiedenen Unterarten und Rassen gibt es von fast schwarz bis leuchtend rotbraun alle möglichen Variationen. Selbst in Deutschland kommen zwei Rassen vor: die »schwarzbäuchige« (die sonst im Norden Europas zu Hause ist) und die »braunbäuchige« mit rostbrauner Binde und hellerem Rückengefieder.
In ihrem Verhalten, das unter Singvögeln nicht seinesgleichen hat, sind sich jedoch alle Wasseramseln ähnlich. Ob in Alaska oder Chile, im Hohen Atlas, im Himalaja, in Lappland, in den Alpen oder im Taunus — überall sind Flüsse und Bäche mit schnellfließendem klarem Wasser, sind gelegentlich auch saubere Seen mit flachem steinigem Ufer ihr Lebensraum. Also sieht man sie heute vor allem im Bergland, denn im Flachland gibt es zumindest hierzulande kaum noch solche Gewässer.
Je mehr Kiesel und Steine das Bachbett hat, desto besser eignet es sich für die knapp 20 Zentimeter langen Vögel, die in ihrer Gestalt viel stärker dem halb so großen Zaunkönig als der Amsel ähneln. Mit der Amsel haben sie denn auch nicht mehr als den Namen gemeinsam (der wohl von der ähnlichen Größe und von der Färbung des Rückengefieders abgeleitet wurde). Genausowenig haben die »Wasserstare«, wie sie ebenfalls genannt werden, etwas mit dem Star zu tun. Um beim Namen zu bleiben: »Wasserschmätzer« deutet auf Parallelen zu den Stein- und Wiesenschmätzern hin; »Wasserschwätzer« (eine weitere von mehr als zwei Dutzend Bezeichnungen) rührt von flei-

Junge Wasseramsel kurz nach dem Ausfliegen (Kanada)

ßigem Singen her. Wie die Zaunkönige lassen die Wasseramseln ihre Stimme besonders im Winter erklingen. Sie sind dann meistens Einzelgänger.
Zwar halten sich auch Zaunkönige gern in der Nähe von Wasser auf, Wasseramseln aber haben sich nicht nur vom nassen Element ganz und gar abhängig gemacht, sie beherrschen es zudem meisterhaft: Wer zum ersten Mal sieht, wie sich einer der gedrungen wirkenden Vögel von einem Stein in die Strömung eines reißenden Gebirgsbaches stürzt, muß ihn für einen Selbstmörder halten. Mal schwimmend, mal tauchend verschwindet der Gefiederte manchmal bis zu einer halben Minute im eiskalten Wasser, um dann Dutzende von Metern stromaufwärts wieder aufzutauchen und in schnurrendem flachem Flug zu demselben Stein zurückzukehren.
Die Wasseramsel beherrscht etwas, das kein anderer Vogel ihr nachmacht. Sie läuft — leicht vornübergebeugt und mit etwas abgespreizten Flügeln — auf dem Grund eines kiesigen Bachbetts gegen die Strömung; dabei holt sie mit ihrem kurzen Schnabel Insekten und deren Larven, kleine Würmer, Schnecken, Krebse, Kaulquappen und gelegentlich wohl auch Fischbrut unter Steinen hervor, oder sie schnappt solche Nahrung im Vorbeischwimmen. Ihr dichtes Gefieder hält sie gut eingefettet, so daß nach dem Auftauchen ein kurzes Schütteln das Wasser abperlen läßt.
In einem nahrungsreichen Gewässer genügen einem Paar Wasseramseln als Revier 800 bis 1000 Meter Bachlauf. Dort sind ihre angestammten Sitzwarten an weißen Klecksen auf dem Gestein zu erkennen. Ihr Kommen kündigen die Vögel nicht selten mit einem kurzen, schnalzenden Ruf an: Das »Zrrb« ist so durchdringend, daß es selbst das Rauschen eines Wildbaches übertönt. Nach der Landung knicksen sie zunächst mehrfach auf und ab. Ähnlich wie Zaunkönige und Schmätzer machen sie diese Bewegungen auch dann, wenn sie aufgeregt oder irritiert sind.
Vom Februar an beginnen diejenigen Männchen, die im Winter ihrem Revier treu geblieben sind, mit Gesang ihr Territorium abzugrenzen. Jedes trägt dabei ein anderes Lied vor. Kaum eine Singvogelart sonst hat so viele Melodien. Wenn das Wetter es zuläßt, wird der Nestbau von den Paaren schon im März in Angriff genommen: Im Steilufer, unter Wurzelwerk, im Gebälk von Holzbrücken und manchmal sogar hinter einem Wasserfall suchen sie eine Höhlung, in der sie Laub, Moos und Halme zu einer recht umfangreichen Brutstatt zusammentragen. Sie wird von einem Dach mit schräg nach unten zeigendem Einflugloch bedeckt. Das Nest befindet sich nicht von ungefähr über dem Wasser: denn die vier bis sechs Jungen können schon vor dem Flüggewerden schwimmen und tauchen. Bis zu drei Bruten ziehen die Wasseramseln pro Jahr in Mitteleuropa auf. Weiter nördlich, wo die Weibchen manchmal erst im Juni mit dem Eierlegen anfangen, sind es höchstens zwei; hier fliegt manche Geschwisterschar erst — nach 15 bis 18 Tagen Brutdauer und drei Wochen Nestlingszeit — kurz vor Herbstbeginn aus. Die Jungen werden bald von den Eltern aus dem Revier vertrieben.
Im Winter finden sich Wasseramseln auch im Flachland an fließendem Wasser ein, sofern es einigermaßen sauber ist. Im Gebirge wandern sie talwärts. In Norddeutschland ziehen hin und wieder welche aus Skandinavien oder Osteuropa zu (als Strichvögel verlegen sie ihren Aufenthaltsort, wie es die Kälte notwendig macht). Selbst gefrorenes Wasser läßt sie nicht aufgeben: Solange noch offene Stellen da sind, tauchen sie, laufen sie unter der Eisdecke hin und her nach Beute, kehren sie durch den Einstieg zurück. Auch am Ufer versuchen sie, satt zu werden; nach Art des Steinwälzers drehen sie Kiesel für Kiesel um und sehen nach, ob sich darunter ein Beutetier versteckt hat.
Mit der Regulierung von Bach- und Flußläufen hat man gerade in Deutschland vielen Wasseramseln das Revier zerstört. In manchen bergigen Gegenden bemühen sich Freunde der Vögel daher um jeden Bach alter (natürlicher) Art und um die Sauberkeit des Wassers. Unter Brücken und Durchlässen bringen sie spezielle Nistkästen an, denn an Betonwänden und glatten Uferböschungen können die Schwimm- und Tauchsänger, von denen einige mindestens acht Jahre alt werden, nicht einen einzigen Halm für ihr Nest befestigen. Trotz solcher Unterstützung nimmt ihre Zahl im Hügel- und Mittelgebirgsland ständig ab. Nur im Hochgebirge, wo der Mensch nicht jeden Wasserlauf in ein technisches Korsett zwingen kann, wird sie sich langfristig halten. Wasseramseln fürchten nämlich nicht hohe Lagen: In den Alpen brüten sie noch 2130 Meter über dem Meeresspiegel und in Ost-Tibet leben sie sogar auf einer Höhe von 5300 Metern.

Trauerseeschwalben

Auf der Roten Liste, weil sie keine Brutplätze mehr finden

Statt sich wie die meisten anderen ihrer Art am Meer aufzuhalten, hat die Trauerseeschwalbe ihren Lebensraum ins Binnenland verlegt. Das ist ihr zumindest in Mitteleuropa schlecht bekommen. Kleine mit Krebsschere oder Fieberklee bewachsene Wasserflächen, von Seerosen oder Wasserpest bedeckte Uferzonen, wasserreiche Sumpfgebiete — wo sind sie noch zu finden? Selbst wenn hier und dort noch ein solcher Biotop vorhanden ist, kann sich die aus dem afrikanischen Winterquartier in kleiner Schar heimkehrende Trauerseeschwalbe in ihm kaum niederlassen, denn zur Familiengründung braucht sie Ruhe und Abgeschiedenheit. Doch fast jeder Weiher, der nicht mit Müll zugeschüttet wurde, ist mittlerweile von Anglern in Beschlag genommen.
Entsprechend kleiner wird von Jahr zu Jahr die Zahl der am dunkelsten gefiederten unter den »Sumpf-Seeschwalben«, zu denen außerdem die weiter östlich und südlich beheimateten Weißflügel- und Weißbartseeschwalben gezählt werden. Allerdings ist es schwierig, die Bestandsveränderungen der Trauerseeschwalben, die einst über den größten Teil Deutschlands (lückenhaft verteilt) gebrütet haben, heute aber auf der Roten Liste der vom Aussterben bedrohten Arten stehen, zu belegen. Sie sind unstete Vögel, die mal hier, mal dort auftauchen und je nach Wetterlage und momentaner Eignung eines Gewässers mit der Brut beginnen. Manchmal bauen zwei oder drei, ein anderes Mal 20 bis 30 Paare ihre Nester mit wenigen Halmen und Blättern auf die schwimmende Pflanzenunterlage oder zwischen umgeknickte Schilfstengel. Die zwei oder drei Eier sind schon bei mittlerem Wellengang gefährdet, ins Wasser zu rollen.
Sind die ebenso wie die Eischalen tarnfarben gezeichneten Jungen glücklich geschlüpft, so setzen beide langflügeligen Eltern ihr ganzes fliegerisches Können ein, sie satt zu bekommen: Sie flattern flach über dem Gewässer hin und her und nehmen in der Luft sowie von der Wasseroberfläche Insekten auf, die sie ihrem Nachwuchs auf dem Boden von Schnabel zu Schnabel servieren, ohne dabei zu landen. Auch die knapp 25 Zentimeter großen Altvögel leben von so kleiner Beute.

Trauerseeschwalbe mit Jungem in Bettelpose (Deutschland)

Lachmöwenpaar am Nistplatz (Deutschland)

Lachmöwen

Wo sie zu zahlreich werden, gefährden sie andere Vögel

Es hat seinen Grund, wenn viele Möwen ihre Jungen erst mit Verspätung im Juli betreuen, obwohl sie bereits Anfang Mai ihr Nest gebaut und dann mit der Eiablage begonnen haben. Besonders die dunkelköpfigen Lachmöwen müssen zunächst einmal für Gaumenfreuden produzieren, denn ihre braun- bis olivfarben gesprenkelten Eier gelten als Delikatesse. Die Schaufenster mancher Läden zeugen bis in die zweite Junihälfte davon. Doch tut regelmäßiges Einsammeln der Eier in jedem Frühjahr der Vermehrung dieser Vögel keinen Abbruch. Im Gegenteil: Im Laufe der vergangenen Jahre hat die Zahl der Möwen in Mitteleuropa stark zugenommen, vor allem die der Lachmöwen.

Ursprünglich lebte die schmucke »Emma« mit der dunkelbraunen Brutkleidhaube und den ebenso gefärbten Spitzen der Handschwingen (äußere Flügelfedern) im Binnenland, brütete sie an schilfbewachsenen Seeufern, auf Inseln und an Flußläufen. Daher auch ihr Name, der auf das Wort »Lache« zurückgeht und — trotz der wissenschaftlichen Bezeichnung Larus ridibundus, die den deutschen Namen zwar richtig wiedergibt, aber von einer falschen Bedeutung ausgeht — nichts mit dem Lachen zu tun hat. Inzwischen ist die Zahl der Lachmöwen in vielen Gegenden so groß, daß sie auch — von Jahr zu Jahr mit wachsender Ausbreitung — die Meeresküsten als Brutraum beansprucht. Dank ihrem Hang zur Geselligkeit machen sich diese Vögel immer kolonieweise an die Brut; sie legen ihre Nester dicht nebeneinander an. Binsenbüschel dienen ebenso als Unterlage wie Schilf, Gras oder Strandhafer. Die größten Brutkolonien in Norddeutschland zählen mehr als 1000 Paare, doch gibt es auch Ansammlungen von nur einem halben Dutzend. Meistens wachsen solche »Pioniergruppen«, wenn sie in den ersten Jahren ungestört sind, schnell zu einer Hundertschaft an.

Das erleichtert zwar den Eiererntern, die die Vögel zwei- bis dreimal zum Nachlegen veranlassen, die Arbeit, doch geht von den großen Lachmöwenkolonien auch eine Gefahr für andere Gefiederte aus. Die eleganten Flieger mit ihrem eher häßlichen Gekreische folgen nämlich nicht nur brav dem Pflug des Bauern oder nähren sich von kleinen Oberflächenfischen und anderem Wassergetier, sondern sie plündern auch die Nester anderer Bodenbrüter, an der Küste mit Vorliebe die der Seeschwalben und Regenpfeifer. (An der Nord- und Ostsee brüten der Sandregenpfeifer, auch als Halsbandregenpfeifer bekannt, und der Seeregenpfeifer.) Daher sind Vogelschützer, deren Arbeit sich schon seit langem nicht auf den »Rundumschutz« aller Vögel beschränkt, dazu übergegangen, im Wege der Bestandslenkung nicht allein Gelege von Möwen zu vernichten, sondern diese Vögel dort, wo sie zu zahlreich auftreten, schnell und schmerzlos mit eigens präparierten Ködern zu vergiften. Dabei gehen sie in erster Linie gegen die knapp 40 Zentimeter langen und die um etwa die Hälfte größeren und noch »räuberischeren« Silbermöwen vor. Ohne diese Einflußnahme, die sich auf bestimmte Vogelinseln und Küstenabschnitte beschränkt, wäre die See- und Wasservogelwelt bald von Möwen unterdrückt.

Gerade die Lachmöwen richten auf mehrfache Art Schaden unter den Seeschwalben an. Neben dem Raub von Eiern und frisch geschlüpften Küken können sie auch indirekt für den Tod junger Seeschwalben verantwortlich sein: Um vom Jagderfolg der geschickten Stoßtaucher zu profitieren, siedeln sie sich gerne am Rand einer ihrer Kolonien an. Wenn die Seeschwalben mit einem kleinen Fisch im Schnabel vom Meer zurückkommen, werden sie von den Lachmöwen schon als Wegelagerer erwartet. Zwar gelingt es den größeren Möwen selten, den flugtechnisch überlegenen Seeschwalben den Bissen abzunehmen, doch hindern sie durch dauerndes Bedrängen und Verfolgen die Eltern daran, ihren Nachwuchs zu füttern. Gelegentlich allerdings profitieren die Seeschwalben auch von den benachbarten Lachmöwen: Mit Erfolg vertreiben diese ihre großen Verwandten, die Silbermöwen, aus der Kolonie.

Die starke Ausbreitung, insbesondere der Lachmöwen, ist nicht zuletzt auf die vielen Müllhalden zurückzuführen, an denen große Scharen von ihnen den Winter überstehen und von denen sie dann nicht selten als Krankheitsüberträger starten. Ihre natürlichen Feinde, die Greifvögel, sind zu selten geworden, und »tierliebe« Tauben- und Möwenfütterer gibt es ebenfalls genug. Mit Hilfe von Beringungen hoffen Ornithologen besseren Aufschluß über die Wandergewohnheiten der Vögel zu erhalten und festzustellen, in welchem Maß sich das früher stärker ausgeprägte Zugverhalten der Lachmöwen weiter zurückbildet.

Höckerschwäne

Nutznießer einer veränderten Wasserqualität

Wer sie noch nie vernommen hat, wird die schnell auf- und abschwellenden Töne aus der Ferne zunächst für eine akustische Täuschung halten. Daß jenes eigenartige Singen in der Luft von Vögeln verursacht wird, das stellt sich meistens erst heraus, wenn die Tiere am Himmel sichtbar werden: Es ist der rhythmische, weitausholende Flügelschlag ziehender Höckerschwäne, der die Luft so stark in Bewegung bringt, daß der Klang an stillen Tagen oder in der Nacht mitunter kilometerweit zu hören ist. Vor allem in den Wintermonaten und im zeitigen Frühjahr lassen sich die weißbefiederten Reisenden, von denen alte Männchen mehr als 40 Pfund wiegen können, in hohem Flug beobachten. Paarweise oder im Familienverband mit den letztjährigen Jungen, mitunter im großen Verband, ziehen sie zwischen offenen Gewässern hin und her, verlegen sie ihren Aufenthaltsplatz bei zunehmendem Frost von Binnengewässern auf Flüsse oder an die offene See, landen sie in Küstennähe sogar tagsüber auf Wiesen, Weiden und auf mit Wintergetreide bestellten Äckern.

Höckerschwäne, die ihren Namen dem dunklen Stirnhöcker hinter dem Schnabel verdanken, haben sich in den vergangenen Jahrzehnten besonders in Deutschland, den Niederlanden, England, Dänemark, Österreich und der Schweiz stark vermehrt. Die Voraussetzung dafür hat der Mensch geschaffen, denn heutzutage gehört ein Paar der »schönen, stolzen Vögel« auch auf den kleinsten Stadtweiher, und dank der Fürsorge vieler Menschen leiden die Tiere im Winter dort keine Not. In manchen Städten werden die Höckerschwäne in der kalten Jahreszeit sogar in ein wärmeres Quartier gebracht. Eine derartige Behandlung ist möglich, weil die einstmals scheuen Wildvögel zu Kulturfolgern geworden sind und mittlerweile halbdomestizierte Formen herausgebildet haben; solche Vögel sind an dem blasseren Rot des Schnabels und an den hellgrauen bis violettfarbenen Beinen zu erkennen; die wilden haben ein kräftiges Rot vor dem Höcker und schwarze Beine.

Seiten 34/35 *Brütender Höckerschwan auf dem Nest (Deutschland)*

Besonders aktiv sind die Vögel im Frühling, wenn sie das Brutrevier besetzen und gegen Nebenbuhler verteidigen. Dabei zeigen sich Höckerschwäne nicht nur unleidlich gegen Artgenossen; sie reagieren auch wenig freundlich, wenn andere Wasservögel sich nahe ihrer großen Nestburg aus Schilf und Gras häuslich niederlassen wollen. Selbst mancher Ruderer oder Angler hat sich schon zurückziehen müssen, wenn der Schwan mit hochgestellten Flügeln und vernehmbar schnarchend auf ihn zuschwamm. Läßt er es beim Menschen meistens bei Droh- und Imponiergesten bewenden, so fliegen in der Schwanensippe nicht selten die Federn. Manchmal bleibt ein allzu hartnäckiger Rivale sogar tot auf der Strecke.
Meistens kommt es zu Kampf und Verfolgung, wenn ein Männchen auf Brautschau geht. Das geschieht im vierten Lebensjahr, und die Ehe hält dann ein — weit mehr als 20 Jahre währendes — Leben lang. Kommt jedoch einer der Partner um, dann trifft der andere eine neue Wahl. Viele Paare halten am einmal gewählten Brutplatz jahrelang fest. Nicht immer wird das Nest im Wasser oder im Schilf gebaut. Zu den vielen kuriosen Brutplätzen von halbzahmen Höckerschwänen gehört in Schleswig-Holstein der Fahrbahnrand einer vielbenutzten Landstraße. Genau fünf Wochen bebrütet das Weibchen vier bis neun Eier, die im Lauf der Zeit einen kalkigen Überzug bekommen. Die Jungen haben anfangs ein hellgraues Daunenkleid, das sich später in ein graubraunes, schmutzig wirkendes Gefieder verwandelt; der dunkle Schnabel färbt sich erst nach mehr als einem Jahr langsam um.
Was den Gewässern und den meisten ihrer Lebewesen zum Nachteil gereicht, das ist für die vegetarisch lebenden Höckerschwäne von Nutzen. Mit der überwiegend durch eingeschwemmte Phosphate hervorgerufenen Vermehrung der Nährstoffe gedeiht in vielen Seen eine derart üppige Unterwasserflora, daß die davon lebenden Schwäne keine Not leiden. Ihr langer Hals ermöglicht ihnen, Pflanzenbewuchs bis zu gut einem Meter unter der Wasseroberfläche abzuweiden. Dabei kann es vorkommen, daß sie hin und wieder versehentlich Fischlaich aufnehmen; dennoch sind sie keine Schädiger der Fischwirtschaft.
Benötigte früher ein Schwanenpaar eine Wasserfläche von mindestens 60 Hektar als Brut- und Nahrungsrevier, so haben sich wegen der veränderten Umweltbedingungen heute die Ansprüche verringert: Zumindest vom Frühling bis zum Herbst ernähren immer kleinere Gewässer immer mehr Schwäne.

Kanadagänse

Seit langem auch in Europa heimisch

Wenn sich die Blätter von Ahorn und Espe bunt färben, wenn der »Indian Summer« seinem Höhepunkt zustrebt, treffen im südlichen Kanada und im Norden der Vereinigten Staaten unter den vielen gefiederten Herbstboten auch die ersten Kanadagänse ein. Sie kommen in stattlichen Keilformationen vom Norden und lassen sich — je nach Wetter und Störenfrieden — auf Seen, Flüssen und in Mooren zu kürzerer Rast oder zu langem Aufenthalt nieder. Wer die oft nach Hunderten zählenden Flugverbände nicht sieht, hört sie manchmal kilometerweit: Mit lauten und tiefen Orientierungsrufen halten die an Kopf und Hals auffällig gefärbten Wasservögel untereinander Stimmfühlung. Besonders vor dem Start und der Landung lassen sie ein aufgeregtes Geschrei vernehmen. Im Frühling sind die Rufe der dann sehr zielstrebig zum Norden ziehenden Gänse ähnlich eindrucksvoll wie die Trompetensignale der europäischen Kraniche. Beide Vogelarten werden besonders auf dem Lande als Vorboten der wärmeren Jahreszeit betrachtet.
Im Herbst warten allerdings nicht nur die Vogelbeobachter und die Wasserwildzähler auf die Scharen. Auch die Jäger Nordamerikas freuen sich auf Flugbeute — neben den Kanadagänsen sind es Schneegänse und Enten. Dank gut überwachter Jagd ist heute in den meisten Gebieten der Vereinigten Staaten dafür gesorgt, daß die Jäger alljährlich nur den Zuwachs abschöpfen und nicht — wie in Jahrzehnten vor dem Zweiten Weltkrieg — manche Wildart an den Rand des Aussterbens bringen. Aufgrund der Zählergebnisse werden alljährlich neu festgesetzte Abschußquoten freigegeben. Ein Lizenzjäger muß für jede Gans, die er erlegen will, eine Marke erwerben. Nicht zuletzt dank dieser Regelung gibt es heute in Nordamerika mehr Kanadagänse als je zuvor — etwa fünf Millionen.
Aber nicht nur in ihrer Urheimat, wo sie in zwölf Unterarten von der Ost- bis zur Westküste fast zwei Drittel des oberen nordamerikanischen Kontinents besiedelt, hat sich die Kanadagans behauptet. Schon im 17. Jahrhundert wurde sie nach England eingeführt — zunächst als Park- und Ziervogel. Heute leben

Gewaltiger Größenunterschied: Kanadagänse und Stockenten (Kanada)

dort einige tausend Nachkommen in halbzahmem oder wildem Zustand. In Schweden und Norwegen hat sich gleichfalls eine Population von einigen tausend Kanadagänsen entwickelt; sie stammen alle von wenigen Paaren ab, die einst von dem berühmten Naturschriftsteller und Tierfotografen Bengt Berg angesiedelt wurden. Im Winter tauchen immer wieder etliche von ihnen an der deutschen Ostseeküste auf. Auch in der Bundesrepublik wurden die stattlichen Vögel heimisch. So lassen sie sich häufig in und um München beobachten. In Neuseeland, wo sie eingebürgert wurden, vermehrten sie sich so stark, daß sie regelrecht bekämpft werden mußten, da sie auf den Viehweiden zu starken Schaden anrichteten.
Der größte Teil der nordamerikanischen Kanadagänse, deren Unterarten von guter Stockentengröße (Dunkle Zwergkanadagans) bis zu den Ausmaßen eines Singschwanes (Riesenkanadagans) variieren, brütet in den nordischen Tundragebieten. Dort treffen die Vögel, von denen viele während des Winters bis zum Golf von Mexiko ziehen, in großen Scharen, aber bereits verpaart, Ende Mai und Anfang Juni ein. Der kurze nordische Sommer läßt ihnen nicht viel Zeit zur Nistplatzsuche. Die mit Daunen ausgepolsterte Niststätte wird zwischen Moos, Flechte und Gras angelegt. Gern brüten die Gänse auf kleinen Inseln und kolonieweise. Mitunter müssen die Burgen von Bisamratten und Bibern als Unterlage dienen; man hat ihre Nester sogar schon hoch in den Bäumen in ausgedienten Greifvogelhorsten gefunden.
Etwa vier Wochen lang bebrütet das Weibchen die fünf bis sechs cremefarbenen Eier allein, doch der Ganter fungiert als angriffslustiger Wächter, der auch Polarfüchse das Fürchten lehrt. Da es in der nordischen Wildnis reichlich Wasser gibt, können die Gössel ihre Schwimmfertigkeit vom ersten Tag an erproben. Schon bald nach dem Schlüpfen schließen sich viele Gänsefamilien zusammen, nicht selten mischen sich weiße und blaue Schneegänse mit Kanadagänsen. Die Familien bleiben bis zum folgenden Frühjahr beieinander.

Singschwäne

Ihre Winterquartiere werden immer enger

Unter den Zugvögeln, die als Bewohner hochnordischer Breiten mitteleuropäische Seen, Flüsse und Küsten als Winterquartier wählen, sind einige, die sich nicht auf den ersten Blick zu erkennen geben. Das gilt für manche Enten und Taucher, die zumindest in den ersten Wochen ihres Gastspiels noch das sogenannte Ruhekleid tragen und damit vielen anderen ähnlich schlicht gefiederten Verwandten gleichen. Auf einen unter den Wasserbewohnern allerdings trifft dies auch ohne Mauser und damit verbundener Verwandlung zu: Für den ungeübten Beobachter sehen Singschwäne aus der Ferne den weitverbreiteten Höckerschwänen zum Verwechseln ähnlich.
Auf norddeutschen Binnenseen, auf Flüssen und an den Küsten aber ist nicht jeder »gewöhnliche« Schwan einer mit dem schwarzen Höcker über der Schnabelwurzel. Mancher trägt einen gelben Schnabel mit dunkler Spitze, hält den Hals senkrecht in die Höhe (und nicht in leichter S-Form gebogen) und wirkt etwas schlanker als die halbzahmen Höckerschwäne. Wenn diese Merkmale zusammentreffen und wenn die Vögel vielleicht sogar gelegentlich ihre Stimme erklingen lassen, dann handelt es sich um jene Schwäne, denen bereits ihr Name Musikalität bescheinigt. (Allerdings nicht beim Sterben, wie es ihnen angedichtet wurde.) Von der Strenge des Winters hängt es ab, wie viele Singschwäne sich alljährlich im norddeutschen Raum versammeln und ob sie weiter in den Süden ziehen, gelegentlich bis zum Bodensee. Mit Einbruch der kalten Jahreszeit kommen sie im Familienverband oder in größeren Trupps aus den Brutrevieren: dem Nordosten Skandinaviens, den europäisch- und sibirisch-russischen Taiga- und Waldtundrazonen oder von Island.
Wer sie fliegen sieht, vermißt das charakteristische »Singen« der Flügel, wie es von den Höckerschwänen manchmal mehr als einen Kilometer weit zu hören ist. Diese Fluggeräusche werden häufig als Gesang gedeutet, und entsprechend oft sind aus fliegenden Höckerschwänen Singschwäne geworden. Was allerdings die einen in der Luft an Geräusch bieten, machen die anderen überwiegend am Boden wett. Während Höckerschwäne allenfalls ein Zischen oder Schnarchen, ganz selten zur Balzzeit einen trompetenden Ruf erklingen lassen, zeigen sich die Singschwäne stimmfreudig: sowohl im Winterquartier bei jedem Start (der erst nach melodischer Abstimmung erfolgt), als auch besonders bei der Besetzung des Brutreviers an schilfumwachsenen Seen in nordischer Einsamkeit. Dort legen die Vögel, die meistens ein Leben lang mit einem Partner zusammen bleiben, ein ähnlich großes Nest an wie Höckerschwäne. Im Gegensatz zu diesen jedoch sind sie Kulturflüchter, die des Menschen Nähe während der Brut und der Aufzucht der Jungen meiden. Erstaunlich ist, daß manche in den Wintermonaten recht vertraut werden.
Die vier bis sechs Jungen, die nach fünfwöchiger Brut schlüpfen, sind einige Wochen eher flugfähig als die im Durchschnitt etwas schwereren Höckerschwäne. Das ist schon deshalb nötig, weil sich die Singschwäne bald nach dem Flüggewerden auf die Reise in den Süden machen müssen. Nach der Kleingefiedermauser im Herbst sehen die jungen Singschwäne ein Stückchen ansehnlicher aus als ihre höckerigen Verwandten: Ihr Gefieder ist schiefergrau und nicht schmuddelig braun.
Mit den Singschwänen tauchen gelegentlich auch die noch selteneren und weiter nördlich brütenden Zwergschwäne auf. Die gut gänsegroßen Tiere, deren Hals nicht ganz so elegant und lang wie der der Verwandten ist, wurden häufig auf der Insel Fehmarn gesehen. Bei zunehmender Kälte ziehen sie an die Unterelbe, deren Wiesen und Marschen als Überwinterungsgebiet von Großindustrieanlagen zunehmend zerstört werden. Dort wurden in manchen Jahren schon 3000 Zwergschwäne beobachtet — mehr als ein Drittel des europäischen Bestandes. Die meisten dieser scheuen Gefiederten überwintern in England, wo für sie eigens Gastrervate angelegt wurden wie in Slumbridge und in Welney. Dort haben sich die Zwergschwäne so an ihre Betreuer gewöhnt, daß manche das Futter aus deren Hand nehmen.

Singschwäne bei einer Rast auf dem Herbstzug im November (Schottland)

Brandseeschwalben in der Nähe ihrer Kolonie (Deutschland)

Seeschwalben

Die eleganten Flieger sind unstet

Für die vielen Seevögel, die an nördlichen Meeresstränden zwischen Anfang Mai und Mitte August brüten und ihre Jungen aufziehen, hängt vom Wetterverlauf mehr ab als für die noch zahlreicheren Urlauber, die ihnen vielerorts das Terrain streitig machen. Ein kaltes Frühjahr und ein verregneter Sommer können den Ausfall einer ganzen Generation von Seeschwalben, Regenpfeifern, Austernfischern und anderen Strandbrütern bedeuten. Manchmal reicht schon ein kurzes Sturmtief, um alle Anstrengungen der Tiere zunichte zu machen. Ein »Landunter« an der Nordseeküste im Mai oder Juni kann zehntausendfachen Tod bringen. Zu den derart Gefährdeten unter den Meeresvögeln gehören die Seeschwalben. Sie bauen weder irgendwelche Bollwerke aus Gras oder Strauch um ihre Nester, noch suchen sie für ihr Gelege einen geschützten Platz: Für die meistens zwei oder drei Eier drehen sie zwischen Muscheln, Steinen oder flachem Strandbewuchs mit der Brust eine flache Mulde in den Sand, und fertig ist die Brutstätte.

Von den vier im Sommer an den Küsten der Nord- und Ostsee regelmäßig lebenden Seeschwalbenarten brüten die Fluß-, die Küsten- und die (sehr selten gewordenen) Zwergseeschwalben in unterschiedlich großen Verbänden, weit verstreut oder gar einzeln, an den verschiedensten Gestaden. Die vierte jedoch gibt es nur an ganz wenigen Orten, dort allerdings meist in beachtlicher Konzentration: Die Brandseeschwalbe brütet an der deutschen Nordseeküste in vier Kolonien, deren Stärke von Jahr zu Jahr großen Schwankungen unterliegt. So erwarten alle diejenigen, die sich an der Küste dem Schutz und der Beobachtung der dortigen Vogelwelt verschrieben haben, die »Heimkehr« der Brandseeschwalben aus den südlichen Winterquartieren im Frühling mit besonderer Spannung. Die weißen Vögel mit der schwarzen, in einen Schopf auslaufenden Kappe auf dem Kopf sind immer wieder für eine Überraschung gut. Mal kommen die ersten bereits um die Aprilmitte an, mal tauchen sie erst einen Monat später zu Tausenden in großer weißer Wolke auf. Mal lassen sie sich für zehn oder zwanzig Tage auf einer bestimmten Insel, an einem begrenzten Strandabschnitt nieder und machen Anstalten, mit der Brut zu beginnen, um von einer Stunde auf die andere für den Rest des Jahres zu verschwinden. Es kann sein, daß der große Verband einige Inseln weiter dann innerhalb von zwei, drei Tagen eine feste Kolonie gründet, er kann aber auch nirgendwo mehr gesichtet werden. Die eleganten Flieger, mit gut 40 Zentimeter Körperlänge die größten der hiesigen Seeschwalben, sind unstet und unberechenbar.

Oft ist es der Mensch, der die Vögel zum Weiterziehen veranlaßt. Denn sie sind recht sensibel und reagieren besonders zu Beginn der Brutzeit auf Störungen nicht selten mit der Aufgabe des erwählten Platzes. Aber auch eine hochgehende Flut, die die Eier wegspült, oder ein Sandsturm, der die Gelege zuweht, beenden manchen Brutversuch. Kommt das Unglück zeitig im Jahr, bis Anfang Juni etwa, so versuchen es viele Vögel noch ein zweites Mal. Kaum jemals am selben Platz, sondern häufig sogar Dutzende oder Hunderte von Kilometern entfernt. Es ist nicht selten, daß an manchem Ort die Brandseeschwalben noch auf ihren Eiern sitzen, während in einer anderen Kolonie die Jungen bereits flügge sind. Erst Ende Juli, Anfang August läßt sich daher sagen, ob es ein erfolgreiches Brutjahr war.

Schon lange waren die Vögel nicht mehr in so großer Zahl erschienen wie im Jahr 1981: Gut 8000 Paare ermittelten die Vogelschützer an der deutschen Nordseeküste, und rund 100 Paare ließen sich an zwei Plätzen an der Ostseeküste nieder. An der Nordsee brüten sie nur noch auf streng geschützten Vogelinseln, die während der Brutzeit bewacht und von Unbefugten nicht betreten werden dürfen. Das sind Norderoog, Trischen und Scharhörn im nordfriesischen Wattenmeer und Minsener Oldeoog, östlich von Wangerooge gelegen. Norderoog, wo 1981 etwa 1600 Paare gebrütet haben, und Scharhörn (2200 Paare) werden vom Verein Jordsand, Trischen (2200 Paare) vom Deutschen Bund für Vogelschutz (DBV) und Minsener Oldeoog (2000 Paare) vom Mellumrat betreut. Die beiden kleinen Kolonien an der Ostsee liegen ebenfalls in Schutzgebieten, die vom Verein Jordsand (Schleimünde) und vom DBV (Graswarder) überwacht werden.

Doch der Schutz vor den Menschen durch Menschen, ohne den die Brandseeschwalben überhaupt nicht mehr bei uns brüten würden, reichte 1981 nicht aus. Eine Sturmflut in der zweiten Maihälfte vernichtete viele Gelege auf den Nordseebrutplätzen. Nur auf der sonst am stärksten gefährdeten Hallig Norderoog gab es wenig Schaden: Die Brandseeschwalben

hatten sich just auf der kleinen Fläche des Strandes niedergelassen, die trocken blieb. So wurden dort mindestens 2000 Junge flügge. An den anderen Plätzen gab es viele Nachbruten. Doch je später die Seeschwalben für die Arterhaltung sorgen, desto gefährlicher wird es aus anderen Gründen.
Nicht nur aus Freude an der Geselligkeit brüten nämlich so viele von ihnen auf engstem Raum beisammen. Ihre zwei bis vier auf olivfarbenem bis dunkelbraunem Grund mit einer unterschiedlichen Sprenkelung versehenen Eier legen die einzelnen Weibchen häufig so eng aneinander, daß sie sich beim Brüten fast berühren. Bei einer solchen Massierung machen sie es einem Feind schwer, sich an ihnen schadlos zu halten. Und Feinde gibt es genug, allen voran die Silber-, Sturm- und Lachmöwen, die sowohl Eier als auch Junge gerne als Beute nehmen. Sie werden nicht nur durch konzentrierte Luftangriffe, sondern auch durch ohrenbetäubendes Gekreisch vertrieben. Diese psychologische Waffe ist ebenso gegen Bodenräuber wie Fuchs, Wiesel und Iltis, die vor allem den an der Ostseeküste auf dem Festland brütenden Brandseeschwalben zusetzen, erfolgreich und verfehlt selbst auf den zweibeinigen Eindringling in die Kolonie nicht ihre Wirkung. Nachbrüter sind allerdings nicht immer so zahlreich, ihre Kolonien nicht mehr so fest geschlossen, ihr Abwehrsystem mithin nicht mehr so wirkungsvoll. Und zu dieser Zeit sind vor allem die Möwen — dann auf der Suche nach Futter für ihre eigenen Jungen — noch frecher. Mit der Folge, daß aus Zweitgelegen noch weniger Brandseeschwalben groß werden.
Gibt es einen Alarm in der Brutkolonie, so ist augenblicklich eine gewaltige weiße Wolke in der Luft. Doch auch bei »Normalbetrieb« geht es lebhaft zu: Männchen und Weibchen lösen sich während der etwa dreieinhalb Wochen dauernden Brut mehrmals am Tage ab. Beide füttern die anfangs tarnfarben bedunten Jungen mit kleinen Fischen, die sie manchmal von weit herantragen. Bei dem ganzen Hin und Her wird viel gerufen, doch ist in dem grellen Stimmengewirr kaum ein individuelles Ansprechen möglich. So scheint nach den Erkenntnissen von Verhaltensforschern auch mehr die auf den Quadratzentimeter genaue Kenntnis des Brutplatzes die wichtigste Orientierungshilfe zu sein. Die Zeichnung der Eier, die für andere Vögel das Erkennungsmerkmal ist, scheint weniger wichtig zu sein: Bei Versuchen mit ausgetauschten Eiern setzten sich brütende Vögel sogar auf weiße und größere Eier, sofern sie in der angestammten Nestmulde lagen. Die eigenen Eier wurden nicht beachtet, selbst wenn sie nur wenige Zentimeter entfernt waren. Trotz solcher Platztreue kommt es immer wieder zu Auseinandersetzungen zwischen einzelnen Brutnachbarn. Haben Jungvögel, die schon bald nach dem Schlüpfen die Nestmulde verlassen und auf Wanderschaft gehen, die Orientierung verloren und kommen sie anderen Eltern in die Quere, so kann es schmerzhafte Schnabelhiebe setzen. Je größer die Jungen werden, desto weniger aggressiv sind die Altvögel und nehmen wohl auch mal eine Verwechslung in Kauf. Ist der Nachwuchs im Alter von fünf Wochen flügge, beginnen die Ausflüge aufs Meer. Anfangs füttern die Alten ihre Jungen noch, gelegentlich auch in der Luft; doch dann müssen diese den kunstvollen Nahrungserwerb nach Seeschwalbenart lernen: Kreisend, flatternd oder rüttelnd so lange über dem Wasser fliegen, bis ein kleiner Fisch erspäht ist, und dann mit angelegten Flügeln nach unten stoßen. Die Vorliebe, in den Brandungswellen nach aufgewirbelten Beutetieren zu jagen, hat der Art den Namen eingetragen.
Auf ihrem Weg in die winterlichen Quartiere, die zum Teil an der Südspitze Afrikas liegen, zieht die Brandseeschwalbe immer den Brandungssäumen der Küste entlang. Während dieser Monate ist sie nicht so leicht am langen schwarzen Schopf von anderen Seeschwalben zu unterscheiden, denn im Ruhekleid ist die Kopfplatte hell. Zwar sind sie Kosmopoliten, doch leben die Vögel mit den langen Schwingen, dem kurzen, gegabelten Stoß und dem dunklen Schnabel mit gelber Spitze weit zersplittert über den Erdball. Was im kleinen für die deutsche Nordseeküste gilt, hat seine Parallelen auf den gesamten Lebensraum bezogen: In einem Jahr kann es auf einer Insel eine Kolonie mit Zehntausenden von Paaren geben, im nächsten Jahr ist der Brutplatz verwaist. Daß ihre Zahl insgesamt — wie die ihrer vielen Verwandten — abnimmt, mögen Zahlen aus der Vergangenheit beweisen: Auf der kleinen Hallig Norderoog, die früher allerdings größer war, sollen 1819 noch 250000 Paare gebrütet haben. Wird diese Zahl auch von manchem Wissenschaftler angezweifelt, so sind 20000 bis 25000 Paare im Jahr 1886 verbürgt. Damals wurden die Eier regelmäßig von den Insel- und Küstenbewohnern gesammelt.
Heutzutage sind die Vogelschützer froh, wenn sie jährlich zwischen 5000 und 8000 Brandseeschwalben in allen deutschen Schutzgebieten zusammen registrieren. Sie können sich damit

Balzende Küstenseeschwalben (Deutschland)

— auf Felsen auf. Doch sie können selbst solche Abstürze überleben. Innerhalb weniger Nächte ist dann eine Brutkolonie weitgehend verlassen. Wer in nordischer, heller Nacht einmal das Herabspringen Abertausender von Lummen erlebt hat, wird dieses Schauspiel nicht vergessen.
Auch heute noch sind an manchen Küsten, vor allem auf nordischen Inseln, zur Brutzeit die Kolonien der Trottellummen, der zur selben Art zählenden Ringellummen und der weiter im Norden beheimateten Dickschnabellummen das Ziel einheimischer Eiersammler. Während in unseren Tagen das sportliche Erlebnis — beim Herablassen an einem Seil oder beim Einsteigen in die Felswände und beim anschließenden Bergen möglichst vieler Eier — im Vordergrund steht, dienten früher die Eier wie auch die Vögel der Ernährung der Menschen. Für eine Art hat das die Ausrottung bedeutet: Um die Mitte des vorigen Jahrhunderts wurden bei Island die letzten flugunfähigen Riesenalken getötet. Einst waren sie so zahlreich gewesen, daß man sie als Brennmaterial verwandte...
Im Ostseeraum galt auch die Trottellumme um 1880 als nahezu verschwunden. Man machte vor allem schwedische Jäger, die während der Brutzeit in den Kolonien gewütet hatten, dafür verantwortlich. Dank strenger Schutzgesetze, die im letzten Augenblick erlassen wurden und denen heute auch anderswo viele der Vogelfelsen unterliegen, haben sich die Bestände der Lummen im skandinavischen Ostseebereich wieder erholt. Im Herbst und Winter erscheinen sie auch weiter südlich in größerer Zahl. Allerdings haben die Altvögel dann ihr schwarz- oder dunkelbraunweißes Brutkleid mit einem schlichteren hell- und dunkelgrauen Gefieder vertauscht, in dem sich auch die dann flüggen Jungen zeigen.

Ringelgänse

Sie sorgen jedes Jahr erneut für Streit

Treffen im Frühling die ersten Kurgäste an der Nordseeküste ein, dann zeigt sich ihnen an den noch weitgehend leeren Stränden eine ebenso zahlreiche wie vielfältige Vogelwelt. Für einige Wochen im April und Mai nämlich mischen sich jene Vögel, die bereits aus dem Süden an die Brutplätze zurückgekehrt sind, mit jenen, die den friesischen Küstenraum als Winterquartier nutzen und später einige tausend Kilometer polwärts brüten werden. Während sich die einen bereits mit der Balz und mit dem Eierlegen beschäftigen, warten die anderen noch darauf, daß auf ihren Nistgründen Eis und Schnee schmelzen.
Zu den Vögeln, die als letzte aufbrechen und in wenigen Tagen bis nach Spitzbergen und an die ostsibirische Eismeerküste fliegen, gehören die Ringelgänse, wegen ihrer Rufe auch Rottgänse genannt. Auf niederländisch heißen sie »Rotgänse«, was nichts mit der Farbe zu tun hat, denn die Vögel sind überwiegend dunkel gefärbt. Zwar unterscheidet man eine hell- und eine dunkelbäuchige Rasse, doch messen die Zoologen diesem Unterschied keine große Bedeutung bei, zumal Mischehen nicht selten sind. Allerdings konzentrieren sich die Vögel der dunkelbäuchigen Rasse stärker auf den Osten, während die hellbäuchigen Gänse überwiegend im hohen Norden Kanadas und Grönlands brüten (sie wählen ihr Winterquartier zum Teil entlang der Pazifikküste).
An der Nordseeküste sind die Ringelgänse im Verlauf der vergangenen Jahre fast zu einem Politikum geworden, und in jedem Frühjahr lebt die Diskussion um sie wieder auf. Bevor die Vögel, die gut die Größe einer Stockente erreichen und damit die kleinsten (und zugleich am dunkelsten gefärbten) Wildgänse unserer Breiten sind, nach Nordsibirien aufbrechen, halten sich viele tausend von ihnen mehrere Wochen lang im nordfriesischen Wattenmeer und gelegentlich auch an der Ostseeküste auf. Manchmal gestatten ihnen die Wetterbedingungen den Abflug erst Ende Mai oder Anfang Juni. Bis dahin verbringen sie die Zeit mit Vorliebe auf Halligen und Inseln, suchen sie sich ihre Nahrung bei Ebbe im Watt. Wenn allerdings die Flut das Wasser wieder steigen läßt, fallen die Vögel auf dem Land in Deich-

Ziehende Ringelgänse gegen den Abendhimmel (Deutschland)

nähe ein und äsen Gras. Diesen Umstand nutzten früher die Bewohner zur Jagd und zum Fang mit Netzen. Doch früher gab es auch erheblich mehr Ringelgänse. Seit zu Beginn der dreißiger Jahre eine Pilzkrankheit die Hauptnahrungsgrundlage der Ringelgänse im Winter, das Seegras, an der Atlantik- und an der Nordseeküste nahezu vernichtete, ist die Zahl der überwinternden Vögel stark zurückgegangen.
Da sich der Bestand zwischen 1970 und 1980 gut erholt hat und die Zahl der an der niederländischen, der deutschen und der dänischen Nordseeküste durchziehenden oder überwinternden Ringelgänse — sie macht die Hälfte des Weltbestandes aus — auf mehr als 50000 geschätzt wird, hört man auf manchen Halligen wieder mehr Klagen über Wildschäden auf Grünflächen. Über solche Schäden, die sowohl durch das Abfressen von Gras als auch durch den Kot der Vögel verursacht werden, streiten seit geraumer Zeit Landwirte, Jäger, Behörden und Vogelschützer in Schleswig-Holstein. Eine besondere Bedeutung hat dabei die Hallig Süderoog. Dieses 60 Hektar kleine Eiland, der Küste am weitesten nach Westen vorgelagert und durch das Watt von der Insel Pellworm aus zu erreichen, ist seit Menschengedenken eines der bevorzugten Ziele der Ringelgänse. Besonders im Frühling stärken sich hier zeitweilig bis zu 3000 Vögel gleichzeitig mit Vorliebe am Andelgras, um sich auf den Flug in die Brutgebiete vorzubereiten.
Da die Ringelgänse auf manchen Flächen das Gras besonders in der ersten Wachstumszeit kurzhalten, sind sie in gewisser Weise eine Konkurrenz zum Vieh, das der Pachtbauer gern so früh wie möglich auf die Hallig bringt. Über das Ausmaß dieser »Konkurrenz« allerdings gibt es widersprechende Meinungen. Während auf landwirtschaftlicher Seite gelegentlich von »verheerenden« Schäden gesprochen wird, sehen Naturschützer und von ihnen eingeladene Fachleute den Futterausfall, »wenn überhaupt vorhanden, als äußerst gering und lokal begrenzt« an. Immerhin zahlt die schleswig-holsteinische Landesregierung jedes Jahr einige zehntausend Mark an die durch die Ringelgänse »geschädigten« Landwirte entlang der Küste.
Schließlich noch spielt der Küstenschutz eine Rolle. Das Amt für Land- und Wasserwirtschaft in Husum, unter dessen Verwaltung die Insel steht, sieht in den Halligen ein vorgeschobenes Bollwerk gegen die See und sorgt mit Hilfe des Marschenbauamtes für die Erhaltung und Befestigung dieser natürlichen Wellenbrecher. Für die Behörde bedeutet die sommerliche Viehweidung eine Arbeitserleichterung, denn dabei wird die Grasfläche gepflegt, wird der Boden gefestigt.
Früher war es kein Problem, die Ringelgänse zu beschießen oder aufzuscheuchen, wenn sie sich auf Weiden und Wiesen zu lange aufhielten; sie flogen dann eben andere Weidegründe an. Heute jedoch gibt es für die Vögel kaum mehr Ausweichmöglichkeiten, wenn sie von ihren angestammten Plätzen vertrieben werden. Daher sprechen sich die Naturschützer auch dagegen aus, von Mitte April an die Ringelgänse, die zwischen dem 1. November und dem 15. Januar bejagt werden dürfen, »friedlich« zu vergrämen: Wenn die sich hauptsächlich vegetarisch ernährenden Tiere im Wattenmeer keine Nahrung mehr fänden, seien sie zum Tode verurteilt, heißt es.
In den letzten Maitagen verliert der »Gänsekrieg«, wie ihn einige bereits nennen, alljährlich wieder an Aktualität. Dann starten die Ringelgänse in großen und kleineren Trupps zu ihrem Flug nach Norden, wo sie in der baumlosen Moos- und Flechtentundra schnell mit der Brut beginnen. Bereits zehn Tage nach der Ankunft der Vögel wurden dort sechs Eier (die Höchstzahl eines Geleges) in dem mit Dunen ausgepolsterten Bodennest gefunden. Die Gänse brüten oft in Kolonien, die nach Tausenden zählen können. Nicht selten tun sich mit ihnen Eiderenten zusammen.
Nach einer Brutdauer von knapp vier Wochen schlüpfen die Jungen, an deren Führung sich zunächst der Vater beteiligt. Während der folgenden dreiwöchigen Schwingenmauser sondern sich die Ganter jedoch ab und bilden große, schwimmende Verbände auf dem Meer. Kommt die erste Kälte, verlassen die Vögel ihren Brutraum. Wenn schlechtes Wetter es ihnen gebietet, müssen sie sich bereits Ende August auf den Weg machen. Dann kann es vorkommen, daß viele Jungen gar nicht flügge werden und zugrunde gehen. (Deshalb kann die Zahl der Ringelgänse von einem Jahr zum anderen sehr stark schwanken.) Spätestens im September fallen die ersten Schoofe an der Nordsee wieder auf Marschwiesen und Wattflächen ein. Junge und Alte sind dann noch gut zu unterscheiden. Denn der Nachwuchs trägt an den Halsseiten noch nicht die beiden weißen Flecken, die der Art — ähnlich wie bei der Ringeltaube — den Namen gaben und die sie schon von weitem kennzeichnen.

Säbelschnäbler

Eindeichungen gefährden alte und schaffen neue Brutplätze

Würde jeder Säbelschnäbler so alt wie ein in Dänemark beringter Vertreter dieser Limikolenart, nämlich 24 Jahre und sechs Monate, und zöge jedes Paar der schwarzweiß gefiederten Vögel in dieser Zeit pro Jahr einmal vier Junge auf, so wäre jede Sorge um den Bestand dieses langbeinigen Bewohners von Meeresküsten und flachen Binnengewässern überflüssig. Da aber solche von der Biologie her möglichen Leistungen durch die Umweltbedingungen fast immer gebremst werden, bleiben das Durchschnittsalter und die Nachkommenschaft weitaus geringer. Und dennoch haben die Säbelschnäbler in Mittel- und Nordeuropa etwas zuwege gebracht, was nur ganz wenige andere Vogelarten geschafft haben: In den letzten 30 Jahren ist ihre Zahl ständig größer geworden. Wie lange dieser Trend anhält, hängt von mancherlei Voraussetzungen ab.
Noch zu Beginn des vorigen Jahrhunderts gab es große Scharen an der gesamten Nordküste, doch schon 50 Jahre später waren es erheblich weniger geworden. Nicht zuletzt das früher von vielen Landbewohnern intensiv betriebene Sammeln ihrer meistens vier Eier pro Gelege wird dazu beigetragen haben, daß um 1925 an der deutschen Nord- und Ostseeküste nur noch etwa 100 Paare registriert werden konnten. Heute dagegen bewegt sich ihre Zahl um 2500. In den Niederlanden wurden aus rund 1000 Paaren um 1925 über 4000 um 1979. Zu dieser Zeit ergaben Zählungen, daß sich der Brutbestand von Nord- und Ostsee auf rund 10000 Paare belief.
Daß der Säbelschnäbler zu den wenigen Vogelarten gehört, die in unserer naturbedrohenden Zeit ausnahmsweise nicht auf die Liste der gefährdeten Tiere gesetzt werden müssen, sondern daß er sogar von ihr heruntergenommen werden konnte, ist in erster Linie verstärkten Maßnahmen zu seinem Schutz zu verdanken. Viele der in Küstennähe gelegenen Plätze, an denen die — mit den ebenfalls hochbeinigen und schwarzweiß gefiederten Stelzenläufern eng verwandten — eleganten Vögel oft kolonieweise brüten, dürfen nicht betreten werden. Außendeichs gelegenes Vorland ist bei den Säbelschnäblern besonders beliebt: Dort ist die Vegetation kurz, wenn die Vögel Ende

April, Anfang Mai mit der Brut beginnen. Nicht selten liegen die Nestmulden der einzelnen Paare nur knapp zwei Meter auseinander. Diejenigen, die einen erhöhten Platz zum Nisten gewählt haben, können mit etwas Glück ihr Gelege auch über ein Hochwasser hinwegretten, denn viele Bruten werden auf diese Weise das Opfer eines Frühlingssturms.
Es geschieht auch immer wieder, daß junge Säbelschnäbler von einer starken Flutwelle mitgerissen werden. Die Todesrate ist während der ersten Lebenstage besonders hoch; viele Küken gehen an Unterkühlung ein. Daß die Altvögel dennoch immer wieder in einem durch Überflutungen und — bei anhaltendem Regen — durch steigende Bodennässe gefährdeten Bereich brüten, hat seinen Grund: Sie müssen ihren Nachwuchs, der mit gerade getrocknetem Dunengefieder schon wenige Stunden nach dem Schlüpfen das Nest verläßt, auf kurzem Weg zum Flutsaum führen. Denn nur im seichten Wasser können sie ihren leicht nach oben gebogenen Schnabel wirkungsvoll zur Nahrungssuche einsetzen.
Das eigenwillig geformte lange Werkzeug, das ihnen zu ihrem Namen verhalf, ermöglicht den Säbelschnäblern eine spezielle Technik, aus dem Schlickboden des Wattenmeeres kleine Würmer (besonders Borstenwürmer), Larven, Insekten, Krebstierchen, Schnecken und Käfer herauszuholen: Als würden sie mit einer Sense mähen, streichen sie mit dem Schnabel etwa zwei bis drei Zentimeter tief durch den weichen Grund, sowohl im flachen Wasser als auch auf trockenem Boden. Langsam voranschreitend »säbeln« die Vögel mit jeder Bewegung etwa 30 Quadratzentimeter ab. Stoßen sie mit dem leicht geöffneten Schnabel auf eine Beute, ziehen sie diese heraus, spülen sie vom Sand ab und schlucken sie herunter.
Die ständigen Veränderungen des Landes im Küstenbereich haben zur Folge, daß manche Ansiedlung von Säbelschnäblern nur kurze Zeit dauert. Eindeichungen können langfristig Brutplätze schaffen, können sie aber auch zerstören, indem sie Vorland zu Binnenland machen. Geht letzteres sehr schnell, so dauert die Bildung neuer Vorländereien hingegen mehrere Jahrzehnte. Manche Säbelschnäbler, von denen in milden Wintern zunehmend mehr an der Nordseeküste bleiben und nicht südwärts (bis Südwestfrankreich, Portugal und Westafrika) ziehen, versuchen immer wieder einmal, sich im Binnenland anzusiedeln. So gab es Brutversuche an bayerischen Stauseen und am Niederrhein; in Österreich und Ungarn brüten sie an flachen Seeufern, etwa am Neusiedler See.

Säbelschnäbler am Strand (Deutschland)

Austernfischer bei auflaufendem Wasser am Flutsaum (Deutschland)

Austernfischer

An der Küste heißen sie Strandelstern

Seinen Namen trägt der Austernfischer zu Unrecht, sowohl in Europa als auch fast überall sonst auf der Erde. Allein die in Nordamerika beheimateten Austernfischer, die, anders als die hiesigen, durchgehend schwarz gefiedert sind, ernähren sich zum Teil von Austern, die sie mit ihrem seitlich abgeflachten Schnabel geschickt zu öffnen verstehen. Die europäischen Verwandten wissen allerdings ihren leuchtendroten Schnabel ebenfalls trefflich beim Nahrungserwerb einzusetzen: Sie bringen Muschelschalen damit auseinander, zerstören Schneckengehäuse, schlagen Strandkrabben auf und ziehen Pierwürmer aus dem Wattboden. Darüber hinaus ertasten sie nach Schnepfenart allerlei Freßbares mit den feinen Tastkörperchen am Schnabelende im Schlickboden. Die Analyse von Nahrungsresten hat ergeben, daß die bei uns schwarzweiß gefärbten Vögel von vielseitiger Kost leben.
So ist der Name, den die Austernfischer wegen ihres Federkleids in Norddeutschland haben, passender: Strandelster nennen die Küstenbewohner die Vögel mit den rosafarbenen Beinen, den rotgeränderten Augen und dem leuchtendroten Schnabel. So eindrucksvoll sie aussehen, so augenfällig verhalten sie sich auch. Es wird kaum einen Urlauber am Meer geben, dem die Tiere nicht aufgefallen sind. Ob im Frühling während der Balz und zur Brutzeit, im Sommer bei der Aufzucht der Jungen, im Herbst oder Winter beim Ziehen und Rasten — Austernfischer sorgen stets lautstark dafür, daß sie wahrgenommen werden.
Die zur Sippe der Watvögel zählenden Schwarzweißgefiederten haben ein sehr eigentümliches Paarungszeremoniell entwickelt, das sich aus Tänzen, Paradeschritten und Kopfnicken zusammensetzt. Meistens ist gleich eine ganze Gruppe mit einer solchen Aufführung beschäftigt. Da sich die Geschlechter äußerlich erkennbar nicht unterscheiden, weiß man nie, wie sich solche Hochzeitsgesellschaften zusammensetzen. Bevor sich die Paare finden, starten sie — auch häufig in Gruppen — zu Rundflügen. Jede Aktivität wird mit schrillen Rufen untermalt.
Von der Umgebung des Brutplatzes hängt es ab, wie das Bodennest ausgestattet ist: Die mit

der Brust in den Grund eingedrehte Mulde wird mit kleinen Steinen, Muschelschalen oder Grashalmen ausgelegt. Beide Partner bebrüten abwechselnd die drei birnenförmigen, auf hellbraunem Grund dunkel gesprenkelten Eier sowohl am Strand in der Nähe des Flutsaums als auch auf Dünenkämmen, in einer Gesteinsmulde, in Marschwiesen oder auf mit Heidekraut bestandenen Sandflächen. Zwar sind sie überwiegend Küstenvögel, und sie halten sich auch außerhalb der Brutzeit am Meer auf, doch zieht es zur Aufzucht der Jungen zunehmend mehr Paare weiter ins norddeutsche Binnenland hinein. Beim Weglocken von Feinden aus dem Nestbereich erweisen sich Austernfischer als Meister im Täuschen und Tarnen.
Im Herbst sammeln sich die gut 50 Zentimeter langen Vögel zu Verbänden, nicht selten mit anderen Watvogelarten vermischt. Die an den skandinavischen Küsten beheimateten, verlegen dann ihren Aufenthaltsort weiter südlich und vertauschen felsige Gestade mit flachem Sandstrand. Viele von ihnen tragen im Winter einen hellen Halsring, der sich erst wieder kurz vor Beginn der Balz zurückbildet. Ein anderer Ring, einer aus Metall und von Ornithologen an einem der Ständer angebracht, soll Auskunft über Wanderwege und das Alter der Vögel geben. Mit Hilfe wiedergefundener und an lebenden Vögeln abgelesener Ringe wurde von Wissenschaftlern errechnet, daß nur knapp zehn Prozent aller geschlüpften Austernfischer bis zur ersten Brut überleben. Viele von ihnen werden nicht einmal flügge. Neben Sturmfluten, die Eier und Küken wegschwemmen, neben Kälte, die die Jungen erfrieren oder verklammen läßt, neben Menschen, die Bruten — meistens aus Unachtsamkeit — vernichten, gibt es auch Tiere, die besonders den jungen Austernfischern nachstellen. Allen voran sind es die Silbermöwen, die sich seit geraumer Zeit an der Nordseeküste viel zu stark vermehrt haben und zu einer Gefahr für manche im Bestand gefährdete Vogelart geworden sind. An den norwegischen Fjordküsten greift auch der Seeadler gerne mal ein Küken.
Selbst dann, wenn der Austernfischer unabhängig geworden ist, braucht er noch zweieinhalb Jahre bis zur Geschlechtsreife. Ist aber der erste Winter nicht allzu hart, dann haben die Jungvögel das gröbste überstanden. Ein Alter von 28 Jahren allerdings, wie es 1954 einmal bei einem Vogel auf der Insel Mellum festgestellt worden ist, werden wohl die wenigsten erreichen. Den »Rekord« hält ein 36 Jahre alter Austernfischer.

Seehunde

Gift im Körper, keine Ruhe auf den Sandbänken

Als erste schlugen die Niederländer Alarm und setzten eine Reihe von Forschungen in Gang. Naturschützern und Jägern war bereits Ende der fünfziger Jahre aufgefallen, daß sich immer weniger Seehunde vor der niederländischen Küste zeigten. Zahlen belegten bald den Ernst der Lage. Von etwa 2700 Seehunden im Jahr 1950 waren zehn Jahre später nur noch 1500 vorhanden. Heute ist der dortige Bestand um weitere 1000 geschrumpft – rund 500 werden seit 1970 jedes Jahr gezählt. Die Niederländer blieben mit ihrer Sorge nicht lange allein. In allen Küstenländern der Nordsee (Niedersachsen und Schleswig-Holstein in der Bundesrepublik, Dänemark, England mit Schottland, Norwegen) wurden nach und nach ähnliche Feststellungen gemacht. Von 1960 bis 1973 nahm die Zahl der bei Ebbe auf den Sandbänken vor Niedersachsen ruhenden Robbentiere um 1000 auf 1200 ab. Da sie, wie man inzwischen mit Hilfe von markierten Tieren weiß, weite Wanderungen entlang der Küste unternehmen können, ist nicht jede Abnahme in einem Land gleichbedeutend mit dem Tod der Raubsäuger mit den flossenähnlichen Beinen. Dennoch: Ihr Gesamtbestand in den Nordseewatten zwischen Esbjerg in Dänemark und Den Helder in den Niederlanden, der von den Seehundforschern mittlerweile als eine zusammenhängende Population angesehen wird, sank zwischen 1960 und 1978 von 5500 auf 3800 Tiere. (Bei diesen Zahlen wird immer vom Sommerbestand nach der Geburt der Jungtiere ausgegangen.) Mit rund 1800 Seehunden hatte Schleswig-Holstein darunter den viele Jahre etwa gleichbleibend stärksten Anteil. 1980 und 1981 wurden im nordfriesischen Wattenmeer sogar jeweils ca. 2200 Hunde ermittelt, in Niedersachsen waren es 1981 mit genau 1348 Tieren (davon 246 junge) ebenfalls mehr. Ob diese leicht angestiegenen Zahlen eine Tendenz zu einer langfristigen Besserung der Situation oder nur eine momentane Populationsschwankung widerspiegeln, müssen die nächsten Jahre zeigen.
Steht es schon an der Nordsee nicht gut um den Seehund, so sieht es an der Ostsee noch schlechter mit ihm aus. Zu Beginn dieses Jahrhunderts sollen dort noch über 10000 gelebt

Seehunde bei Ebbe im Wattenmeer (Deutschland)

Wie Lastensegler schleppen sie Futter heran

Ob sie am Ufer eines großen Binnensees oder im seichten Küstenwasser des Meeres einherwatscheln oder mit leicht hochgestellten Flügeln und mit wenig Tiefgang auf dem Wasser dahingleiten — Pelikane ähneln auf den ersten Blick eher einer Karikatur aus dem Tierreich als einem Vogel, der über bemerkenswerte Eigenschaften und Fähigkeiten verfügt. Für das so eigenartige Erscheinungsbild sorgt vor allem ein Körperbau mit ungewöhnlichen Proportionen. Am auffälligsten ist der gewaltige Schnabel mit dem an der Unterseite herabhängenden dehnbaren Kehlsack. Auch der Kopf ist sehr groß. An Land erscheint der mächtige Rumpf zum Ende hin stark verkürzt; ein kaum sichtbarer Schwanz und die kurzen Beine mit den Ruderfüßen verstärken diesen Eindruck. Nicht zuletzt wegen dieses Aussehens gehört der Pelikan zu den Vögeln, die am bekanntesten sind. Den Naturwissenschaftlern allerdings ist diese Vogelfamilie, die in sieben Arten vorkommt, vor allem wegen einiger ausgefallener Verhaltensweisen interessant.
Die Art des Pelikans, dem Nahrungserwerb nachzugehen, machten sich schon die Sumerer zunutze, indem sie den Vogel als Fischer einsetzten. Vor allem der Rosapelikan (englisch: White Pelican) und der Krauskopfpelikan, die beiden einzigen Arten, die noch in Südosteuropa als Brutvögel vorkommen, haben bei der Fischjagd eine Technik entwickelt, die ihresgleichen sucht: Die Gefiederten bilden auf dem Wasser eine Kette und treiben ihre Beute ins flache Ufergewässer, wo sie dann mit dem Schnabel gegriffen werden kann. Bei ihrer Treibjagd arbeiten die Pelikane mit versetzten Linien. Während die erste Reihe sich versorgt, halten die zweite und die dritte Staffel die Absperrung aufrecht. Danach wird abgewechselt, bis alle Beteiligten ihren Bedarf gedeckt haben. Den gezähmten Vögeln wurde früher zwischendurch immer wieder der Kehlsack, der mehrere Kilogramm Fisch aufnehmen kann, geleert.
Um sich und ihre zwei bis drei Jungen mit Fischnahrung zu versorgen, nehmen Pelikane auch Strapazen auf sich. So hat der südafrikanische Biologe Hugh Berry es bei der Beobachtung einer Brutkolonie von Rosapelikanen in der Etoscha-Pfanne in Namibia miterlebt, daß die Elternvögel täglich mehr als 200 Kilometer flogen, um auf einem entfernt gelegenen See zu fischen. Gezwungen wurden sie dazu, weil das Gewässer, an dem etwa 1000 Paare ihre Kolonie eingerichtet hatten, während der Brutzeit ausgetrocknet war.
Eine solche Leistung schaffen die Pelikane dank erstaunlicher Flugfähigkeiten. Die Vögel, von denen ein Aeronautiker einmal gesagt hat, sie dürften eigentlich gar nicht fliegen können, sind auf eine gute Thermik angewiesen. Um den bis zu 14 Kilogramm schweren Körper vom Boden zu lösen, genügen ihnen weder ihr langer Anlauf noch ihre große Schwingenspanne (bis zu drei Metern). Ohne günstigen Aufwind muß der Start häufig genug abgebrochen werden. Sind die Pelikane aber erst einmal in der Luft, dann lassen sie sich gern sehr hoch tragen, denn weiter oben legt ein solcher Vogel große Entfernungen leichter und schneller zurück. Vom Flugzeug aus beobachtete Berry, daß die südwestafrikanischen Versorgungstrupps meistens in etwa 1000 Meter Höhe flogen, manchmal aber sogar bis auf 2700 Meter stiegen. Dabei formierten sich die Verbände — in der Regel zwölf bis fünfzig Tiere — ähnlich wie Kraniche und Gänse in der Keil- oder der gestaffelten Kettenform, um den Luftwiderstand zu mindern.
Auch von den europäischen Rosa- und Krauskopfpelikanen, die (in schwindender Zahl) in den Schilfzonen des Donaudeltas brüten und dort noch immer von den Fischern verfolgt werden, ist bekannt, daß sie lange Flüge unternehmen. Da ein Vogel täglich etwa zehn Prozent seines Körpergewichts als Nahrung braucht, läßt sich die Ladung, die ein Altvogel für seine drei kurz vor dem Flüggewerden stehenden Jungen manchmal auf einen Schlag heranschleppen muß, leicht ausrechnen: gut drei Kilogramm, etwa ein Drittel des Gewichts. Mit solcher Zuladung 100 Kilometer und mehr zu fliegen, das ist eine Leistung, die im Tierreich ihresgleichen sucht. Durch eine besondere Fischtechnik übrigens unterscheidet sich der amerikanische Braune Pelikan von seinen Verwandten: er fängt Fische im Sturztauchen. — Daß sich Pelikane die Brust aufreißen, um in Notzeiten mit dem eigenen Blut ihre Jungen am Leben zu erhalten, ist ein eindrucksvolles Märchen...

Rosapelikane an der Atlantikküste (Südafrika)

bieten die Brutkolonien. Während die weißen lich, daß es dabei nie einen Zusammenstoß

Daß sich die Vögel trotz ihrer starken Bindung an Reiserouten, Übernachtungsplätze und Brutorte alljährlich bei der Rückkehr in den Norden auf veränderte Bedingungen einstellen müssen, liegt allein am Menschen. Das gilt nicht nur für die in Mooren und Brüchen gelegenen Brutplätze, von denen es im Norden der Bundesrepublik noch etwa zwei Dutzend gibt, sondern auch für die Rastplätze. Um die Nacht in Sicherheit verbringen und ungestört Nahrung aufnehmen zu können, brauchen die erschöpften Tiere Feuchtgebiete, in deren Nähe sich Äcker befinden. Kraniche können nicht, wie Reiher und Störche, ihr Nachtquartier auf Bäumen beziehen, sondern halten sich, wenn sie nicht gerade fliegen, auf ihren hohen Stelzbeinen am Boden auf. Auch das Nest, auf dem sie meistens zwei Eier bebrüten, befindet sich auf der Erde und braucht gegen zudringliche Feinde einen Schutzring aus Wasser. Sümpfe und Moore werden aber auch heute noch häufig wider bessere Einsicht durch Wasserwirtschaftsämter und Flurbereinigungsbehörden trockengelegt und vernichtet. Und damit wird neben vielen anderen Tieren vor allem den Kranichen, die als scheue Vögel auf abgelegene Nistplätze angewiesen sind, der letzte Lebensraum genommen.

Erst seit jüngster Zeit zeigen in Norddeutschland auch Behörden zunehmend Verständnis für die Notwendigkeit, Feuchtgebiete zu erhalten oder gar wieder herzurichten. Dabei leistet der Kranich wichtige Dienste als »Zugpferd«. Ohne die Werbewirksamkeit dieses Großvogels, den auch der dränierungswütige Bauer, der auf Grabenräumung erpichte Vorsitzende des Wasser- und Bodenverbandes, der auf den Fremdenverkehr schielende Bürgermeister und der sich von diesen allen und zudem noch von den berühmten »Sachzwängen« bedrängt fühlende Behördenvertreter mal sehen und hören kann, wären noch manches weitere Erlenbruch und Torfmoor verschwunden. Es sähe um den Kranich in der Bundesrepublik allerdings wesentlich trauriger aus, wenn nicht einige Naturschutzverbände und in ihnen einige Kranichexperten sich seit Jahren nicht nur um seine Rettung als Brutvogel, sondern sogar um die Vergrößerung des Nistplatzangebotes vehement kümmerten.

Nur dank deren Engagement und dank des Entgegenkommens von Grundeigentümern ist es überhaupt möglich gewesen, was noch 1976 als unerreichbar angesehen wurde. Aus den damals zwölf Brutpaaren in Schleswig-Holstein und Niedersachsen, die keine zehn Jungen aufzogen, wurden innerhalb von sechs Jahren mehr als doppelt so viele: 1981 brachten 26 Paare 30 Jungvögel hoch, zwei weitere Paare hatten erstmals ein Revier besetzt. Dieser Erfolg ist in erster Linie den Mitgliedern der Projektgruppe Kranichschutz der Umweltstiftung WWF-Deutschland und besonders ihrem Leiter Thomas Neumann zu verdanken. Aber auch Mitglieder des DBV haben — vor allem in Niedersachsen — einzelnen Kranichpaaren geholfen. Die Lufthansa unterstützt manche Aktion für ihren Wappenvogel finanziell.

Zum »Kranichmanagement« gehört sowohl das Auslichten von Erlenbrüchen wie das Anstauen von Wasser in ausgetrockneten Mooren. Beide Maßnahmen sind äußerst arbeitsintensiv, und meistens bedürfen sie langwieriger Verhandlungen mit Eigentümern und Behörden. Ohne den freiwilligen Einsatz vieler — meist junger — Naturschützer, die solche Arbeiten auch noch im Spätherbst und Winter machen müssen, weil dann die Kraniche fortgezogen sind, wäre die Bestandszunahme genausowenig erfolgt wie ohne die »Rund-um-die-Uhr«-Bewachung der Brutplätze von Ende März bis zum Juni.

In der DDR, wo vor allem Mecklenburg von jeher ein Kranichland war, werden die Lebensbedingungen der schönen grauen Schreitvögel mit dem roten Scheitelfleck auf der dunklen Kopfplatte ebenfalls durch die zunehmende Entwässerung von Feuchtgebieten schlechter. Allerdings wird der DDR-Brutbestand immerhin noch auf über 200 Paare geschätzt.

In Ostpreußen, wo auch heute noch eine relativ gute Bestandsdichte herrscht, waren sie einst so zahlreich, daß Friedrich Wilhelm I. sie zur Abwendung von Schäden auf den Feldern zum Abschuß freigab. Was für den mitteleuropäischen Vogelschützer unvorstellbar ist, geschieht auch heute noch gelegentlich in Finnland, wo etliche tausend Kranichpaare brüten. Dort stirbt mancher Kranich, der unter günstigen Umständen 25 Jahre alt werden kann, an einer Bleivergiftung.

Die meisten der Vögel, die im März die Bundesrepublik überfliegen, brüten in Skandinavien. Bevor sie die Ostsee überqueren, rasten sie oft längere Zeit auf der Insel Rügen, um dann in einer einzigen Etappe von rund 400 Kilometern einen weiteren Sammelplatz am Hornborga-See in Schweden anzusteuern oder gleich paarweise das angestammte Brutgebiet in Südschweden oder -norwegen aufzusuchen, wo sie um die Aprilmitte eintreffen.

Seiten 70/71 *Saruskranichpaar in seinem Brutrevier (Indien)*

Saruskraniche

In Indien kommen sie auf engem Raum mit dem Menschen aus

Daß sie fast immer zu zweit auftauchen, allenfalls mit einem oder zwei noch nicht ausgefärbten Jungen im Gefolge, hat die Saruskraniche in Indien zum Symbol für Verläßlichkeit und Treue werden lassen. Demzufolge werden die bis zu eineinhalb Meter hohen Vögel, von der ländlichen Bevölkerung nicht nur geschätzt, sondern auch geschont. Wer weiß, ob es sie sonst heute noch überall in ihrem weiten Verbreitungsgebiet vom östlichen Pakistan über Nordindien bis nach Assam geben würde. Wie die anderen Kranicharten haben sie es nämlich schon schwer genug, geeignete Lebensräume zu finden. Auch sie bevorzugen Feuchtgebiete, doch mag es auch an der überwiegend freundlichen Einstellung des Menschen ihnen gegenüber liegen, daß sie sich zunehmend auf Feldern und — zumindest zeitweise — in steppenähnlichen Trockengebieten zurechtfinden. So lassen sich schon auf einer Autofahrt von der indischen Hauptstadt Delhi nach Agra mehrere Paare der schönen silbergrauen Vögel mit dem roten nackten Kopf und Oberhals in Steinwurfnähe von auf dem Acker arbeitenden Menschen beobachten. Gravitätisch und graziös zugleich schreiten sie die oftmals vom Bauern noch mit einem Handgerät gezogenen Furchen entlang, um nach Insekten zu suchen. Da die Saruskraniche nach der Art ihrer Sippe auch zu einem gut Teil von vegetarischer Kost leben, verschwindet sicherlich auch manches ausgesäte Korn in ihrem kräftigen, spitz zulaufenden Schnabel.

Die Sympathien der Menschen haben sich die Saruskraniche — nach ihrem wissenschaftlichen Namen Grus antigone auch Antigonekraniche, wegen der helleren Farbe im oberen Drittel des langen Halses manchmal sogar Halsbandkraniche genannt — nicht zuletzt durch häufige Tanzdarbietungen und lautes Trompeten erworben. Kaum eine andere Art zeigt das ganze Jahr hindurch so viel partnerschaftliches Zeremoniell. Auch außerhalb der Balzzeit umspringen sich die Vögel flügelschlagend, knicksen dabei mit den langen Beinen ein, verbeugen sich, werfen kleine Steine und Halme in die Luft und lassen schließlich mit zurückgelegtem Hals und hochgefächerten Schwingen ihren weitklingenden Ruf ertönen,

der sich etwas sonorer als die sonst ähnliche Stimme des Europäischen Kranichs anhört.
Dieses Verhalten ist nicht nur der Ausdruck von Lebensfreude, sondern wird von Verhaltensforschern auch dahingehend gedeutet, daß derart die — lebenslange — Ehe eines Paares immer wieder bestätigt wird. Bevor die Vögel ihr Bodennest bauen, tanzen sie besonders häufig. Innerhalb weniger Tage tragen sie in den Balzpausen Gras und Schilfhalme an einer von Wasser umgebenen Stelle zusammen. Dort, wo es an feuchter Umgebung fehlt, errichten sie ihre Brutstätte notfalls auch auf trockenem Grund. Dann ist das Nest allerdings längst nicht so umfangreich, wie es im Sumpf sein kann: Dort erreicht es mitunter einen Durchmesser von knapp drei Metern und eine Höhe von über einem Meter. Die beiden Eier, die die im Vergleich zum Hahn etwas kleinere Henne meistens nach der Regenzeit legt (wenn der Wasserstand in den Feuchtgebieten am höchsten und auch das Angebot an Lurchen, Amphibien und Insekten besonders groß ist), bebrüten beide Partner abwechselnd viereinhalb Wochen lang. Geht es um die Verteidigung des Geleges oder der frisch geschlüpften Jungen, beweisen die gleich gefärbten Ehepartner enormen Mut. Es wurde schon beobachtet, wie ein Paar zwei große, anscheinend auf Wilderei spezialisierte Hunde in die Flucht schlug. Dabei flogen die Kraniche immer wieder laut trompetend und knarrend zwei bis drei Meter hoch, um anschließend auf die in den Nestbereich eingedrungenen Hunde herabzustoßen, bis diese schließlich das Weite suchten. Ebenso erfolgreich halten die eindrucksvollen Vögel Wasserbüffel von ihrem Brutplatz fern. Wenn die massigen Tiere beim Weiden dem Nest zu nahe kommen, läuft einer der Kraniche mit leicht abgewinkelten Flügeln und laut knarrend und knurrend (solche Töne kann er dank der verlängerten und im vergrößerten Hohlraum unterhalb des Brustbeins in Schleifen gelagerten Luftröhre erzeugen) auf sie zu um die Rinder zu einer Kursänderung zu bewegen.
Saruskraniche gibt es in zwei verschiedenen Rassen. Östlich von Assam schließt an die helle Form eine dunklere an, die über Burma, Thailand, Laos, Kambodscha und Vietnam verbreitet ist. Die Gefiederten, die in Asien ein langes Leben versinnbildlichen (die Japaner verehren daher den überwiegend weißen Mandschurenkranich), können mindestens fünfundfünfzig Jahre alt werden. Das ist der bislang bekannte Altersrekord eines Kranichs im Washingtoner Zoo.

Schneekraniche

Nur noch zweihundert auf der Erde?

Von den auf der Erde lebenden 14 Kranicharten (einige Unterarten dazugerechnet, sind es noch mehr) gelten die meisten in ihrem Bestand als gefährdet. Besonders bedrohlich sieht die Situation um die in Sibirien beheimateten Schnee- oder Nonnenkraniche aus. Wurde ihre Zahl noch vor zwanzig Jahren mit über 2000 angegeben, so mußte sie 1980 drastisch nach unten korrigiert werden. Nach neuesten Informationen soll es nur noch knapp 200 der weißen Vögel mit den schwarzen Flügelspitzen geben. So viele — oder besser: so wenige — sind zumindest an ihren Überwinterungsplätzen ermittelt worden.
Über die Vögel, die mit einer Körperhöhe von 135 Zentimetern etwas größer als der Europäische Kranich sind, ist so wenig bekannt, weil sie in zwei oder drei weit auseinanderliegenden, schwer zugänglichen Gebieten Sibiriens brüten: im Nordwesten am Unterlauf des Ob, im Nordosten zwischen dem Unterlauf der Lena und der Kolyma. Weitere Brutgebiete soll es nordöstlich des Baikalsees geben, doch fehlen von dort in jüngster Zeit Bestätigungen.
Nicht nur zwischen den Sumpfgebieten, in denen die Gefiederten mit der auffallend roten Hautmaske am Gesicht ihr Bodennest errichten, sondern auch zwischen den Winterquartieren liegen viele tausend Kilometer. Die westliche Population überwintert an den Küsten des Kaspischen Meeres, im Iran und Nordwestindien. Die östlich beheimateten Vögel, oder zumindest ein Teil von ihnen, fliegen im Herbst zum Yangtse-Becken in die südostchinesische Provinz Jiangxi.
In den Überwinterungsgebieten können die Ornithologen denn auch am besten feststellen, wie sich die Zahl der Vögel verändert. Große Aufregung herrschte im November 1980 bei den Beobachtern im Schutzgebiet Keoladeo Ghana bei Bharatpur, rund 200 Kilometer südlich der indischen Hauptstadt Delhi, als nicht — wie alljährlich üblich — die 20 bis 50 Schneekraniche eintrafen. Man befürchtete schon das Schlimmste, denn ihre 5000 Kilometer lange Zugstraße führt über die Kriegs- und Krisengebiete Afghanistan und Iran. Doch Mitte Januar 1981 tauchten eines Morgens 33 von ihnen auf. Ein einziger Jungvogel, am noch bräunlichen Gefieder zu erkennen, war dabei. Wieder ein Beweis mehr für die geringe Nachwuchsrate der Schneekraniche, die ihren Beschützern Sorge macht.
Zu diesen zählt in erster Linie die International Crane Foundation (Internationale Kranich-Stiftung) mit Sitz im US-Staat Wisconsin. Hier laufen Informationen aus aller Welt zusammen. Von hier aus werden für die verschiedenen Kranicharten Schutzprojekte initiiert, hier gibt es in Baraboo eine Zuchtstation. Auch dem Schneekranich soll neben anderen Maßnahmen durch das Ausbrüten von Eiern und die Aufzucht der Jungen in Gefangenschaft wieder auf die rosafarbenen Beine geholfen werden. Russische Ornithologen besorgten die ersten Eier (indem sie allerdings jeweils nur ein Ei dem Zweiergelege entnahmen) aus dem Brutgebiet der nordöstlichen Population bei Yakutsk, die in Baraboo ausgebrütet wurden.
Sechs Jungvögel sind — gemeinsam mit drei schon vorhanden gewesenen Altvögeln — der erfolgversprechende Anfang, einen Grundbestand aufzubauen, dessen weitere Nachkommen in absehbarer Zeit die Westpopulation in freier sibirischer Wildbahn verstärken sollen. 1981 schlüpften zwei junge Schneekraniche aus den Eiern von in der Gefangenschaft in Baraboo lebenden Altvögeln; einer allerdings starb im Alter von wenigen Stunden, doch der zweite wurde in dem großen Gehege flügge.
Das Bemühen um die Verbesserung der (Über-) Lebensbedingungen der Schneekraniche, das der WWF mit seinem Projekt 1771 unterstützt, sieht aber mehr vor. So hat die Sicherung der Überwinterungsgebiete hohe Priorität. Eine positive Nachricht kam dazu 1981 aus China. Dr. Cheng Tso-hin, einer der bekanntesten dortigen Ornithologen, ließ die International Crane Foundation wissen, daß die Regierung das Gebiet in der Provinz Jiangxi unter Schutz stellen und vor weiterer landwirtschaftlicher Erschließung bewahren werde. Auch aus dem Iran war — allerdings nur was die Schneekraniche betrifft — Erfreuliches zu hören: Nach drei Jahren wurden erstmals wieder 16 Tiere an der Küste des Kaspischen Meeres gesehen. Intensive feldornithologische Arbeiten in der Sowjetunion, im Iran, in Afghanistan, Indien und China sollen mehr Erkenntnisse bringen. Insgeheim hoffen alle Beteiligten, daß bislang noch einige Brut- und Überwinterungsgebiete unentdeckt sind.

Schneekranichpaar mit einem halbjährigen Jungen in der Mitte (Indien)

Kronenkraniche während der Zugzeit (Zimbabwe)

Klunkerkranichpaar bei der Nahrungssuche (Botswana)

Sowohl in den Bergen als auch am Wasser zu Hause

Wie die meisten der acht asiatischen Kranicharten sind auch die vier in Afrika beheimateten nicht über den ganzen Kontinent verbreitet. Zwei von ihnen, die sich durch ihr Aussehen und ihre geringere Größe von den übrigen Verwandten unterscheiden, haben sogar nur ein sehr begrenztes Vorkommen: Der Paradieskranich im Süden und der Jungfernkranich (der zierlichste aller Kraniche) im Nordwesten Afrikas. Letzterer kommt allerdings in größerer Zahl zum Überwintern aus seinen osteuropäischen und westsibirischen Brutgebieten nach Ostafrika.

Die Paradieskraniche hingegen bleiben ihrer Heimat das ganze Jahr hindurch treu. Nur selten verirrt sich einmal einer von ihnen in Gebiete nördlich des Sambesi. Die meisten der ohnehin nicht so zahlreichen Vögel mit dem asch-, blau- und silbergrauen Gefieder brüten in den Hochebenen des östlichen Südafrika, doch ziehen auch welche ihre Jungen in Namibia, etwa im Etoscha-Nationalpark, groß. Das Auffälligste an den schönen Vögeln ist die Federschleppe, die bis zum Boden reicht. Den verlängerten Steuerfedern hat die Art auch in erster Linie ihren wissenschaftlichen (Anthropoides paradisea) und ihren deutschen Namen zu verdanken; auf englisch heißt sie Blue Crane. Die »blauen Kraniche« sind weniger auf Sümpfe angewiesen als andere ihrer Gattung. Viele von ihnen brüten in der Zeit von November bis Februar in trockener Grassteppe, manchmal 2000 Meter hoch in den Drakensbergen. Mit dem Nestbau verlieren sie keine Zeit; die Eier werden auf den blanken Boden gelegt und — überwiegend vom Weibchen — 30 bis 35 Tage bebrütet. Solange die bald nach dem Schlüpfen vom Nistplatz fortgeführten Jungen noch klein sind und nicht flüchten können, erweisen sich die Eltern als Meister im »Verleiten«: Flügelschlagend, humpelnd und immer wieder zu Boden sinkend rufen sie bei einem Feind den Eindruck hervor, als seien sie verletzt und somit eine leichte Beute. So locken sie den Verfolger von ihren Küken fort.

Außerhalb der Brut- und Aufzuchtzeit sieht man größere Flüge von Paradieskranichen, die mit lauten, gutturalen Rufen Stimmfühlung un-

Paradieskraniche in der Riedzone eines kleinen Sees (Namibia)

tereinander halten. Ihre Schönheit kostet manchen Vögeln mit dem rund und klein wirkenden Kopf die Freiheit: In Südafrika werden sie gerne als Park- und Ziervögel gehalten. Darin teilen sie das gleiche Schicksal mit einer weiteren afrikanischen Kranichart, die mit drei Unterarten am weitesten über den Kontinent verbreitet ist: Kronenkraniche sind in allen Zoos der Erde beliebte und auch leicht zu hegende Vögel. Der halbrunde, aufrechtstehende Federschopf am Hinterkopf, die dunkle Stirn und Haube, der weiße Wangenfleck und die besonders zur Balz kräftig rot leuchtenden Hautlappen, die von der Kehle bis hinter den Schnabel seitlich des Kopfes reichen können, wirken wie ein für festliche Anlässe geschmücktes Zaumzeug. Die drei Unterarten im Westen, Osten und Süden lassen sich hauptsächlich an der unterschiedlich dunklen Tönung des Körpergefieders auseinanderhalten. Auch die Ausdehnung des weißen Wangenflecks weicht voneinander ab.

Kronenkraniche sind die einzigen ihrer Art, die gelegentlich einen Baum als Sitzwarte aufsuchen. Es wurden sogar schon Nester auf breitkronigen Akazien gefunden. Die meisten jedoch brüten so wie alle Verwandten am Boden, mit Vorliebe umgeben von Wasser. Wie die Paradieskraniche lassen sie sich auch fernab jeden Gewässers in der Buschsteppe nieder. Dort machen sie — häufig in größeren Trupps von fünfzig und mehr Vögeln — Jagd auf Insekten, die sie durch Hin- und Hertrampeln auf dem Boden zum Auffliegen oder Wegspringen bewegen und dann schnappen. Bei manchen Stämmen Afrikas gelten die Kronenkraniche als Regenbringer und werden daher nicht verfolgt.

Der größte der afrikanischen Kraniche, der Klunkerkranich, ist zugleich der seltenste und scheueste. Zwei große, teilweise weißbefiederte Hautlappen unter dem Kinn, die Klunker, gaben ihm den Namen. Die Vögel mit der dunklen Kopfplatte, dem weißen Hals, dem grauen Rücken, den ebenso gefärbten Flügeldecken und der schwarzen Unterseite brüten an unzugänglichen Stellen in Sümpfen, suchen aber in der Trockenzeit einen Teil ihrer sowohl pflanzlichen als auch tierischen Nahrung sogar im lichten »Steppengehölz«, dem Busch. Allerdings kehren die Vögel spätestens abends wieder auf von Wasser umgebene oder sumpfige Plätze zurück, um dort zu übernachten. Trocknen solche Gebiete aus, so ziehen die Klunkerkraniche vorübergehend über lange Strecken innerhalb ihres östlichen und südlichen Verbreitungsgebietes in andere Gegenden.

Junge und alte Indien-Nimmersatte in ihrer Nistkolonie (Indien)

Afrika-Nimmersatte zwischen Mangroven und Papyrus (Botswana)

Nachtreiher auf dem Ast eines abgestorbenen Baumes (Deutschland)

Großer Brachvogel im Heidegebiet (Schweden)

Große Brachvögel

Vielerorts ein Opfer der intensiven Landwirtschaft

Von der Ehre, die ihm mit der Ernennung zum »Vogel des Jahres 1982« durch den DBV zuteil geworden ist, hat keiner der Großen Brachvögel etwas gemerkt, als sie im letzten Februardrittel zunächst in ihre süddeutschen und im Laufe des März in die nordwest- und ostdeutschen Brutreviere zurückkehrten. Nicht wenigen erging es vielmehr so wie einem Urlauber, der nach einer Reise nichtsahnend plötzlich vor den Trümmern seines abgerissenen oder abgebrannten Hauses steht. Die böse Überraschung für die Brachvögel, die größten Vertreter der weltweit mehr als achtzig Arten umfassenden Schnepfenfamilie, besteht seit Mitte der fünfziger Jahre zunehmend darin, daß die Wiese, auf der sie im Jahr zuvor noch gebrütet haben, zwischenzeitlich umgepflügt und mit Mais bestellt wurde, daß das Moor, über dem sie flötend und trillernd ihre Balzrunden geflogen sind, von Torferntemaschinen durchzogen wurde, daß die Heidefläche, über die sie ihre Jungen geführt haben, »erschlossen« wurde. Auf die vielfältige Zerstörung ihres Lebensraums, die eine stetige Abnahme der in Deutschland brütenden Großen Brachvögel zur Folge hat, will denn auch der DBV hinweisen. Er nennt den Großen Brachvogel, meint aber gleichzeitig alle verwandten Watvögel wie Bekassinen, Rotschenkel, Uferschnepfen und Kampfläufer, die auf feuchte Wiesen, Moore und Heide angewiesen sind.

So schnell gibt sich der gut 50 Zentimeter lange Große Brachvogel, am langen nach unten gebogenen Schnabel von allen Verwandten zu unterscheiden (nur die nächsten — um mehr als zehn Zentimeter kleineren — Familienmitglieder, der auf Island, in Nordskandinavien und Nordosteuropa brütende Regenbrachvogel sowie der in Sibirien nistende Dünnschnabelbrachvogel haben ein ebenso elegant geformtes Eßbesteck) nicht geschlagen. Auch wenn sich die Umgebung stark verändert hat, versuchen die einzelnen Paare am gewohnten Platz zu brüten. Wo nämlich Ende März, Anfang April die schützende Vegetation fehlt, scharren sie ihre Nestmulde einfach in den Ackerboden, und das Weibchen legt vier tarnfarbene Eier auf eine spärliche Polsterung.

Zwischen fünf und sechs Wochen dauert es vom Anlegen des Nestes bis zu dem Zeitpunkt, an dem die Dunenjungen es verlassen. In dieser Zeit bearbeiten die Landwirte die Felder noch intensiver als die Dauerweiden und Wiesen. Mit der Folge, daß der überwiegende Teil aller auf dem Acker gelegten Brachvogeleier zerstört werden. Da den Vögeln ja schon für das erste Gelege keine bessere Wahl in der Nähe ihres angestammten Brutplatzes möglich war, werden sie sich, sofern sie nach dem »Verlust« des Erstgeleges noch einmal einen Versuch starten, auch beim zweiten Mal auf dem Feld einrichten. Ein Teufelskreis, der sich viele Jahre wiederholen kann, denn Große Brachvögel können recht alt werden. Zumindest war nach dem Bericht eines Jägers, der im Januar 1958 in England einen am 4. Juli 1926 in Schweden beringten Brachvogel erlegte, dieser in bester Kondition.

Da die meisten Großen Brachvögel ohne Junge bleiben oder zu wenige hochbringen, werden die früheren Brutgebiete nicht durch fortpflanzungsfähige Nachkommen besiedelt. Sterben die alten Paare aus, bleiben die Gebiete verwaist. Manche Ortsgruppe des DBV, des Landesbundes für Vogelschutz in Bayern, des BUND (Bund für Umwelt und Naturschutz Deuschland) und anderer Naturschutzorganisationen haben lokale oder regionale Hilfsprogramme gestartet. So werden in der hessischen Wetterau sehr vorsichtig die Neststandorte ausgemacht und gekennzeichnet. Die Bauern, mit denen ein gutes Einvernehmen besteht, lassen dann die paar Quadratmeter bei der Feldbestellung oder Wiesenmahd aus. Manches Stück Land wurde von Naturschützern den Brachvögeln zuliebe ausgepachtet und aus der Bewirtschaftung herausgenommen. Aber auch solche Flächen müssen bearbeitet werden, um für die Vögel attraktiv zu bleiben.

Das Bemühen gerade um den Großen Brachvogel hat bei vielen der für ihn engagierten Menschen einen emotionalen Beweggrund: Sein Flöten ist die Melodie des Moores schlechthin und weckt Assoziationen zu weitgehend unberührter Natur. Seine Beliebtheit wird nicht zuletzt auch durch die Vielzahl von (mehr als achtzig) Namen deutlich: Kronschnepfe und Keilhaken sind die bekanntesten, Schnepfenkönig vielleicht der angemessenste. Die Popularität hierzulande hindert die Menschen anderswo allerdings nicht daran, den Großen Brachvogel intensiv zu jagen, so etwa in Dänemark, in Frankreich, Spanien, Portugal und in Nordafrika. Dort bleibt so mancher von den Schnepfenkönigen auf der Strecke, die hier mit viel Aufwand gehegt wurden.

Odinshühnchen

Wenn die Eier gelegt sind, verschwinden die Weibchen

Mit den Namen mancher Tiere hat es vielfach seine eigene Bewandtnis. Obwohl die Zusammenhänge mit der Namensfindung nicht (mehr) ersichtlich sind, halten sich die Bezeichnungen und finden sogar Eingang in die Sprache der Wissenschaftler. So ist es auch bei zwei Vogelarten, deren Benennung in die nordische Mythologie zurückreicht: Der gebräuchlichste Name für den Schmalschnäbligen Wassertreter (auch Halsbandwassertreter genannt) ist Odinshühnchen; ein naher Verwandter, der Breitschnäblige oder Rostrote Wassertreter heißt Thorshühnchen. Welche genaue Verbindung die beiden kleinen zur Familie der Schnepfen zählenden Vögel zu dem obersten germanischen Gott Odin (besser unter seinem Namen Wodan oder Wotan bekannt) und zu dessen Sohn Thor haben, das wissen entweder nur die Götter selber, oder es bedarf eines genauen Studiums nordischer Sagen.

Dort, wo die Götter zu Hause waren, leben ihre Hühnchen heute noch: im hohen Norden. So wird der Brutbestand der isländischen Odinshühnchen auf über 100000, der in Schweden auf über 50000 geschätzt. Die im Vergleich zum 20 Zentimeter messenden Thorshühnchen gut zwei Zentimeter kleineren Odinshühnchen legen ihr Bodennest in der Krautschicht der Tundra an. Meistens ist in der Nähe des Brutplatzes ein kleiner See oder die Lache von Schmelzwasser. Wo die hochmoorige Landschaft den Ansprüchen genügt, finden sich in der Regel gleich mehrere Paare ein. Die Gewässer sind lebensnotwendig für sie, denn dort suchen sie ihre Nahrung. Um Insekten in allen Entwicklungsstadien und Sämereien nicht nur von der Wasseroberfläche aufnehmen zu können, haben die Vögel eine bestimmte Technik entwickelt: Ihrem Namen gemäß »treten« sie das Wasser. Dank eines besonders dichten Untergefieders, in dem sich die Luft speichert, schwimmen sie so leicht wie Korken auf dem Wasser — für Schnepfenvögel ziemlich ungewöhnlich. Hinzukommt, daß ihre Vorderzehen mit Hautlappen ausgerüstet sind, die ähnlich wie Schwimmhäute funktionieren. Um ihre Beute aus tieferen Wasserschichten oder sogar vom Grund emporzuholen, erzeugen die Wassertreter regelrechte Wirbel, indem sie ganz schnell im Kreis schwimmen. Dabei picken sie unaufhörlich mit dem Schnabel; auch wenn gerade keine Mückenlarve oder kein Kleinkrebs in den Sog gerät, nicken sie ständig mit dem Kopf. Entdecken sie weiter entfernt etwas Eßbares, fliegen sie kurz auf, um danach zu schnappen. Ebenso können sie nach Entenart gründeln. Bietet das Ufer Nahrhaftes, so laufen sie auch schnell am Wassersaum auf und ab.

Ist schon der Nahrungserwerb dieses Göttervogels ausgefallen, so geht es noch ungewöhnlicher beim Brutgeschäft zu. Was mit der Jungenaufzucht seinen Höhepunkt hat, beginnt allerdings schon während der Balz: ein totaler Rollentausch. Die Weibchen, größer und farbenprächtiger als die Männchen (sonst ist es fast immer umgekehrt in der Vogelwelt), suchen den Partner aus und überlassen ihm, sobald sie ihre vier Eier gelegt haben, alles übrige. Das Männchen, bei dem der schöne rostrote Streifen vom Hinterkopf über die Halsseiten bis zur Brust und auch die rötlich bis orangefarbenen Streifen auf dem Rücken längst nicht so kräftig leuchten wie beim Weibchen, fällt im Gras und Moos weniger auf. Wenn nach einer dem nordischen Sommer entsprechend kurzen Brutdauer von zweieinhalb Wochen die Jungen schlüpfen, ist die Mutter oft schon über alle Berge. In kleinen Reisegruppen ziehen die Weibchen wieder südwärts, während die Männchen ihrem Nachwuchs die ersten Schritte ins Leben beibringen. Manche Odinshenne hat gleich zwei Hähnen Arbeit hinterlassen, indem sie nach dem Erstgelege noch einmal auf Bräutigamschau ging und wieder Eier produzierte.

Nicht wenige Odins- und Thorshähnchen verlassen ihre Jungen ebenfalls vorzeitig. Sobald diese sich selbständig ernähren können, ohne daß sie schon flugfähig sind, zieht es die Väter ebenfalls in südliche und südöstliche Richtung. Der Nachwuchs, dem die Zugrichtung angeboren ist, folgt später selbständig. Er tut gut daran, nicht zu spät zu starten, denn der Weg ist weit. Die Winterquartiere der Vögel liegen im Indischen Ozean und im Pazifik. Je nachdem, aus welchen Brutgebieten sie kommen, tauchen welche vor Australien, Ostafrika oder Südamerika auf. Wochenlang halten sie sich, nach langen Pausen vor europäischen, asiatischen oder amerikanischen Küsten und an Binnengewässern der Kontinente, schwimmend auf dem offenen Meer auf, bevor es sie wieder nordwärts an ihre menschenleeren mückenreiche Geburtsorte zieht.

Odinshenne beim Legen des vierten Eis (Schweden)

Wiesenweihenweibchen trägt ein Gewölle von ihren fünf Jungen fort (Deutschland)

Wiesenweihen

Immer weniger finden geeignete Niederungen

Wo immer die schlanken Gefiederten sich auf Jagd befinden, setzen sie Maßstäbe für den Vogelflug. Ob sie im gaukelnden Hin und Her über versumpften Schilfflächen oder über feuchten Wiesen pirschen oder in blitzschnellem Herabstürzen eine Beute zu fassen versuchen, ob sie während der Balz Kapriolen schlagen oder sich in der Luft bei der Nahrungsübergabe von einem Partner zum anderen für den Bruchteil einer Sekunde mit den Fängen berühren — den Wiesenweihen zuzuschauen, das ist ein besonderes Vergnügen.
Gemeinsam mit ihren Verwandten, den Rohr- und den Kornweihen, sind die Wiesenweihen — wie viele andere Greifvögel auch — zu Sorgenkindern der Naturschützer geworden. Während sich der Bestand der Rohrweihen zwischen 1970 und 1980 vor allem in Norddeutschland dank strenger Schonung und eines besonderen Rettungs- und Umhorstungsprogramms für gefährdete Junge etwas stabilisiert hat, gibt es von der Kornweihe in der Bundesrepublik Deutschland nicht einmal mehr ein Dutzend Brutpaare. Der Brutbestand der Wiesenweihe wird auf 50 Paare geschätzt. Und er wird kleiner. Wären nicht in der Vergangenheit einige Gebiete in Schleswig-Holstein und Niedersachsen von der Flurbereinigung verschont geblieben und als Reservate ausgewiesen worden, es sähe noch schlimmer aus. In Nordrhein-Westfalen werden aus Mitteln des Landesjagdamtes Schonprämien an Landwirte gezahlt, auf deren Besitz Wiesenweihen brüten. Nicht selten nämlich zerstören die Bauern die im hohen Gras feuchter Wiesen gebauten Nester der Bodenbrüter; meistens versehentlich, weil die Brutstätten gut getarnt sind und weil die Vögel erst im letzten Augenblick vom Gelege auffliegen, wenn der Kreiselmäher das Nest schon fast erreicht hat. Dann nützt es häufig auch nichts mehr, um den Brutplatz herum eine Grasinsel stehen zu lassen, denn sie muß einen Durchmesser von mindestens 20 Meter haben, wenn die Vögel zurückkommen und weiterbrüten oder aber ihre Jungen füttern sollen.
Für manchen Landwirt sind die Greifvögel allerdings immer noch »Schädlinge«, auf die nicht Rücksicht genommen wird. Dabei gehören gerade die Wiesenweihen zu den besonders »nützlichen« Vögeln, da sie in überwiegendem Maße von Mäusen, Lurchen, Reptilien und Insekten leben. Wenn sie Junge haben, nehmen sie gelegentlich auch die Nachkommen anderer bodenbrütender Vögel wie Lerchen, Pieper, Fasanen und Rebhühner. Die beiden zuletzt genannten allerdings nur, solange sie wenige Tage alt sind. Was die Fänge der »Gleitstoßgreifer« einmal gepackt haben, das lassen sie nicht wieder los. Die Beutetiere werden durch das Zusammendrücken der Klauen getötet, wenn sie nicht am Herzschlag sterben. Bei der Jagd ist neben den scharfen Augen auch das gute Gehör ein Ortungsinstrument der Weihen: Wie bei vielen Eulen dient ein schleierartig um die Augen angeordneter Federnhalbkreis als zusätzlicher Schallfänger, der jedes leise Rascheln vom Boden auffängt.
Trotz blitzschneller Reaktion und bestechender Flugfähigkeit aber kommen in der Regel auf jeden erfolgreichen Beutestoß mindestens zehn vergebliche Anflüge. Daher sieht man die Vögel — die in ihrer Verwandtschaft mit einer Körperlänge von 40 bis 45 Zentimetern die kleinsten sind — auch häufig in der Luft, solange sie ihre drei bis sechs Jungen zu versorgen haben. Anfangs zerkleinert das Weibchen mundgerecht die Beute, die das Männchen anbringt, und hält sie den Nestlingen portionsweise vor den Schnabel; später werfen die Eltern sie nur noch über dem Horst ab.
Weibchen und Männchen unterscheiden sich nicht nur dadurch, daß »er« wie bei fast allen Greifvögeln um ein Drittel kleiner ist als »sie« (daher die Bezeichnung »Terzel« für die Männchen), sondern auch an der Färbung. Die Terzel fallen mit ihrem leuchtend hellgrauen, am Bauch, an den Unterseiten der Armschwingen und am Stoß mit braunen Streifen versehenen Gefieder sowie mit dunklen Flügelspitzen auf. Die überwiegend braun gefärbten Weibchen lassen beim Fliegen — von oben betrachtet — ihren hellen »Bürzelfleck« am Ansatz des Stoßes erkennen, ein sicheres Unterscheidungsmerkmal zur Rohrweihe. Die Kornweihe hat diesen Spiegel noch ausgeprägter. Das Kornweihenmännchen ist heller als der Wiesenweihenterzel.
Ob die Wiesenweihen auch in der Zukunft noch bei uns zu beobachten sein werden? Die Antwort auf diese Frage hängt davon ab, wieweit es gelingt, größere zusammenhängende Feuchtgebiete zu erhalten oder gar wieder anzulegen. Sagt den Vögeln ein Gebiet zu und bleiben sie dort ungestört, so siedeln sich einige Paare auf engem Raum an.

Birkhühner

Wegdräniert und zu Tode gescheucht

Zum Frühling im Moor und im Gebirge gehörte einst das Kullern, Zischen und Fauchen, das aufgeplusterte Paradieren, Springen und Flattern, das Tanzen, Federspreizen und Kreisen der balztollen Birkhähne so selbstverständlich wie die Rückkehr der Störche ins Flachland oder der Viehtrieb auf die Almen. Doch die Zeit, da es zwischen Schleswig-Holstein und Bayern, von den Niederlanden bis Polen überall Birkwild gab, ist seit Jahrzehnten vorbei. Da die Birkhühner als sehr sensible »Indikatoren« auf Veränderungen ihres Lebensraumes reagieren und weil dort, wo sie verschwinden, bald andere Tierarten folgen, sehen Fachleute ihr Schicksal als identisch mit der Gefährdung vielschichtiger Lebensgemeinschaften an.
Eins von vielen Beispielen ist der Osten Niedersachsens, wo vor nicht allzu langer Zeit das Birkwild noch besonders häufig war. Im Jahr 1963 wurden im Landkreis Gifhorn mehr als 830 der Rauhfußhühner gezählt; 1979 aber wurden nurmehr 79 festgestellt; 1981 sah man keine 50 mehr. Ganz Niedersachsen, das um die Jahrhundertwende mit 3500 Quadratkilometern Moorfläche das hochmoorreichste Land Mitteleuropas war, beherbergte im Jahr 1964 noch rund 8000 dieser Vögel. Heutzutage, da die Hochmoorfläche noch 2500 Quadratkilometer ausmacht, von denen nur 13 Prozent als intakte Moore gelten, sind es weniger als 400 Wildhühner. In 16 Jahren sank der Bestand kontinuierlich um rund 95 Prozent. In den anderen Bundesländern mit Birkwildvorkommen sieht es ebenso traurig aus. In Schleswig-Holstein wurden im Jahr 1969 etwa 1800 Birkhühner ermittelt; zehn Jahre später spricht die Statistik von »winzigen Restbeständen«, die es nicht mehr in 71, sondern nur noch in 26 Jagdrevieren gibt. Im Bayerischen Wald, wo Anfang der sechziger Jahre noch 1400 Birkhühner balzten, ließen sich im Frühjahr 1981 keine 100 mehr bei ihrer eindrucksvollen Brautwerbung beobachten. In den Alpen, wo es noch die einzig nennenswerten Vorkommen gibt, geht es mit den Beständen ebenso abwärts wie in der Rhön: Im bayerischen Bereich dieses Mittelgebirges werden seit 1976 in Zusammenarbeit von Jägern, Vogel-

schützern und dem Wildforschungsinstitut der Universität München zur Balzzeit gleichzeitig an mehr als 40 Beobachtungsplätzen zwischen vier und acht Uhr morgens Zählungen durchgeführt. Das Ergebnis wurde von Jahr zu Jahr niederschmetternder: 1976 waren es noch 178 Hähne und 42 Hennen; 1977: 119 Hähne und 24 Hennen; 1978: 58 Hähne und 11 Hennen; 1979: wegen Nebels keine Beobachtungsmöglichkeit; 1980: 44 Hähne und 9 Hennen; 1981: 37 Hähne und 22 Hennen.

In Baden-Württemberg, Rheinland-Pfalz, Nordrhein-Westfalen und Hessen (dort existiert allenfalls noch ein minimaler Bestand im bayerischen Grenzbereich der Rhön) ist das Birkhuhn ausgerottet. Fachleute sind der Meinung, daß zur Zeit in der Bundesrepublik Deutschland keine 2000 dieser Vögel mehr in freier Wildbahn leben. Vor etwa 20 Jahren dürften es noch mehr als 20000 gewesen sein.

Etliche Ursachen glauben Wissenschaftler, Naturschützer und Hobby-Ornithologen mittlerweile herausgefunden zu haben; über weitere gibt es Mutmaßungen. Übereinstimmung herrscht darin: Die Zerstörung der Lebensräume muß als eine der Hauptursachen angesehen werden. Vor allem im Flachland und im mittleren Bergland waren Heidegebiete, sumpfige Niederungen, Torfmoore und Brachland (stets mit einzelnen Bäumen oder Baumgruppen und mit Sträuchern bewachsen) Biotope für die Vögel. Im Gebirge ist es die »Kampfwaldzone«, die Krummholzregion, in der sich das Birkwild überwiegend aufhält.

Durch die Entwässerung und Abtorfung der letzten großen Hochmoore und die Aufforstung von Heide- und Brachflächen wurden besonders in den vergangenen dreißig Jahren viele Birkwildbiotope zerstört.

Die Austrocknung der Moore und Sumpfheiden hat die Flora verändert. Dort, wo Moose und Heidekräuter wuchsen, wurden die Flächen, soweit man sie nicht zu »Kulturland« machte, von Gräsern und den mit ihnen lebenden Pflanzen »erobert«. Gleichzeitig konnten Birken und Fichten Fuß fassen, so daß sich der Charakter der Landschaft änderte. Damit verlor das Birkwild aus mehreren Gründen die Lebensgrundlage: Das von Moorböden während des ganzen Jahres in vielfacher Form produzierte Angebot an pflanzlicher Nahrung (die Äsung der Birkhühner setzt sich aus mehr als 100 verschiedenen Samen-, Beeren-, Blätter- und Rindenarten zusammen) schrumpfte derart zusammen, daß es weder qualitativ noch quantitativ ausreichte. Die Küken, die in den ersten Wochen vor allem von Insekten leben, fanden nicht mehr genug Nahrung. Englische Untersuchungen nämlich haben gezeigt, daß auf moorigem Boden von Mitte Mai bis Mitte Juli, also zur Aufzuchtzeit, zehn- bis fünfzehnmal so viele Insekten gedeihen wie auf Grasland. Dank dieser Erkenntnis löste man erst vor kurzem das Rätsel, warum zwar noch Hennen und Hähne, immer seltener aber Gesperre mit Jungvögeln zu sehen waren.

Für das Ausbleiben von Nachkommen in den wenigen Birkwildrevieren von heute gibt es noch eine andere Erklärung. Da der Moorboden besonders säurehaltig ist, können sich darin Krankheitserreger nicht lange halten. Birkhühner aber sind anfällig gegen einige Viruskrankheiten, vor allem wegen ihrer zwei ungewöhnlich langen Blinddärme. Wird nun bei einer Entwässerung oder Abtorfung das Erdreich eher alkalisch, dann halten sich die Keime darin länger. Hinzu kommt, daß bei höherem Grasbewuchs die ebenfalls keimtötende Sonneneinstrahlung nicht mehr so wirkungsvoll ist. Erste Opfer von Krankheiten sind immer die Jungtiere, bei denen das Immunsystem noch nicht genügend stark ist.

Erschwerend kommt nach Ansicht von Fachleuten (die sich seit Jahren mit den Krankheiten, der Ernährung und der Aufzucht von Birkhühnern beschäftigten) hinzu, daß die seit ein paar Jahrzehnten stark zunehmende Massengeflügelhaltung Krankheiten wie die Putenseuche, Salmonellose oder Pseudotuberkulose weit verbreitet hat. Das Hausgeflügel ist gegen viele solcher Krankheiten weitgehend immun, und auch die — immer wieder von neuem ausgesetzten — Fasanen werden damit fertig, weil sie anders gebaut sind als die Birkhühner. Deren Verdauungstrakt macht sie zwar zu guten Futterverwertern, die auch im Winter eine längere Zeit ohne Nahrung auskommen, er sorgt aber auch für eine erhöhte Anfälligkeit. Vögel wie Tauben, Sperlinge und Fasane, Säugetiere wie Mäuse und Ratten verbreiten Bakterien und Viren. In die feuchten Heide- und Moorflächen kommen die Überträger nicht, wohl aber in ausgetrocknete Flächen. Mäuse zum Beispiel leben gerne in Torfböden.

Und diese für das Birkwild verhängnisvolle Kettenreaktion geht noch weiter: Mäuse lokken Fuchs und Wiesel, Bussard, Habicht und Weihe an. Sie alle, ausgenommen der Mäusebussard, verschmähen Birkhühner, die es ihnen leichtmachen, durchaus nicht. Die Frage, wieweit besonders Greifvögel einen Einfluß auf die Bestände des Birkwildes haben, ist zwischen Vogelschützern und Jägern strittig. Man weiß, daß der Habicht Wildhühner schlägt. Doch während vor allem jene Jäger, denen der ganzjährige Schutz der Greifvögel ein Dorn im Auge ist, dem Habicht ein gut Teil der Birkwildmisere anlasten möchten, berufen sich Biologen und Vogelschutzfachleute auf die Erkenntnis, daß eine Tierart eine andere noch nie ausgerottet habe.

In eine schwierige Situation geraten jene, deren Herz sowohl für die Greifvögel als auch für die Birkhühner schlägt, in Gegenden, in denen man durch Aussetzen gezüchteter Hühner eine Wiederansiedlung versucht. In solchen Gebieten ist zumindest während der ersten Zeit ein Kurzhalten der vierläufigen Beutegreifer und ein Wegfangen von Greifvögeln notwendig. Das hat ein in Baden-Württemberg gemeinsam von Vogelschützern und Jägern begonnenes und von der Landesanstalt für Umweltschutz unterstützes Unternehmen gezeigt. Von den 1979, im ersten Jahr eines mehrjährigen Programms, ausgesetzten 46 Jungvögeln haben immerhin etliche den ersten Winter, eine besonders kritische Phase, überstanden. Das wäre ohne eine ständige Überwachung des Gebiets nicht möglich gewesen.

Auch in Niedersachsen sollen Birkhühner »ausgewildert« werden. Einstweilen balzen noch mehr Hähne in den Volieren des Instituts für Wildtierforschung Hannover in Ahnsen bei Gifhorn als in freier Wildbahn; pärchenweise oder zu dritt in geräumigen Boxen. Auf diese Weise ist gewährleistet, daß möglichst viele Hennen viele befruchtete Eier legen, die dann von ihnen und außerdem von Glucken oder in der Brutmaschine ausgebrütet werden. 108 Küken wuchsen 1981 in der Station heran und etliche wurden, wie schon einige Jungvögel des vorausgegangenen Jahrgangs, im Großen Moor bei Gifhorn freigesetzt.

Das wäre allerdings ziemlich sinnlos gewesen, hätte nicht der Institutsleiter Dr. Ekkehard Wipper in Zusammenarbeit mit örtlichen Vogelschützern und Jägern vorher damit begonnen, einen ersten Teil der Moorfläche, auf der weiterhin abgetorft wird und die vielen Grundeigentümern gehört, so herzurichten, daß die Birkhühner eine Lebenschance haben: Viele der durch »Anflug«, der vom Wind besorgten Aussaat, verbreiteten Birken gedeihen auf dem ausgetrockneten Moorboden zum Nachteil der Birkhühner zu dicht und schnell, denn sie bieten Greifvögeln und Raubwild beste Ansitz- und Unterschlupfmöglichkeiten. Sie mußten erst einmal — bis auf einzelne genügend weit voneinander entfernte Gruppen — gefällt werden. Darüber hinaus galt es, größere Parzellen wieder unter Wasser zu set-

Birkhahn während der Balz im Morgennebel (Deutschland)

zen. In letzter Sekunde gelang es auch, den Bau einer Straße durch das größte Moor Niedersachsens zu verhindern.
Um das Birkwild zu halten und zu vermehren, müsse man neben der Erhaltung und Wiederherstellung (Renaturierung) geeigneter Biotope zunächst einmal eine »Massenproduktion« möglich machen, meinen die Wildhuhnzüchter. Dazu gehört auch das mehrfache Impfen der Vögel, bevor sie in die Freiheit entlassen werden.
Zwar weist man gern auf die vor etwa einem Jahrhundert in Norddeutschland ausgesetzten schwedischen Birkhühner und deren damalige vieltausendköpfige Nachkommenschaft hin, doch haben sich seitdem nicht nur die Landschaft und die Feldbewirtschaftung geändert, sondern auch der Druck des »Freizeitmenschen« auf die letzten Ruhezonen des Wildes ist ein Problem geworden. In der Hochrhön wurden die recht »störempfindlichen« Birkhühner großenteils das Opfer von Spaziergängern, Skilangläufern und Modellfliegern.
Dort soll neben forstlichen Maßnahmen, die das Zuwachsen der Hochflächen mit Fichten verhindern, ein Wildschongebiet mit Betretungsverbot die Lebensqualität für die Birkhühner verbessern helfen.
Besonders schlimme Auswirkungen auf die Vermehrung der Vögel haben Störungen im Frühling. Im Flachland finden sich die »Spielhähne« manchmal bereits Ende März auf den Balzplätzen ein. Sofern sich deren landschaftliche Struktur nicht sonderlich verändert hat, werben die Hähne seit vielen Generationen immer an demselben Ort. Vor dem ersten Morgengrauen verlassen sie bereits ihre Schlafbäume und fliegen — manchmal über eine ziemliche Entfernung — zielsicher die »Tenne« an, auf der das Balzzeremoniell stattfindet. Jeder Hahn steuert auf eine ganz bestimmte Fläche zu. Dieses von ihm auserkorene Territorium, das nur wenige Dutzend, aber auch 100 bis 200 Quadratmeter umfassen kann, verteidigt er gegen Nebenbuhler, die im Umkreis einfallen. In Revieren mit einem guten Birkwildbestand — wie in Skandinavien und Rußland — sind auf einem Balzplatz zwanzig und mehr Hähne versammelt; jeder versucht, die Hennen in sein Balzrevier zu locken.
Über das Verhalten von Birkhühnern während der Paarungszeit gibt es sehr detaillierte Untersuchungen. Denn der Ablauf der Balz ist in hohem Maß mitentscheidend für die Zahl der Nachkommen. Werden die Hähne bei ihren gemeinsamen Hochzeitstänzen, die übrigens für den alpenländischen Schuhplattler als Vorbild gedient haben sollen, immer wieder gestört, dann erscheinen auch die besonders vorsichtigen Hennen nicht am Platz, um sich treten zu lassen. Erst die immer wieder von den Hähnen gesendeten Signale (optische: die zur Balzzeit besonders leuchtenden roten Rosen über den Augen, Flattersprünge und -flüge, bei denen die hellen Unterseiten der Schwingen aufleuchten, Körperdrehungen und hochgestellte Stoßfedern; akustische: lautes Kullern, Zischen und Fauchen) bringt die nicht in fester Ehe lebenden Hennen und Hähne zusammen und in Hochzeitsstimmung.
Wird der Balz meistens »gezielt« von unvorsichtigen oder rücksichtslosen Beobachtern gestört, so werden die am Boden im Heidekraut oder Blaubeerstrauch brütenden Hennen oft versehentlich von quer durchs Gelände ziehenden Wanderern »herausgetreten«. Da sie sich auf die Tarnfarbe ihres dunkelbraun gesprenkelten und gebänderten Gefieders verlassen, fliegen sie erst im allerletzten Moment von ihren sieben bis zehn Eiern auf. Zieht sich der Störenfried nicht gleich zurück, geben viele der Hühner ihr Gelege auf.
So nachteilig im Frühjahr das Auftauchen des Menschen in Birkhahnkreisen ist, so schädlich ist es auch im Winter. Die Vögel tun sich dann zu größeren Flügen zusammen (in Sibirien sollen bisweilen mehr als 500 in einer einzigen Schar zu sehen sein) und leben vornehmlich von Tannen-, Kiefern- und Fichtennadeln sowie von Knospen. Bei höherer Schneelage scharren sich Birkhühner bis zu 40 Zentimeter tiefe Höhlen. Wiederholtes Aufscheuchen ist lebensgefährlich: Die Rauhfußhühner werden schnell ein Opfer von Hunger und Kälte.
Trotz aller Widrigkeiten, zu denen die Birkhuhnforscher auch aufeinanderfolgende nasse Frühjahre zählen, bemühen sich mehrere Organisationen mit ihren Helfern, das schon seit vielen Jahren von der Jagd verschonte Birkwild in der Bundesrepublik zu erhalten. So haben neben dem DBV, dem BUND, einige Landesjagdverbände und der WWF-Deutschland Land gekauft oder gepachtet, um es dem Birkwild zu sichern. Wo die Birkhühner genügend Nahrung finden, wo die Hähne mit dem dunkelblau schimmernden Gefieder und dem aufgefächerten weißen Unterschwanz von Anfang April bis Ende Mai (im Gebirge bis in den Juni) frühmorgens ungestört ihre Balztänze zum besten geben, wo die Hennen ungefährdet brüten können, da findet sich in heutiger Zeit noch ein Stück Land, auf dem auch viele andere Vögel, auf dem dazu Lurche, Reptilien und Insekten aller Art leben können.

Auerhühner

Ist ihr Rückgang aufzuhalten?

Wenn Anfang Juni in den höheren Lagen der Alpen die Frühjahrsbalz des Auerwildes zu Ende geht, ziehen Jäger und Forstleute und Wissenschaftler jedes Jahr von neuem Bilanz und stellen fest, wie es um den Bestand einer bei uns im höchsten Maße gefährdeten Vogelart steht. In den wenigen Revieren, in denen in den deutschen Mittelgebirgen noch Auerhähne ihr eindrucksvolles Brautwerben vorführen, sind die Beobachtungen schon früher abgeschlossen: Die Balz der größten unserer Rauhfußhühner beginnt dort im März und endet häufig im frühen Mai, vier Wochen eher als im Hochgebirge. Ob im Spessart, in der Hochrhön, im Frankenwald, im Fichtelgebirge, im Bayerischen Wald, im Schwarzwald oder in den Alpen — nirgendwo mehr sind die Zahlen ermutigend. Seit mehr als 20 Jahren hat sich in fast allen Gebieten das Schwinden der Auerwildbestände noch beschleunigt. In der Bundesrepublik Deutschland sprechen die Wissenschaftler von einer intakten und autarken Population mittlerweile nur noch im Schwarzwald und in den bayerischen Alpen. Die Gesamtzahl der hier balzenden Hähne wird auf 2500 geschätzt. Wie viele Hennen dazugerechnet werden können, ist unbekannt, denn die Vögel leben nicht in Paaren zusammen, sie sind nicht monogam.
Um das Auerwild kümmern sich seit geraumer Zeit Wissenschaftler verschiedener Disziplinen. Jagd- und Forstwissenschaftler, aber auch Zoologen und Ökologen versuchen, zum Teil gemeinsam, mit Hilfe langjähriger Untersuchungen und praktischer Versuche, die Ursachen für den Rückgang zu erforschen und Mittel zu finden, ihm entgegenzusteuern. So sind im Laufe der vergangenen Jahre sowohl im Harz als auch im Schwarzwald und im Bayerischen Wald Aufzuchtstationen für junges Auerwild entstanden. Doch kann eine Aussetzung nur gelingen, wenn die landschaftlichen Voraussetzungen stimmen.
Eine der Hauptursachen für den Rückgang bei den bis zu sechs Kilogramm wiegenden Hähnen und den etwa halb so schweren Hennen liegt in der starken Veränderung ihres ange-

Auerhahn auf seiner Balzkanzel (Österreich)

stammten Lebensraums. Anders als ihre kleineren Verwandten, die Birkhühner, bewohnen sie in Mitteleuropa ausschließlich den Wald. Allerdings sagt den einst aus Ostsibirien zugewanderten Vögeln nicht jede beliebige Baumplantage zu; sie brauchen mit möglichst vielen Lichtungen versehene Altholzbestände, die sich aus unterschiedlichen Baumarten zusammensetzen. Wichtig ist in solchen Wäldern eine reiche Bodenflora, unter der viel Beerenkräuter sein müssen. Solche Waldungen größeren Ausmaßes, in denen Nadel- und Laubbäume im richtigen Verhältnis zueinander alt werden, gibt es nur noch selten. Am ehesten sind sie im Gebirge zu finden. So ist denn auch die Forstwirtschaft von heute einer der stärkste »Widersacher« des Auerwildes — allein einheitlich dichte Baumbestände mit einem regelmäßigen »Umtrieb« werfen einen genügend großen Ertrag ab.
In manchen Gegenden, in denen einstmals Auerwild zu Hause war oder gegenwärtig nur noch in schwindender Zahl lebt, weisen die Forstämter mittlerweile Waldgebiete aus, in denen beim Waldbau Rücksicht auf das empfindliche Wild genommen werden soll. Doch solches läßt sich nicht von heute auf morgen verwirklichen, bedarf nicht selten des »Segens« etlicher Dienststellen, muß mit nachbarschaftlichen Maßnahmen abgestimmt werden und braucht vor allem eine langfristige Planung, damit nicht in der nächsten Generation alles wieder zunichte gemacht wird. Da eine eigenständige Auerwildpopulation mindestens 1000 Hektar Wald benötigt, ist so etwas nicht billig.
Neben dem richtigen Biotop braucht das Auerwild ruhige Einstände, denn diese Vögel sind Kulturflüchter. Nicht überall ist die »Öffnung der Wälder« für den erholungsuchenden Menschen den großen Waldhühnern bekommen. Im Gebirge schränkt die fortschreitende Erschließung von Tälern, Hängen und Gipfeln für den Ferienverkehr und den Wochenendsport den Lebensraum des »Urhahns« immer stärker ein.
Die vollkommene Schonung der Tiere seit vielen Jahren in Deutschland beweist, daß die Jagd ein geringfügiger Faktor für den schwindenden Bestand ist. Ihre Zahl nahm dennoch weiterhin ab. In Österreich, wo die Jagd auf das Auerwild noch erlaubt ist, kamen 1980 mit 440 Tieren 150 Hähne mehr als im vorausgegangenen Jahr zur Strecke. Neben den Umwelteinflüssen, die vom Menschen ausgehen, wird auch einer in den vergangenen Jahrzehnten eingetretenen Klimaveränderung mit höheren Niederschlägen im Sommer das Verschwinden ganzer in sich geschlossener Populationen zugeschrieben. Die in den ersten Lebenstagen empfindlichen Küken sterben schnell bei naßkalter Witterung an Unterkühlung und Nahrungsmangel.
Nicht zuletzt, so meinen etliche Kenner, spielt eine in manchen Revieren beobachtete Zunahme der Habichte (die ebenfalls seit etlichen Jahren nicht mehr bejagt werden dürfen) eine Rolle. Sie sind, neben Fuchs, Waschbär und Marder, die Hauptfeinde der Wildhühner. Im Gebirge schlägt auch gelegentlich einmal der Steinadler einen balzenden Hahn, der während seiner truthahnähnlichen Parade zeitweilig seine Umwelt völlig vergißt und jegliche Vorsicht außer acht läßt. Aber weder der Steinadler noch der Habicht, noch vierläufige Beutegreifer sind schuld daran, wenn irgendwo das Auerwild ausstirbt. Sie können allenfalls den letzten Hahn oder die noch verbliebenen zwei oder drei Hennen einer durch veränderte Umweltbedingungen verschwindenden Population töten und somit das Ende beschleunigen.
Mancher »Großer Hahn« legt während der Balz das normale Verhalten ab und greift sogar Menschen als vermeintliche Rivalen an. Für eine solche Veränderung, die manchmal viele Jahre lang in jedem Frühjahr bei einzelnen Tieren zu beobachten ist, gibt es keine schlüssige Erklärung. Die Vermutungen gehen von infektiöser Erkrankung bis zu fehlgelaufener Hormonsteuerung. (Dies ist am ehesten anzunehmen.) Derartig »toll« gewordene Hähne werden nicht nur ihren Feinden unter den Tieren, sondern auch hin und wieder einem böswilligen Menschen zur leichten Beute.
In gut besetzten Revieren finden sich auf den Balzplätzen manchmal bis zu einem Dutzend »Hahnen« ein. Schon lange vor Sonnenaufgang beziehen sie ihre »Singwarten«, vorstehende Äste in hohen Wipfeln. Jeder Hahn hat ein eigenes Territorium, in dem er seinen aus unterschiedlichsten Tönen und Lauten zusammengesetzten Minnegesang erklingen läßt. Im Vergleich zum viel kleineren Birkhahn, dessen Kullern, Fauchen und Zischen auch kilometerweit zu hören ist, nehmen sich die bis zu einem Meter langen Auerhähne wie ausgesprochene Leisetreter aus. Ihr »Schleifen, Wetzen und Knappen« sowie der »Hauptschlag«, der sich wie das Entkorken einer Flasche anhört, sind allenfalls 200 Meter weit zu vernehmen. Untersuchungen lassen vermuten, daß das Auerwild auch Balzlaute im Bereich des Infraschalls (niedriger als das vom Menschen wahrnehmbare Tonspektrum) erfassen kann.
Nach dem »Einspielen« auf dem Balzbaum fliegen die Hähne bei Sonnenaufgang zu Boden und setzen ihre Brautwerbung mit gefächertem Stoß und hängenden Schwingen fort. Das Kreisen und Wenden, Tanzen und Trippeln wird immer wieder durch hohe Flattersprünge unterbrochen. Doch so sehr mancher Hahn auch auf sich aufmerksam zu machen versucht — die meisten Hennen lassen sich nur von dem sogenannten A-Hahn treten, dem stärksten im Territorium. Daher war es lange Zeit ein Fehler, während der Balz den stärksten Hahn zu schießen.
Bis zu zwölf Eier legen die braungesprenkelten Hennen in ihre Nestmulde, die sie sich meistens am Fuße eines Baumes scharren. Als Nestflüchter sind die Jungen schon wenige Stunden nach dem Schlüpfen unterwegs; von der Mutter werden sie mit leisem Glucken zusammengehalten. Nach zwei Wochen können die Küken bereits ziemlich gut fliegen. Bis dahin haben sie fast ausschließlich von Tierkost, vor allem von Ameisen und deren Puppen, gelebt. Dann stellen sie sich auch auf vegetarische Nahrung ein — eine Vielzahl von Knospen, Blättern, Beeren und Samen.
Neben den klein gewordenen Beständen im Herzen Mitteleuropas gibt es noch starke Vorkommen des Auerwilds in Schottland. In den Pyrenäen lebt das Auerhuhn in einer eigenen Rasse. Auch in Ost- und Südosteuropa gelten die großen Waldvögel vorerst als ungefährdet. Daß hierzulande das Auerwild die Existenzkrise überwindet — dafür schöpfen alle, die sich um die Erhaltung bemühen, aus dem schottischen Beispiel Hoffnung. Dort waren die Tiere im 18. Jahrhundert ausgestorben. Später sorgten aus Schweden importierte Vögel für eine Wiederbesiedlung, die sich bis heute fortgesetzt hat.
Schlechte Nachrichten hingegen kommen Anfang der achtziger Jahre auch aus Skandinavien, wo das Auerwild seit jeher besonders zahlreich war: In Finnland (durchschnittliche Jahresstrecke 40000 Auerhühner und -hähne), in Norwegen (10000) und in Schweden (12000) ist seine Zahl rückläufig. Hoffentlich nur vorübergehend.

Gefärbt und gemustert wie das Gestein: Alpen- oder Felsenschneehuhn (Norwegen)

Schneehühner

Unsichtbar, bis sie knarrend davonknattern

Nur wenige andere Vögel sind mit einer so hervorragenden Tarnfarbe ausgestattet wie die Schneehühner: Im Sommer zeigt sich ihr Gefieder braun gesprenkelt, mit weißem Bauch und heller Zeichnung auf den Flügeln; im Winter sind sie bis hinunter zu den befiederten Füßen weiß, so daß sie in und auf dem Schnee so gut wie unsichtbar bleiben. Lediglich die Schwanzfedern, die aber beim sitzenden Vogel zum größten Teil unter den weißen Schwanzdecken verborgen sind, und — allerdings nur beim Männchen des Alpenschneehuhns — ein Augenstrich vom Schnabel bis zur Schläfe, die »Zügel«, bleiben dunkel. Gemeinsam mit den roten Augenbrauen, den »Rosen«, verraten sie gelegentlich den Aufenthaltsplatz des schönen Vogels, von dem es mehr als zwei Dutzend Unterarten und Rassen gibt.
Die beiden »Hauptlinien« teilen sich in Gebirgs- und Moorbewohner, wobei sich das Vorkommen dort, wo beide leben — wie in Skandinavien — überlappt. Zu den einen gehört das Alpenschneehuhn, das nicht nur in den Bergen zwischen Österreich und Frankreich so genannt wird. Unter derselben Bezeichnung ist es in Skandinavien oberhalb der Baumgrenze bekannt; dort haben die Vögel die im Norden gelegenen kargen Gebirgszonen und Fjälls besiedelt. Ganz nahe Verwandte, die Moorschneehühner, sind in Norwegen, Schweden und Finnland weit verbreitet, allerdings in tiefer gelegener Landschaft.
Sie sind auch aus einer Entfernung von wenigen Metern gar nicht so leicht auseinanderzuhalten, zumal beider Gefiederfarbe stark variiert: Das Moorschneehuhn ist vier bis sechs Zentimeter größer als das Alpenschneehuhn, hat einen dickeren Schnabel und trägt zur Brutzeit ein dunkleres, meist rötlichbraunes Gefieder im Gegensatz zu dem mehr dunkelgrauen bis schwarzbraunen (Hahn) und gelbbraunen (Henne) des Alpenschneehuhns. Das sicherste Unterscheidungsmerkmal selbst für einen Kenner der Vögel sind die etwas voneinander abweichenden Rufe der Arten.
Moorschneehühner gibt es in Sibirien wie in Nordamerika. Eine besondere Unterart hat sich in Nordengland herausgebildet, wo der Vogel bei den Jägern hoch im Kurs steht: Auf das Schottische Moorschneehuhn (Grouse) werden in jedem Herbst Stöber- und Treibjagden veranstaltet. In Skandinavien werden beide Arten, das Alpen-, Berg- oder Felsenschneehuhn und das Moorschneehuhn, bejagt. In den Alpen dagegen sind sie ganzjährig geschützt, da sie hier seit jeher nicht zu zahlreich vorkommen.
Wie manche andere im südlichen Mitteleuropa ausschließlich in den Alpen lebende Tierart werden die Schneehühner hier als Eiszeitrelikt angesehen. Zwar gilt ihr Bestand als nicht gefährdet, doch bietet das Gebirge oberhalb von 1700 Metern, wo sich die Alpenschneehühner erst wohl zu fühlen beginnen, so karge Lebensbedingungen, daß sich die Vögel von Natur aus gar nicht stark vermehren können.
Dem Biotop gemäß sind die Ansprüche der Rauhfußhühner mit der zweimal jährlich wechselnden Gefiederfarbe bescheiden. Ihre Kost ist überwiegend vegetarisch; während ihres Heranwachsens brauchen die Jungen allerdings auch kleine Insekten wegen deren hohen Eiweißgehaltes. Die Küken, die nach gut dreiwöchiger Brutzeit aus den Eiern schlüpfen und schon wenige Stunden später das Bodennest verlassen, sind früh flugfähig, denn als erstes entwickeln sich die Handschwingen. Ähnlich wie bei Birkhühnern, Fasanen und Rebhühnern sieht es drollig aus, wenn die nicht einmal zu einem Drittel herangewachsenen Jungvögel infolge einer Störung in surrendem Flug auseinanderstieben, während die Henne die Aufmerksamkeit dadurch auf sich zu lenken versucht, daß sie sich flugunfähig stellt und den Störer oder Verfolger in eine andere Richtung verleitet. Mitunter sind es mehr als ein Dutzend Küken, die bei »Entwarnung« von der Mutter mit leisen Lockrufen wieder zusammengeführt werden.
Wesentlich lauter geht es im Frühling bei der Balz zu. Dann sind die knarrenden Rufe der Hähne und das Flügelschlagen der rivalisierenden Brautwerber weit zu hören. Mit kurzen Rundflügen von einem hochragenden Stein aus, bei dem die hellen Flügel wie Signalflaggen wirken, versuchen sie, die Aufmerksamkeit der Hennen auf sich zu lenken. Dabei halten die Hochzeiter nicht mit akustischer Untermalung zurück. Das Konzert klingt zwar nicht festlich, dafür aber durchdringend: Krächzen, Knarren und Knattern verfehlen ihre Wirkung auf die Weibchen nicht. Solche merkwürdigen Laute haben auch schon zu anderer Jahreszeit manchen Berg- oder Moorwanderer erschreckt, denn mit lautem Knarren reagieren die meistens unsichtbaren Vögel auch auf ungebetene Gäste.

Murmeltiere

Wenn sie die Heuernte versäumen, überleben sie den Winter nicht

Vergeblich sucht mancher Bergwanderer die Almhänge oder gar Felswände nach den Urhebern schriller Pfeiftöne ab: Denn nicht selten dauert es nur Sekunden, bis nach dem ersten Warnruf alle Murmeltiere einer Kolonie unter der Erde und im Gestein verschwunden sind. Aber selbst dann, wenn die »Mankeis« nicht gleich nach dem Alarmsignal (das zwar wie ein Pfiff klingt, aber ein Stimmlaut ist) des wachhabenden Familienmitglieds in Deckung gehen, fällt es noch schwer, die vierbeinigen Bergbewohner zu entdecken. Sie verharren zunächst einmal regungslos, wenn nur eine mittlere Gefahrenstufe verkündet wurde, und sie heben sich dabei mit ihrer gelb- bis graubraunen Farbe kaum von der Umgebung ab. Dann bedarf es schon einiger Geduld, die bis 80 Zentimeter langen Angehörigen der »Hörnchenartigen« auszumachen.
Dort, wo sich die Murmeltiere in der Nähe häufig begangener Ausflugswege an den Menschen gewöhnt haben, sind sie äußerst zutraulich, nehmen sie sogar Futter aus der Hand entgegen. Solchen Touristenmurmeln sieht man das unnatürliche Wohlleben oft genug schon aus der Ferne an, denn sie schleppen bereits im frühen Sommer einen feisten Wanst mit sich herum, der allerdings weniger von vitaminreicher Gras- und Kräuteräsung, als vielmehr von Keksen, Schokolade, Nüssen und anderem Knabberzeug herrührt.
Die wildlebenden Murmeltiere dagegen erreichen erst in den Herbstwochen ihr Maximalgewicht, mit dem sie sich beim ersten Schneefall in ihre unterirdischen Burgen zurückziehen, um für ein halbes Jahr von der Bildfläche verschwunden zu bleiben. Bis zu acht Kilogramm kann ein ausgewachsener Bär (Männchen) bei normaler Ernährung wiegen; die dank falscher Tierliebe gemästeten halb zahmen »Anrainer« an Spazierwegen und Aussichtsplätzen bringen mitunter noch mehr auf die Waage. Sie können jedoch in Schwierigkeiten geraten, da sie sich nicht mehr normal auf den Winterschlaf vorbereiten: Einmal fehlen ihnen die notwendigen Aufbaustoffe in der Feistschicht, so daß ihr Körper während der Ruhezeit nicht von einer richtig zusammengesetzten Reserve zehren kann; zum anderen

zen. In letzter Sekunde gelang es auch, den Bau einer Straße durch das größte Moor Niedersachsens zu verhindern.
Um das Birkwild zu halten und zu vermehren, müsse man neben der Erhaltung und Wiederherstellung (Renaturierung) geeigneter Biotope zunächst einmal eine »Massenproduktion« möglich machen, meinen die Wildhuhnzüchter. Dazu gehört auch das mehrfache Impfen der Vögel, bevor sie in die Freiheit entlassen werden.
Zwar weist man gern auf die vor etwa einem Jahrhundert in Norddeutschland ausgesetzten schwedischen Birkhühner und deren damalige vieltausendköpfige Nachkommenschaft hin, doch haben sich seitdem nicht nur die Landschaft und die Feldbewirtschaftung geändert, sondern auch der Druck des »Freizeitmenschen« auf die letzten Ruhezonen des Wildes ist ein Problem geworden. In der Hochrhön wurden die recht »störempfindlichen« Birkhühner großenteils das Opfer von Spaziergängern, Skilangläufern und Modellfliegern.
Dort soll neben forstlichen Maßnahmen, die das Zuwachsen der Hochflächen mit Fichten verhindern, ein Wildschongebiet mit Betretungsverbot die Lebensqualität für die Birkhühner verbessern helfen.
Besonders schlimme Auswirkungen auf die Vermehrung der Vögel haben Störungen im Frühling. Im Flachland finden sich die »Spielhähne« manchmal bereits Ende März auf den Balzplätzen ein. Sofern sich deren landschaftliche Struktur nicht sonderlich verändert hat, werben die Hähne seit vielen Generationen immer an demselben Ort. Vor dem ersten Morgengrauen verlassen sie bereits ihre Schlafbäume und fliegen — manchmal über eine ziemliche Entfernung — zielsicher die »Tenne« an, auf der das Balzzeremoniell stattfindet. Jeder Hahn steuert auf eine ganz bestimmte Fläche zu. Dieses von ihm auserkorene Territorium, das nur wenige Dutzend, aber auch 100 bis 200 Quadratmeter umfassen kann, verteidigt er gegen Nebenbuhler, die im Umkreis einfallen. In Revieren mit einem guten Birkwildbestand — wie in Skandinavien und Rußland — sind auf einem Balzplatz zwanzig und mehr Hähne versammelt; jeder versucht, die Hennen in sein Balzrevier zu locken.
Über das Verhalten von Birkhühnern während der Paarungszeit gibt es sehr detaillierte Untersuchungen. Denn der Ablauf der Balz ist in hohem Maß mitentscheidend für die Zahl der Nachkommen. Werden die Hähne bei ihren gemeinsamen Hochzeitstänzen, die übrigens für den alpenländischen Schuhplattler als Vorbild gedient haben sollen, immer wieder gestört, dann erscheinen auch die besonders vorsichtigen Hennen nicht am Platz, um sich treten zu lassen. Erst die immer wieder von den Hähnen gesendeten Signale (optische: die zur Balzzeit besonders leuchtenden roten Rosen über den Augen, Flattersprünge und -flüge, bei denen die hellen Unterseiten der Schwingen aufleuchten, Körperdrehungen und hochgestellte Stoßfedern; akustische: lautes Kullern, Zischen und Fauchen) bringt die nicht in fester Ehe lebenden Hennen und Hähne zusammen und in Hochzeitsstimmung.
Wird der Balz meistens »gezielt« von unvorsichtigen oder rücksichtslosen Beobachtern gestört, so werden die am Boden im Heidekraut oder Blaubeerstrauch brütenden Hennen oft versehentlich von quer durchs Gelände ziehenden Wanderern »herausgetreten«. Da sie sich auf die Tarnfarbe ihres dunkelbraun gesprenkelten und gebänderten Gefieders verlassen, fliegen sie erst im allerletzten Moment von ihren sieben bis zehn Eiern auf. Zieht sich der Störenfried nicht gleich zurück, geben viele der Hühner ihr Gelege auf.
So nachteilig im Frühjahr das Auftauchen des Menschen in Birkhahnkreisen ist, so schädlich ist es auch im Winter. Die Vögel tun sich dann zu größeren Flügen zusammen (in Sibirien sollen bisweilen mehr als 500 in einer einzigen Schar zu sehen sein) und leben vornehmlich von Tannen-, Kiefern- und Fichtennadeln sowie von Knospen. Bei höherer Schneelage scharren sich Birkhühner bis zu 40 Zentimeter tiefe Höhlen. Wiederholtes Aufscheuchen ist lebensgefährlich: Die Rauhfußhühner werden schnell ein Opfer von Hunger und Kälte.
Trotz aller Widrigkeiten, zu denen die Birkhuhnforscher auch aufeinanderfolgende nasse Frühjahre zählen, bemühen sich mehrere Organisationen mit ihren Helfern, das schon seit vielen Jahren von der Jagd verschonte Birkwild in der Bundesrepublik zu erhalten. So haben neben dem DBV, dem BUND, einige Landesjagdverbände und der WWF-Deutschland Land gekauft oder gepachtet, um es dem Birkwild zu sichern. Wo die Birkhühner genügend Nahrung finden, wo die Hähne mit dem dunkelblau schimmernden Gefieder und dem aufgefächerten weißen Unterschwanz von Anfang April bis Ende Mai (im Gebirge bis in den Juni) frühmorgens ungestört ihre Balztänze zum besten geben, wo die Hennen ungefährdet brüten können, da findet sich in heutiger Zeit noch ein Stück Land, auf dem auch viele andere Vögel, auf dem dazu Lurche, Reptilien und Insekten aller Art leben können.

Auerhühner

Ist ihr Rückgang aufzuhalten?

Wenn Anfang Juni in den höheren Lagen der Alpen die Frühjahrsbalz des Auerwildes zu Ende geht, ziehen Jäger und Forstleute und Wissenschaftler jedes Jahr von neuem Bilanz und stellen fest, wie es um den Bestand einer bei uns im höchsten Maße gefährdeten Vogelart steht. In den wenigen Revieren, in denen in den deutschen Mittelgebirgen noch Auerhähne ihr eindrucksvolles Brautwerben vorführen, sind die Beobachtungen schon früher abgeschlossen: Die Balz der größten unserer Rauhfußhühner beginnt dort im März und endet häufig im frühen Mai, vier Wochen eher als im Hochgebirge. Ob im Spessart, in der Hochrhön, im Frankenwald, im Fichtelgebirge, im Bayerischen Wald, im Schwarzwald oder in den Alpen — nirgendwo mehr sind die Zahlen ermutigend. Seit mehr als 20 Jahren hat sich in fast allen Gebieten das Schwinden der Auerwildbestände noch beschleunigt. In der Bundesrepublik Deutschland sprechen die Wissenschaftler von einer intakten und autarken Population mittlerweile nur noch im Schwarzwald und in den bayerischen Alpen. Die Gesamtzahl der hier balzenden Hähne wird auf 2500 geschätzt. Wie viele Hennen dazugerechnet werden können, ist unbekannt, denn die Vögel leben nicht in Paaren zusammen, sie sind nicht monogam.
Um das Auerwild kümmern sich seit geraumer Zeit Wissenschaftler verschiedener Disziplinen. Jagd- und Forstwissenschaftler, aber auch Zoologen und Ökologen versuchen, zum Teil gemeinsam, mit Hilfe langjähriger Untersuchungen und praktischer Versuche, die Ursachen für den Rückgang zu erforschen und Mittel zu finden, ihm entgegenzusteuern. So sind im Laufe der vergangenen Jahre sowohl im Harz als auch im Schwarzwald und im Bayerischen Wald Aufzuchtstationen für junges Auerwild entstanden. Doch kann eine Aussetzung nur gelingen, wenn die landschaftlichen Voraussetzungen stimmen.
Eine der Hauptursachen für den Rückgang bei den bis zu sechs Kilogramm wiegenden Hähnen und den etwa halb so schweren Hennen liegt in der starken Veränderung ihres ange-

Auerhahn auf seiner Balzkanzel (Österreich)

Wiesenweihen

Immer weniger finden geeignete Niederungen

Wo immer die schlanken Gefiederten sich auf Jagd befinden, setzen sie Maßstäbe für den Vogelflug. Ob sie im gaukelnden Hin und Her über versumpften Schilfflächen oder über feuchten Wiesen pirschen oder in blitzschnellem Herabstürzen eine Beute zu fassen versuchen, ob sie während der Balz Kapriolen schlagen oder sich in der Luft bei der Nahrungsübergabe von einem Partner zum anderen für den Bruchteil einer Sekunde mit den Fängen berühren — den Wiesenweihen zuzuschauen, das ist ein besonderes Vergnügen.
Gemeinsam mit ihren Verwandten, den Rohr- und den Kornweihen, sind die Wiesenweihen — wie viele andere Greifvögel auch — zu Sorgenkindern der Naturschützer geworden. Während sich der Bestand der Rohrweihen zwischen 1970 und 1980 vor allem in Norddeutschland dank strenger Schonung und eines besonderen Rettungs- und Umhorstungsprogramms für gefährdete Junge etwas stabilisiert hat, gibt es von der Kornweihe in der Bundesrepublik Deutschland nicht einmal mehr ein Dutzend Brutpaare. Der Brutbestand der Wiesenweihe wird auf 50 Paare geschätzt. Und er wird kleiner. Wären nicht in der Vergangenheit einige Gebiete in Schleswig-Holstein und Niedersachsen von der Flurbereinigung verschont geblieben und als Reservate ausgewiesen worden, es sähe noch schlimmer aus. In Nordrhein-Westfalen werden aus Mitteln des Landesjagdamtes Schonprämien an Landwirte gezahlt, auf deren Besitz Wiesenweihen brüten. Nicht selten nämlich zerstören die Bauern die im hohen Gras feuchter Wiesen gebauten Nester der Bodenbrüter; meistens versehentlich, weil die Brutstätten gut getarnt sind und weil die Vögel erst im letzten Augenblick vom Gelege auffliegen, wenn der Kreiselmäher das Nest schon fast erreicht hat. Dann nützt es häufig auch nichts mehr, um den Brutplatz herum eine Grasinsel stehen zu lassen, denn sie muß einen Durchmesser von mindestens 20 Meter haben, wenn die Vögel zurückkommen und weiterbrüten oder aber ihre Jungen füttern sollen.
Für manchen Landwirt sind die Greifvögel allerdings immer noch »Schädlinge«, auf die nicht Rücksicht genommen wird. Dabei gehören gerade die Wiesenweihen zu den besonders »nützlichen« Vögeln, da sie in überwiegendem Maße von Mäusen, Lurchen, Reptilien und Insekten leben. Wenn sie Junge haben, nehmen sie gelegentlich auch die Nachkommen anderer bodenbrütender Vögel wie Lerchen, Pieper, Fasanen und Rebhühner. Die beiden zuletzt genannten allerdings nur, solange sie wenige Tage alt sind. Was die Fänge der »Gleitstoßgreifer« einmal gepackt haben, das lassen sie nicht wieder los. Die Beutetiere werden durch das Zusammendrücken der Klauen getötet, wenn sie nicht am Herzschlag sterben. Bei der Jagd ist neben den scharfen Augen auch das gute Gehör ein Ortungsinstrument der Weihen: Wie bei vielen Eulen dient ein schleierartig um die Augen angeordneter Federnhalbkreis als zusätzlicher Schallfänger, der jedes leise Rascheln vom Boden auffängt.
Trotz blitzschneller Reaktion und bestechender Flugfähigkeit aber kommen in der Regel auf jeden erfolgreichen Beutestoß mindestens zehn vergebliche Anflüge. Daher sieht man die Vögel — die in ihrer Verwandtschaft mit einer Körperlänge von 40 bis 45 Zentimetern die kleinsten sind — auch häufig in der Luft, solange sie ihre drei bis sechs Jungen zu versorgen haben. Anfangs zerkleinert das Weibchen mundgerecht die Beute, die das Männchen anbringt, und hält sie den Nestlingen portionsweise vor den Schnabel; später werfen die Eltern sie nur noch über dem Horst ab.
Weibchen und Männchen unterscheiden sich nicht nur dadurch, daß »er« wie bei fast allen Greifvögeln um ein Drittel kleiner ist als »sie« (daher die Bezeichnung »Terzel« für die Männchen), sondern auch an der Färbung. Die Terzel fallen mit ihrem leuchtend hellgrauen, am Bauch, an den Unterseiten der Armschwingen und am Stoß mit braunen Streifen versehenen Gefieder sowie mit dunklen Flügelspitzen auf. Die überwiegend braun gefärbten Weibchen lassen beim Fliegen — von oben betrachtet — ihren hellen »Bürzelfleck« am Ansatz des Stoßes erkennen, ein sicheres Unterscheidungsmerkmal zur Rohrweihe. Die Kornweihe hat diesen Spiegel noch ausgeprägter. Das Kornweihenmännchen ist heller als der Wiesenweihenterzel.
Ob die Wiesenweihen auch in der Zukunft noch bei uns zu beobachten sein werden? Die Antwort auf diese Frage hängt davon ab, wieweit es gelingt, größere zusammenhängende Feuchtgebiete zu erhalten oder gar wieder anzulegen. Sagt den Vögeln ein Gebiet zu und bleiben sie dort ungestört, so siedeln sich einige Paare auf engem Raum an.

Birkhühner

Wegdräniert und zu Tode gescheucht

Zum Frühling im Moor und im Gebirge gehörte einst das Kullern, Zischen und Fauchen, das aufgeplusterte Paradieren, Springen und Flattern, das Tanzen, Federspreizen und Kreisen der balztollen Birkhähne so selbstverständlich wie die Rückkehr der Störche ins Flachland oder der Viehtrieb auf die Almen. Doch die Zeit, da es zwischen Schleswig-Holstein und Bayern, von den Niederlanden bis Polen überall Birkwild gab, ist seit Jahrzehnten vorbei. Da die Birkhühner als sehr sensible »Indikatoren« auf Veränderungen ihres Lebensraumes reagieren und weil dort, wo sie verschwinden, bald andere Tierarten folgen, sehen Fachleute ihr Schicksal als identisch mit der Gefährdung vielschichtiger Lebensgemeinschaften an.
Eins von vielen Beispielen ist der Osten Niedersachsens, wo vor nicht allzu langer Zeit das Birkwild noch besonders häufig war. Im Jahr 1963 wurden im Landkreis Gifhorn mehr als 830 der Rauhfußhühner gezählt; 1979 aber wurden nurmehr 79 festgestellt; 1981 sah man keine 50 mehr. Ganz Niedersachsen, das um die Jahrhundertwende mit 3500 Quadratkilometern Moorfläche das hochmoorreichste Land Mitteleuropas war, beherbergte im Jahr 1964 noch rund 8000 dieser Vögel. Heutzutage, da die Hochmoorfläche noch 2500 Quadratkilometer ausmacht, von denen nur 13 Prozent als intakte Moore gelten, sind es weniger als 400 Wildhühner. In 16 Jahren sank der Bestand kontinuierlich um rund 95 Prozent. In den anderen Bundesländern mit Birkwildvorkommen sieht es ebenso traurig aus. In Schleswig-Holstein wurden im Jahr 1969 etwa 1800 Birkhühner ermittelt; zehn Jahre später spricht die Statistik von »winzigen Restbeständen«, die es nicht mehr in 71, sondern nur noch in 26 Jagdrevieren gibt. Im Bayerischen Wald, wo Anfang der sechziger Jahre noch 1400 Birkhühner balzten, ließen sich im Frühjahr 1981 keine 100 mehr bei ihrer eindrucksvollen Brautwerbung beobachten. In den Alpen, wo es noch die einzig nennenswerten Vorkommen gibt, geht es mit den Beständen ebenso abwärts wie in der Rhön: Im bayerischen Bereich dieses Mittelgebirges werden seit 1976 in Zusammenarbeit von Jägern, Vogel-

Zur Brunftzeit manchmal in großen Rudeln

In jedem Herbst zieht es mitteleuropäische Jäger nach Skandinavien, Kanada und Alaska. Vom September bis zum November versuchen sie ihr Glück auf der Elchjagd. Sind es in Skandinavien die stark zunehmenden Bestände, die größere Möglichkeiten und Erfolge bei der Drückjagd brachten und bringen, so reizen in Kanada und Alaska neben dem Erlebnis der Wildnis die stärkeren Trophäen der Hirsche. Die schwersten und breitesten Schaufelgeweihe gehören den Hirschen in Alaska und hier wiederum jenen, die ihre Einstände auf der Kenai-Halbinsel haben. Unter Großwildjägern hat dieser Name Klang, und so galt das Erlegen eines Kenai-Elchschauflers bis vor kurzem für viele als der Höhepunkt ihres Jägerlebens. Vor wenigen Jahren noch war es auch nicht schwer, eines der fast urweltlich anmutenden Tiere, die leicht die doppelte Stärke ihrer skandinavischen Verwandten erreichen (die Trophäe sogar ein Mehrfaches von dem der nordeuropäischen Hirsche), zu schießen. Vielfach wurden die Elche während der Brunft im September und Oktober zunächst per Flugzeug in den von Fichte, Kriechweide und Krüppelbirke bewachsenen Weiten gesucht. Dann landeten die Piloten, die in Alaska und manchen Gegenden Kanadas gleichzeitig Outfitter und Jagdführer sind, so nah wie möglich, meistens auf dem Wasser. Zwar konnte sich danach ein mühsamer vielstündiger, manchmal sogar tagelanger Marsch anschließen, doch waren sich Führer und Jäger einigermaßen sicher, das Wild in der Gegend zu finden, in der sie es aus der Luft beobachtet hatten. Da viele der Elche erstmals in ihrem Leben einen Menschen sahen, flüchteten sie nicht. Für den Schützen war es also kein Problem, den stärksten Bullen zu schießen.

Die unmittelbare Jagd vom Flugzeug aus ist inzwischen in Alaska verboten worden. Auch darf, wer Wild aus der Luft beobachtet, am selben Tag nicht mehr darauf schießen; es muß also zwischen der Landung und dem Anpirschen mindestens eine Nacht liegen. Das jedoch ist nicht der einzige Grund, warum in den vergangenen Jahren in Alaska weniger und schwächere Elche zur Strecke kamen. Die Jagdbehörden wissen inzwischen, daß die Bestände zu stark verringert worden sind. Da in erster Linie Trophäenjäger in die abgelegenen Gebiete reisten, wurden dort viel mehr männliche als weibliche Tiere erlegt, so daß sich nicht nur der starke Jagddruck, sondern auch das dadurch hervorgerufene ungünstige Geschlechterverhältnis negativ auswirkte. Im Jahr 1972 ergab auf der Kenai-Halbinsel eine Zählung aus der Luft, daß 15,6 Hirsche (Bullen) auf 100 Tiere (Kühe) kamen. Die Folge dieser Relation war, daß die Fortpflanzungsrate sank. Dazu kamen geänderte Regeln für die Wolfsjagd, die ebenfalls überfällig gewesen waren, aber den Wolfsbestand wieder leicht wachsen ließen. Und Wölfe sind im überwiegenden Maße die natürlichen Regulatoren des Elchwildbestandes. Ein Blick auf die Entwicklung der Elchstrecke in Alaska beweist, daß es höchste Zeit wurde, strengere Maßstäbe als früher anzulegen: kamen im Jahr 1966 durch etwa 50000 lizenztragende Jäger 7048 (gemeldete) Elche zur Strecke, so stieg zwar die Zahl der ausgegebenen Lizenzen bis zum Jahr 1974 auf fast 74000 (davon mehr als 8000 an zugereiste Jäger), aber es wurden nur 5638 Elche geschossen. Ein Jahr später waren es 3286.

Die umgekehrte Tendenz ist in Skandinavien festzustellen. Dort wachsen bei jährlich steigender Streckenzahl die Elchbestände sowohl in Norwegen als auch in Schweden und Finnland. In Schweden erhöhte sich die Zahl der geschossenen Elche von 840 im Jahr 1901 auf knapp 3000 im Jahr 1910. Nach kurzem Abfallen stieg sie 1940 erstmals auf mehr als 10000 an; danach wuchs sie unaufhörlich. 1952 wurden mehr als 20000, im Jahr 1958 dann schon mehr als 30000 und 1973 über 40000 Elche (Kälber, Kühe und Bullen) erlegt; 1980 waren es mehr als dreimal so viele, nämlich genau 129669 (13179 mehr als ein Jahr zuvor). Der Gesamtbestand an Elchen in Schweden wird vor Aufgang der Jagd auf über weit 200000 Tiere geschätzt. In Finnland wurden 1976 knapp 17000 Elche und damit 4661 mehr als im Jahr zuvor erlegt. 1980 waren es mehr als die dreifache Zahl: 53762. Eine ähnliche Entwicklung wird aus Norwegen gemeldet, wo 1980 die Jahresstrecke 19000 Elche ausmachte. Fünf Jahre vorher waren es noch weniger als die Hälfte. Auch in Polen nimmt die Zahl der Elche zu. Ihr Bestand wurde dort 1980 mit mindestens 4000 Tieren angegeben.

Die Ursachen dieser Entwicklung, die Parallelen bei anderen heimischen Schalenwildarten hat, sind verschiedenartig. Zum einen gibt es kaum mehr Großraubwild, das vor allem den Nachwuchs reißt, zum anderen sind Elche Nutznießer von Waldbaumaßnahmen. (Schnelle Umtriebzeiten in den Forsten haben zur Folge, daß es viel Jungwald und damit nahrhafte, gut erreichbare Äsung gibt.) Die skandinavischen Tiere zeichnen sich außerdem durch eine hohe Vermehrungsrate aus: Zwillingsgeburten sind die Regel, Drillinge kommen nicht allzu selten vor; im Norden Amerikas dagegen überwiegen Einzelkälber.

Neben diesem Unterschied sowie den Unterschieden in Größe und Gewicht gibt es auch im Verhalten nicht immer Übereinstimmung. Während der Brunft sammeln sich in Nordamerika manchmal Rudel mit 30 und mehr Tieren, Rudel, in denen nicht selten mehrere starke Bullen stehen. Vor allem gegen Ende der Brunft, wenn es keine so starke Rivalität mehr zwischen den Hirschen gibt, finden sich die Tiere häufig in größeren Gesellschaften ein. Später allerdings lösen sich solche Gruppen wieder auf und viele ihrer Mitglieder werden wieder Einzelgänger.

In Skandinavien dagegen trifft man zur Brunftzeit allenfalls drei oder vier Kühe mit einem Hirsch im Gefolge. Viel häufiger sogar sieht man die Tiere paarweise. Anders als bei der Rothirschbrunft vollzieht sich die Hochzeit des Elchwildes still und heimlich. Daher ist dem Wild (das dort, wo es massiert vorkommt, sowohl auf den Feldern als auch im Wald einigen Schaden anrichten kann) nicht allzu leicht beizukommen. In Skandinavien versucht man es auf Drückjagden mit der Hilfe von Elchhunden, die den Jägern die Tiere über weite Entfernungen zutreiben. Die Schützen müssen manchmal einen ganzen Tag auf einem Stand ausharren und haben auch dann nicht immer Erfolg. Elche bewegen sich trotz ihrer Größe nahezu lautlos und sind wegen ihrer dunklen graubraunen Färbung auch schwer zu erkennen. Da sie gut wittern und vor allem sofort auf Bewegung reagieren, muß der wartende Jäger möglichst regungslos warten, wenn er das heranziehende Wild überhaupt zu Gesicht bekommen will. Manche Reviere in Schweden sind so groß, daß die Jagd mehrere Tage dauert. Die Inhaber oder die Jagdgenossenschaften besitzen nicht selten Schlacht- und Kühlhäuser, um die Strecke zu verarbeiten. Zweihundert und mehr erlegte Elche sind nämlich in großen Jagdbezirken keine Seltenheit.

Seiten 114/115 *Elchrudel in der Brunftzeit (Alaska)*

Hilfe für die stark gefährdeten Luftjäger

Wanderfalken sind im Verlauf der vergangenen 25 Jahre in vielen Ländern, vor allem in den Vereinigten Staaten von Amerika und in der Bundesrepublik Deutschland, zu einem Symbol für den Vogelschutz geworden. Ihr Schicksal interessiert nicht mehr nur Biologen, Naturschützer und Falkner, die – negative – Entwicklung des Bestandes hat auch Einfluß auf Maßnahmen des Gesetzgebers gehabt. Die gefiederten Jäger, die beim Beuteflug eine Geschwindigkeit von mehr als 300 Kilometer in der Stunde erreichen können, waren besonders in Deutschland ein Objekt vieler Meinungsverschiedenheiten, nicht zuletzt auch wegen der Jagd mit abgerichteten Greifvögeln (Beizjagd) und wegen der zunehmenden Zahl sogenannter Adlerwarten und Greifvogelstationen.
Doch waren es zunächst andere Ursachen, die den Wanderfalken in den Mittelpunkt des Interesses rückten. In den fünfziger Jahren wurde in Nordamerika ein starker Rückgang registriert, der zehn Jahre später bereits das Verschwinden aus vielen Gegenden zur Folge hatte. 1970 etwa gab es in den meisten Gebieten der Vereinigten Staaten mit Ausnahme Alaskas keine Wanderfalken mehr.
Freiland- und Laboruntersuchungen brachten das Ergebnis, daß die Vögel zum größten Teil Opfer von Chemikalien, allen voran DDT und andere nicht abbaubare chlorierte Kohlenwasserstoffe, wurden. Wie der Sperber, so hat auch der Wanderfalke diese Gefährdung seiner Spitzenstellung dem Ende seiner Nahrungskette zu verdanken: Da er hauptsächlich von solchen Vögeln lebt, die sich größtenteils von Insekten ernähren, lagert sich das mit den Beutetieren aufgenommene Gift in seinem Körper ab. Ähnlich wie beim Seeadler, der Fische und Wasservögel erbeutet, wie auch beim Fischadler, der sich nahezu ausschließlich auf den Fischfang spezialisiert hat, führen zwar die Pestizide im Körper nicht immer zum schnellen Tod der Vögel, sie wirken sich aber auf die Fortpflanzungsfähigkeit aus: Entweder legen die Weibchen unbefruchtete Eier oder der Kalziumhaushalt ist derart gestört, daß die Eier zu dünne Schalen haben und beim Brüten zerbrechen. Häufig sterben auch die Embryonen nach der halben Zeit der Entwicklung ab.
Der Wanderfalke wird heute in Amerika neben dem Wappentier der Vereinigten Staaten, dem Weißkopfseeadler, als »Kronzeuge« im Kampf um das schließlich erlassene DDT-Verbot (das 1971 auch in der Bundesrepublik folgte) bezeichnet. Doch hat sich weder hier wie dort die Situation inzwischen erheblich gebessert. Im Gegenteil: Dort, wo man den Wanderfalken vor den Umweltgiften noch weitgehend sicher wähnte und wo bis vor zehn Jahren auch eine dichte Population vorhanden war, zeigte sich eine ähnliche Entwicklung. Die Reproduktionsrate der in Alaska und im Nordwesten Kanadas brütenden Wanderfalken, einer der vielen Rassen dieses nahezu weltweit verbreiteten, gut krähengroßen Greifvogels, ist erschreckend klein geworden. Viele der angestammten Horstplätze, die zum größeren Teil im Gebirge und dort überwiegend an steil abfallenden Flußufern liegen, blieben verwaist. Das weiß man aus Untersuchungen der Professoren Tom Cade und Clayton White (in Zusammenarbeit mit dem Fish and Wildlife Service, dem Bureau of Land Management und dem National Park Service, die sich alle mit ökologischen Aufgaben befassen).
Die Studien brachten interessante Ergebnisse zutage. Die im arktischen Bereich beheimateten Gerfalken, die wegen ihres überwiegend weißen Gefieders und des »schneidigen« Jagdfluges bei Falknern ebenfalls hoch im Kurs stehen, zeigten keinerlei Veränderung im Brutverhalten; bei ihren Gelegen fand man eine viel geringere Pestizidbelastung als bei denen der Wanderfalken. Da die Gerfalken, anders als die kleineren Wanderfalken, einen großen Teil ihrer Beute am Boden schlagen, da der Anteil von Nagetieren wie Lemminge, Erdhörnchen und Schneehasen also hoch ist und da bei der gefiederten Beute das Schneehuhn an erster Stelle steht, können sie mit ihrer Nahrung kaum Giftstoffe aufnehmen.
Außerdem: Ihrem Namen entsprechend ziehen Nordamerikas Wanderfalken im Herbst nach dem Süden, die Gerfalken aber bleiben auch im Winter in der Heimat. Wanderfalken sind ein Drittel des Jahres im Brutgebiet, ein Drittel auf dem Zug und ein Drittel im Überwinterungsgebiet — und das reicht vom Golf von Mexiko über die Karibik bis nach Argentinien und Brasilien; hier, so vermuten die Wissenschaftler, kommen sie am stärksten mit den Giftstoffen in Berührung, deren Verwendung in den meisten der lateinamerikanischen Länder unkontrolliert bleibt. Im ostarktischen Bereich und auf Grönland brütende Wanderfalken zum Beispiel weisen eine viel geringere Pestizidbelastung auf und haben mehr Nachkommen als ihre Artgenossen im Westen. Sie nämlich überwintern in Südamerika in solchen Gebieten, in denen kaum oder zumindest weit weniger chlorierte Kohlenwasserstoffe in allen ihren Formen versprüht werden als in der Karibik und im Osten Südamerikas, wo sich die meisten der westarktischen Falken im Winter aufhalten.
Doch nicht das Winterquartier allein birgt derartige Gefahren für die Wanderfalken, von denen noch um 1950 die Zahl der Brutpaare in Alaska auf 1000 bis 1500 geschätzt wurde. Da auch der Großteil ihrer Beutevögel im Süden überwintert, nehmen sie sogar in der noch weitgehend unberührten Wildnis der nordwestlichen Arktis und auf den Aleuten verseuchte Nahrung auf, verfüttern sie solche Nahrung an ihre Jungen, die damit gleichfalls von Anfang an belastet werden.
Der Faktor Gift wird erst dann eine wesentlich geringere Rolle spielen, wenn in allen Ländern der Erde die Verwendung chlorierter Kohlenwasserstoffe in der Land- und der Forstwirtschaft unterbunden worden ist und wenn man darüber hinaus andere sogenannte Umweltgifte wie PCB und Quecksilber unter Kontrolle gebracht hat; nicht zuletzt zum Vorteil des Menschen: Denn was für den Wanderfalken, der hier der Indikator ist, zutrifft, das gilt zumindest zu einem Teil auch für ihn.
Die als Folge der Vergiftung auftretende Unfruchtbarkeit verursacht jedoch nicht allein das Sterben des Wanderfalken. Die zunehmende Beunruhigung der Brutreviere, die Verdrahtung der Landschaft und deren verkehrstechnische sowie touristische Erschließung kommen besonders in Mitteleuropa hinzu. Was jedoch ihre gezielte Verfolgung durch den Menschen angeht, so wurden die Wanderfalken besonders hart getroffen. Zum einen galten sie wie jeder Krummschnabel als »Raubvogel«, waren sie als Schädlinge eingestuft (vom biologisch wichtigen Wert der Greifvögel weiß man erst seit einiger Zeit, und es gibt noch heute Jäger, die sich mit der ganzjährigen Schonung der Greifvögel nur bedingt abfinden können). Zum anderen kam beim Wanderfalken erschwerend hinzu, daß Tauben zu seiner bevorzugten Beute gehören; die Heerschar der Brieftaubenzüchter war daher sein erklärter Feind. Wären selbst nicht noch nach dem Jahr 1950 viele Wanderfalken und ihre Horste Taubenhaltern zum Opfer gefallen, es sähe heute in der Bundesrepublik Deutschland besser aus um den Bestand. Nicht anders übrigens

in England, wo der Wanderfalke während des Ersten Weltkrieges zum Staatsfeind erklärt worden war, wo er mit allen Mitteln bekämpft wurde und wo er fast ausgerottet worden wäre: Die Greifvögel nämlich gefährdeten die Nachrichtenübermittlung mit Brieftauben, und spezielle militärische Kommandos hatten den Auftrag, die Vögel zu töten und ihre Horste zu zerstören. Besonders stark wurden damals die schottischen Bestände dezimiert, die sich heute in Großbritannien dank der besonderen landschaftlichen Struktur und der vergleichsmäßig geringen Umweltbelastung wieder am besten regeneriert haben.
Neben den Taubenhaltern sind es die Falkner, die für den Rückgang beim Wanderfalken Verantwortung tragen. Der Wunsch nach dem »König der Beizvögel« hat früher viele von ihnen immer wieder bewogen, Horste zu ersteigen oder gute Preise zu zahlen. Und zu den Falknern kamen sogenannte Falkenhöfe, Adlerwarten und Greifvogelstationen hinzu. Einrichtungen dieser Art sprossen zwischen 1960 und 1975 wie Pilze aus dem Boden. Viele von ihnen führten zwar das Wort »Naturschutz« oder »Greifvogelzucht« auf dem Schild, doch diente das in erster Linie als Feigenblatt für den Gelderwerb mit Flugvorführungen und Zurschaustellung an den Block gefesselter Gefiederter. Nicht wenige dieser »Warten« wurden — zumindest in den Gründerjahren — so wenig fachmännisch betrieben, daß der Ersatzbedarf an Greifvögeln groß war. So kam es, daß in der Bundesrepublik schließlich mehr Wanderfalken, aber auch See- und Steinadler in zoologischen Gärten, Gehegen und bei Falknern standen, als in freier Wildbahn flogen.
Hier nun setzten Mitte der sechziger Jahre (als der Bestand der Brutpaare von etwa 400 im Jahr 1950 auf unter 50 gesunken war) Vogelschützer an. Sie begannen die letzten Wanderfalkenhorste zu bewachen, von denen die nördlichsten in der Bundesrepublik heute etwa am Main liegen. Nachdem die Baumbrüter unter den Wanderfalken zuvor die letzten norddeutschen Reviere aufgegeben hatten, mußten sich die Falkenschützer von Anfang an nur auf die Felsbrüter konzentrieren. In den ersten Jahren ihrer Tätigkeit stark angefeindet und weder von handgreiflichen noch von gerichtlichen Auseinandersetzungen verschont, sind die Arbeitsgemeinschaft Wanderfalkenschutz (AGW) und die Aktion Wanderfalken- und Uhuschutz (AWU), beide Mitglieder im DBV und von der Umweltstiftung WWF-Deutschland gefördert, längst zu zwei bedeutenden Faktoren im deutschen Naturschutz geworden.
Dem Einsatz ihrer Mitglieder, die jeweils von Februar bis Juni die Brutfelsen (von denen viele in ehemaligen Steinbrüchen liegen) Tag und Nacht bewachen, im Herbst und Winter Nisthilfen bauen und Horstnischen sprengen, die gesetzgeberische Initiativen starten, wissenschaftliche Untersuchungen anregen oder in Auftrag geben, Einfluß auf die Landschafts- und Verkehrsplanung in von Wanderfalken besiedelten Gebieten nehmen und die Ausweisung von Naturschutzgebieten vorantreiben, die die Diskussion mit Falknern führen und das Verbot des Haltens von Greifvögeln mit wenigen Ausnahmen in vielen Bundesländern bereits erreicht haben oder anstreben — diesem Einsatz ist es zu verdanken, daß heute wieder annähernd 70 Wanderfalkenpaare in der Bundesrepublik brüten; der größere Teil davon in Baden-Württemberg, wo die AGW tätig ist. Sowohl von Naturschutzfachleuten als auch von Falknern wird der AGW das Verdienst zugeschrieben, den Wanderfalken in der Bundesrepublik vor dem Aussterben bewahrt zu haben.
So steigerten ihre Mitarbeiter allein zwischen 1979 und 1981 die Ausflugrate jeweils um fast 50 Prozent: 1979 waren es 43, 1980 waren es 61 und 1981 mehr als 80 flügge gewordene Vögel. Zwischen 1975 und 1981 erreichten die Falkenschützer der AGW, daß sich die Zahl der ausgeflogenen Jungfalken in ihrem Einsatzgebiet vervierfachte. Gemeinsam mit dem von der AWG betreuten Falkennachwuchs wurde damit 1981 die »Traumzahl« 100 überschritten. Genauere Angaben verbieten sich, da nach wie vor Greifvogelhändler Jagd auf die seltenen, schnellen und schönen Vögel machen, die seit langem auf der »Roten Liste« und auf Anhang I des »Übereinkommens über den internationalen Handel mit gefährdeten Arten freilebender Tiere und Pflanzen« (Washingtoner Artenschutzübereinkommen) stehen. Diese Gesetzesbrecher nehmen viel Zeit der Vogelschützer in Anspruch. Sie werden teilweise bis über die Landesgrenzen verfolgt. So ist es der Zusammenarbeit zwischen Falkenschützern, Kriminalpolizei und Zollfahndern zu verdanken, daß 1981 auf einem Autobahnrastplatz ein Falkendieb mit 22 in Süditalien widerrechtlich ausgehorsteten und über die Grenze geschmuggelten Jungfalken festgenommen werden konnte. In einem anderen Fall wurde ein »Falkner« (von solchen Beizjägern trennen sich der Deutsche Falkenorden und andere Verbände schnell) des nächtlichen Diebstahls von Falkeneiern aus einer Horstwand in der Schwäbischen Alb überführt. Die Quittung: ein Jahr Gefängnis mit vier Jahren Bewährung und 3000 Mark Geldstrafe.
Was ist das für ein Vogel, für den die einen Kopf und Kragen riskieren und die anderen allergrößte Opfer bringen? Man muß ihn fliegen und jagen gesehen haben, muß die schöne, von blaugrau über dunkel- und hellbraun bis rahmfarben reichende Gefiederzeichnung, den eindrucksvollen Kopf, die elegante Gestalt aus der Nähe beobachtet haben, um zu verstehen, wie viele Leidenschaften der Wanderfalke seit vielen Jahrhunderten weckt. Bereits Kaiser Friedrich II. von Hohenstaufen (1212 bis 1250) widmet ihm einen großen Teil seines berühmten Buches »De arte venandi cum avibus« (»Von der Kunst mit Vögeln zu jagen«).
Die bis zu einem halben Meter langen und über tausend Gramm schweren Wanderfalken (die Männchen, Terzel genannt, bleiben um etwa ein Drittel in Gewicht und Größe hinter den Weibchen zurück) jagen ihre Beute nahezu ausschließlich in der Luft. Während die stärkeren Weibchen im Binnenland Tauben, Kiebitze, Häher, Schneehühner, Enten und (Lach-)Möwen neben anderen größeren Fliegern bevorzugt angreifen und sogar einen Graureiher bewältigen, nehmen die Männchen mit kleinerer Beute vorlieb. Von der Amsel bis zum Goldhähnchen sind fast alle Singvogelarten darunter, doch schlägt auch der Terzel mal ein Rebhuhn oder eine Krähe. An der Meeresküste gehören Lummen, Alke, Papageitaucher und Limikolenartige wie Strandläufer, Regenpfeifer, Austernfischer, Uferschnepfen zu den Opfern. Selbst die schnellen und wendigen Seeschwalben beenden gelegentlich ihr Leben in den Fängen eines Wanderfalken.
Zwei bis vier, selten fünf Junge schlüpfen unter normalen Umständen. Da das Weibchen nach der Ablage des ersten Eis mit der Brut beginnt, muß es länger als die für ein Ei notwendigen 29 bis 30 Tage das Gelege wärmen, denn die Jungen sprengen die braungesprenkelten Eischalen in dem gleichen Abstand, mit dem die Eier gelegt wurden. Das kann einen Altersunterschied von mehr als einer Woche zwischen dem erst- und letztgeschlüpften Falkenkind bedeuten. Die Hauptarbeit beim Brüten leistet das Weibchen; der Terzel kommt zu kurzen Ablösungen, bringt aber seiner Partnerin häufig Atzung. Fünf bis sechs Wochen sitzen die Jungfalken in der Horstnische, bevor sie flügge werden.
Diese Zeit ist für die Falkenbewacher nicht nur deshalb besonders arbeitsintensiv, weil sie

Wanderfalke auf dem Suchflug (Schottland)

mögliche zweibeinige Räuber fernhalten müssen. Es gibt eine Vielzahl anderer Gefahren. Schon während der in Mitteleuropa meistens zwischen dem 10. März und dem 10. April beginnenden Brutzeit kann ein Schlechtwettereinbruch, der in den Bergen oft mit Schnee und Frost verbunden ist, das Ende aller Falkenbemühungen bedeuten. Läuft Wasser in die Brutnische, muß schnellstens für einen Abfluß gesorgt werden. Mancher derart gefährdete Brutplatz wurde schon verlegt. Tierische Feinde sind manchmal gefährlicher als menschliche: Jahrelang traten Verluste durch Steinmarder auf, bis es gelang, ihnen das Einklettern durch Duftstoffe zu vermiesen. Immer wieder gab es bis vor kurzem auch etliche Opfer unter den Jungen durch Zeckenbefall. Dagegen haben die Vogelschützer nach langen Versuchen jüngst ein probates Gegenmittel gefunden, so daß 1981 keine Verluste mehr durch solches Ungeziefer auftraten.
Dem Wanderfalken, den es in mehr als 15 Unterarten und Rassen weit über die Erde verstreut gibt, wollen seit einiger Zeit die Mitglieder der AWU und auch Falkner in manchen Gegenden durch eine spezielle Methode zu größerer Verbreitung verhelfen: In Gefangenschaft gezüchtete, aber nicht an den Menschen gewöhnte Jungvögel werden entweder in die Horste freibrütender Paare zu deren Jungen dazugesetzt und fliegen mit diesen später aus oder sie werden »ausgewildert«. Das geschieht, indem die Vögel zwei bis drei Wochen vor dem Flüggewerden in dem Gebiet, in dem sie sich später niederlassen sollen, in einem Käfig mit guter Rundumsicht Nahrung erhalten, so als wäre dies ihr Horst. Wie erfolgreich dieses seit Jahren durchgeführte Experiment ist, läßt sich bis jetzt noch nicht beurteilen: Zwar bleiben die erwachsenen (adulten) deutschen Wanderfalken — entgegen ihrem Namen — das ganze Jahr hindurch ihrer Heimat treu, doch die jungen ziehen zunächst einmal gen Süden und sind dabei naturgemäß vielen Gefahren ausgesetzt, bis sie vielleicht nach einem oder zwei Jahren wieder in ihre Heimat zurückkehren. Da freilebende Wanderfalken mindestens 15 Jahre alt werden können, wie der Wiederfund mehrerer beringter Vögel in Skandinavien bewiesen hat, und da ein Wanderfalke in Gefangenschaft 21 Jahre alt wurde, hätten sie genügend Zeit, für viele Nachkommen zu sorgen. Vorausgesetzt, der Mensch gibt ihnen dazu die Gelegenheit.

Kampfadler

Regulatoren im afrikanischen Busch

Der einsam in die Höhe ragende Ast einer vertrockneten Akazie in Zimbabwes Wankie-Nationalpark ist zwar stark genug, den mächtigen Kampfadler zu tragen, doch ist sein Umfang für die Fänge des Greifvogels eher zu klein. So hat es dieser Adler denn auch in erster Linie seinen starken Läufen und Fängen zu verdanken, daß er als der kräftigste Adler Afrikas gilt. In der Haltung, in der er auf dem Foto zu sehen ist, zeigt er sich häufig: Von einem Aussichtsplatz herab beobachtet er die Gegend in einigen hundert Metern Umkreis. Je nach dem Grad seiner Anspannung ist die typische Federhaube am Kopf mehr oder weniger aufgestellt. Hat der bis zu 90 Zentimeter lange Vogel mit dem verhältnismäßig kurzen Stoß Beute entdeckt, so läßt er sich zunächst ein Stück in die Tiefe fallen, um dann in den Angriffsflug überzugehen. Sobald seine Fänge zugepackt haben, gibt es für das Opfer kein Entrinnen mehr. Der Griff ist so stark, daß die meisten Beutetiere auf der Stelle tot sind; entweder durch die nadelspitzen Krallen erdolcht oder am Herzschlag gestorben.
In erster Linie ernährt sich der Kampfadler von Schliefern, jenen merkwürdigen, etwa 50 Zentimeter langen, plumpen Erd-, Fels- und Baumbewohnern (Busch- oder Steppenschliefer, Klippschliefer, Baumschliefer), die sowohl mit Murmeltieren als auch mit Meerschweinchen Ähnlichkeit haben, aber eine eigene, auf Afrika beschränkte — den Elefanten ähnliche — Ordnung bilden. Neben diesen Pflanzenfressern, die in manchen Landstrichen Afrikas mangels natürlicher Feinde zu einer »Plage« geworden sind, stehen Erdhörnchen und Erdmännchen auf der Speisekarte des Kampfadlers. Die Weibchen, wie bei den meisten Greifvögeln um etwa ein Drittel größer als die Männchen, schlagen aber auch gelegentlich ein Dikdik oder ein Steinböckchen. Hühnervögel, Schlangen, größere Echsen und Affen werden ebenfalls als Beutereste unter den großen, meist in der flachen Krone einer Akazie angelegten Horsten gefunden.
Wo die Vögel ungestört bleiben, benutzen sie ihr Nest nicht selten jahrzehntelang. Bei jeder Brut wird angebaut und aufgestockt, so daß die Unterlage mehr als zwei Meter in der Höhe und im Durchmesser betragen kann. Zwischen April und Juli legt das Weibchen meistens nur ein Ei, das es allein etwa 45 Tage lang bebrütet. Die Nestlingszeit der Jungen beträgt 100 Tage, und in dieser langen Zeit trägt das Männchen die Hauptlast der Versorgung. Bei der Suche nach Beute verlegen sich die Vögel auch auf Segelflüge, in deren weite Kreise sie hin und wieder, wie der Mäusebussard, kleine Rüttelpartien einschieben. Beim fliegenden Vogel kann man von unten besonders deutlich das vom dunkelbraunen Hals klar abgesetzte helle Brust- und Bauchgefieder mit seinen braunen Flecken erkennen, ein sicheres Ansprechmerkmal. Bei den Weibchen ist die Fleckung stärker.
Die Vögel wurden früher stark verfolgt, weil man ihnen gelegentliches Schlagen von Schaf- und Ziegenlämmern anlastete. Daher gibt es in seinem einstmals großen Verbreitungsgebiet vom Südrand der Sahara bis zum Kap der Guten Hoffnung beträchtliche Lücken. Heute wäre man in vielen Gegenden Afrikas froh, wenn es mehr Kampfadler gäbe, um die Schliefer kurzzuhalten. Bei durchweg nur einem Jungvogel jedoch sind in vielen Ländern, trotz der Schutzbestimmungen, die Aussichten schlecht, die Zahl zu vergrößern. In den Nationalparks sieht man den Kampfadler noch einigermaßen häufig, vor allem dort, wo die Landschaft aus Buschsteppe und lichten Wäldern besteht. In den dichtbewaldeten Partien Westafrikas gibt es ihn nicht. Dort und in anderen waldreichen Gegenden lebt an seiner Stelle der etwa gleich große Kronenadler, der sich zu einem Großteil von Affen ernährt. Im Vergleich mit dem Kampfadler hat er rundere Flügel und einen längeren Schwanz. Bei der Jagd in den Baumwipfeln zeigt er trotz seiner Größe eine bewundernswerte Schnelligkeit und besonderes Geschick.
Gemeinsam mit dem Kronenadler stellt der Kampfadler einen besonders draufgängerischen Greifvogeltyp in der vielseitigen Schar der afrikanischen Krummschnäbel dar. Sein Name bezeugt es.

Kampfadler auf seinem Ausguck (Zimbabwe)

Tüpfelhyänen

Mit »Tempo 65« durch die Steppe

Der nächtliche Jagdausflug scheint für die Tüpfelhyäne nicht erfolgreich gewesen zu sein. Sonst würde sie eine halbe Stunde nach Sonnenaufgang allenfalls in der Nähe von Resten ihrer Beute liegen, statt mit aufgestellten Ohren durch das südafrikanische Buschland zu streifen. Hätte sie aber ein Gnu- oder ein Kudukalb oder gar — im Verbund mit anderen — ein halbwüchsiges Zebra oder eine Kuhantilope (Hartebeest) gerissen und wäre sie jetzt auf dem Weg zurück in den Bau, so sähe sie anders aus. Dann würde der Bauch tief durchhängen und dem Tier ein plumpes Aussehen verleihen. Wenn nämlich der Tisch reich gedeckt ist, schlagen sich die Hyänen den Bauch so voll es irgend geht, um sich für einige Zeit auf die faule Haut legen zu können. Nicht selten haben sie sich das Ausruhen verdient, denn ihr Ruf, sie lebten allein von der Arbeit anderer und vertrieben Gepard, Leopard oder Löwe von deren Beute, entspricht nicht den Tatsachen.
Den größten Teil ihrer Nahrung erjagen sich die Hyänen. Waren sie früher als Aasfresser angesehen, so haben vielfältige Untersuchungen in jüngerer Zeit ergeben, daß besonders die Tüpfelhyäne (auch Gefleckte Hyäne genannt) nachts in der Grassteppe oder im Buschland kilometerlange Beutezüge unternimmt. Meistens gehen die bis zu 90 Zentimeter hohen und mehr als 80 Kilogramm schweren Tiere in einer Gruppe auf die Pirsch. Haben sie ein Opfer ausgemacht, so überraschen sie es entweder oder sie versuchen, es während einer Verfolgung zu greifen und niederzuziehen. Ausgewachsene gesunde Antilopen und Gazellen sind zwar meistens schneller, doch können Tüpfelhyänen immerhin eine Geschwindigkeit von 65 Kilometern in der Stunde erreichen. Sie genügt, in einer in Panik geratenen Gnuherde ein Tier zu packen. Zumal die Hyänen — wie andere Jäger dieser Art auch — taktisch operieren: Während einige das Opfer verfolgen, schneiden andere ihm den Weg ab. Haben die Jäger ihre Beute erst einmal gepackt, dann gibt es selten Rettung. Das Gebiß der Hyänen ist so scharf und die Kiefer sind so kräftig, daß sie mühelos sogar Gelenke und Knochen zermalmen. Dennoch wurde gelegentlich beobachtet, daß eine Elenantilope oder ein Zebrahengst ein halbes Dutzend Hyänen in die Flucht schlug.
Zu Verteidigungsschlachten kommt es mitunter, wenn die Hyänen ein Jungtier zu erbeuten versuchen. Dann gehen die Alttiere im Verbund mit gesenkten Hörnern oder trommelnden Hufen auf die Angreifer los und tragen nicht selten sogar den Sieg davon. Dennoch ist die Zeit, in der vegetarisch lebendes Wild seine Jungen zur Welt bringt, für die Hyänen am ergiebigsten. Solchem Aderlaß begegnet der Großteil der gehörnten Steppenbewohner, indem sie ihre Jungen innerhalb weniger Tage zur Welt bringen und auf diese Weise das »Angebot« so groß machen, daß die Hyänen nur einen Bruchteil davon nehmen können.
Der nach hinten abfallende Körper, das meistens struppige Fell und die Tatsache, daß man sie häufig in der Nähe eines Kadavers trifft, haben dazu beigetragen, daß die Hyänen nicht besonders hoch in der Gunst des Menschen stehen. Wer schließlich gesehen hat, in welch kurzer Zeit ein Rudel ein Tier töten, zerreißen und fressen kann, dem mögen sie vielleicht sogar zuwider sein. Zu Unrecht, denn auch sie erfüllen ihre biologische Funktion, weil sie eine Übervermehrung mancher Wildart verhindern und durch das Reißen kranker Tiere den Seuchen Einhalt gebieten. Zusammen mit Schakalen und Geiern beseitigen sie Kadaver. Das aber ist nur eine der »positiven« Seiten dieser Tiere, die trotz einer gewissen Ähnlichkeit nicht mit den Hunden verwandt sind.
Geradezu liebenswert erscheint die Hyäne demjenigen, der sich in der Nähe ihres unterirdischen Baues (den die Tiere entweder von Erdferkeln übernehmen oder selbst scharren) aufhält und Einblick in ihr Familienleben nimmt. Um die ein bis drei Jungen, die nach einer Tragzeit von etwa 110 Tagen mit schon offenen Augen geboren werden, kümmert sich nicht nur die Mutter, sie werden auch von anderen weiblichen Tieren der Nachbarschaft fürsorglich behandelt. Die erwachsenen Rüden werden in den ersten Lebenswochen des Nachwuchses von den Weibchen auf Distanz gehalten. Wenn die Mutter länger als eine Nacht auf Jagd ist, nimmt die Großfamilie sich der Kleinen an, doch werden diese nicht von anderen Weibchen gesäugt. Kehrt die Mutter nicht zurück und sind die Welpen noch auf Muttermilch angewiesen, dann kommen sie um.
Während die Tüpfelhyänen meistens in Gruppen zusammen leben, ziehen die beiden Verwandten, die im südlichen Afrika beheimatete Braune oder Schabrackenhyäne und die im nördlichen Afrika und im südlichen Asien lebende Streifenhyäne, überwiegend als Einzelgänger oder paarweise durch ihr Revier. Die Braune Hyäne heißt in Südafrika auch »Strandwolf.« Diesen Namen verdanken die selten gewordenen Tiere ihrer Angewohnheit, die Strände an der südwestlichen Küste auf angeschwemmtes Gut, vor allem Kadaver von Robben und Fischen, regelmäßig zu kontrollieren. Die Braunen Hyänen wurden auf Farmland so stark verfolgt, daß sie in weiten Landstrichen ihres ohnehin nicht sehr großen Verbreitungsgebietes mittlerweile ausgerottet sind. Beide, die Braune Hyäne und die Streifenhyäne, lassen sich nicht so häufig blicken wie die Tüpfelhyäne, da sie fast nur nachts unterwegs sind. Die Tüpfelhyänen, die in Afrika südlich der Sahara mit Ausnahme von Südafrika in allen Steppengebieten vorkommen, machen darüber hinaus durch vielfältige Lautäußerungen auf sich aufmerksam. Eine afrikanische Nacht im Safari-Camp ist ohne das »Gelächter« der Tüpfelhyänen kaum vorstellbar. Das hohe, weitklingende Kichern der Jäger ist meistens der Beweis dafür, daß ihre Anstrengungen Erfolg hatten und sie ein Tier gerissen haben. Während sie gierig die Fleischbrocken aus ihrem Opfer reißen, macht sich ihre Erregung in Gekecker und Gekicher Luft. Sie täten besser daran, ihre Mahlzeiten leise zu genießen, denn für Löwen ist das von manchen Menschen als schaurig empfundene Konzert der Hinweis, daß es bei den Hyänen etwas zu holen gibt. Während früher die Meinung vorherrschte, daß die Hyänen den Löwen die Beute abnähmen, haben langjährige Freilanduntersuchungen in Ostafrika bewiesen, daß es meistens genau umgekehrt ist. So geschieht es nicht selten, daß sich ein Hyänenrudel zwei- oder dreimal während einer Nacht an die Verfolgung eines größeren Huftieres machen muß, wenn die Tiere nicht am nächsten Tag hungern wollen. Zwar versuchen sie dort, wo sie ungestört sind, auch bei Helligkeit ihr Jagdglück, doch ist das Wild dann mehr und mehr auf der Hut. Und die Möglichkeit, die Beute teilen oder gar abgeben zu müssen, ist noch größer: Sie werden nicht nur gehört, sondern auch gesehen.
In Nationalparks und Schutzgebieten, in denen sie nicht — wie auf Farmland — verfolgt werden, haben die Tiere, deren geflecktes Fell im Grundton von Hellgelb bis Dunkelbraun variieren kann, ziemlich lange Gelegenheit, zur nächtlichen Unterhaltung beizutragen: Sie können mehr als vierzig Jahre alt werden.

Tüpfelhyäne kurz nach Sonnenaufgang (Botswana)

Zwergmanguste beim Trocknen ihres taunassen Fells (Zimbabwe)

Mangusten

Die Familie geht ihnen über alles andere

Gibt es in mitteleuropäischen Breiten für manchen Beobachter gelegentlich schon Schwierigkeiten, die wenigen kleinen Raubtiere wie Marder, Iltis und Wiesel auseinanderzuhalten, so ist in Afrika selbst der erfahrenste Zoologe von einer einzigen Kleinräuberfamilie überfordert: Die Mangusten oder Ichneumons, Angehörige der großen Familie der Schleichkatzen, haben quer über den Kontinent derart viele Unterarten entwickelt, daß nicht einmal eine exakte Zahlenangabe möglich ist. Sie differiert zwischen 50 und 100, und nimmt man die asiatischen Verwandten hinzu, so kommt man auf mehr als 150 Unterarten, die wiederum in ungefähr 30 Arten zusammengefaßt sind. Kein Wunder, daß es immer wieder Verwechslungen und mitunter sogar wissenschaftliche Dispute über das Vorkommen dieser oder jener Unterart gibt.
Mancher Vertreter der durchweg putzig anmutenden Tierchen ist noch weitgehend unerforscht, und die Beschreibungen müssen sich bei ihnen auf Vermutungen beschränken. Andere Angehörige der großen Sippschaft dagegen führen ein derart öffentliches Familienleben und das auch noch besonders aktiv am Tage, daß ihr Verhalten und ihre Lebensweise bekannt sind. Nicht zuletzt haben dazu auch jene Tiere beigetragen, die in den zoologischen Gärten zu beobachten sind. Wo sie genügend Platz haben, benehmen sie sich in der Gefangenschaft ähnlich wie in der afrikanischen Baum- und Busch-Steppe. Sehr auffallend ist der starke Familienzusammenhalt der Tiere, deren Größe bei den Arten zwischen 20 und gut 60 Zentimetern Körperlänge liegt. Es ist eine Seltenheit, eine Manguste alleine zu sehen. Mindestens zu zweit, manchmal aber gar in einem Klan von dreißig und mehr Mitgliedern durchstreifen sie auf ihren Beutezügen und Wanderungen das Gras.
Besonders gesellig zeigen sich die kleinsten unter den Mungoverwandten, die Zwergmangusten. Überquert eine die Straße, so kann man sicher sein, daß eine Kette von Familienmitgliedern fein säuberlich im Gänsemarsch folgt. Es wurden schon mehr als 50 dieser 20 bis 30 Zentimeter langen Pelzträger hintereinander beobachtet. In solchen Verbänden, an deren Spitze das ranghöchste Weibchen und ihr männlicher Partner stehen, sind sämtliche Generationen vertreten. Da die Weibchen mit einer Tragzeit von weniger als zwei Monaten mehrfach im Jahr zwei bis drei Junge zur Welt bringen können, leben viele »Würfe« zusammen. Dabei übernehmen die Geschwister häufig die Pflege und Betreuung der Jüngeren. In einer Familie von Zwergmangusten werden sogar die Kranken von ihren Angehörigen gepflegt und bevorzugt behandelt. Darüber hinaus tun sich auch verschiedene Großfamilien zusammen, so daß sich zeitweilig ein regelrechter Mangustenstamm bildet.
Es bleibt ein unvergeßlicher Anblick, einen solchen Pulk zu beobachten. Ob die gewandten Tierchen zielstrebig durchs Gelände ziehen oder auf einer bestimmten Fläche nach Beute suchen — mindestens eines von ihnen »macht Männchen«, um die Umgebung zu beobachten. Da ein solches Verhoffen nur wenige Sekunden dauert, herrscht in der Schar ein stetes Auf und Ab. Hinzu kommen ein Hin- und Herhuschen, ein gegenseitiges Berühren, das Putzen, das Erkunden von Erd- und Baumhöhlen (die neben Termitenbauten mit Vorliebe als Wohnung benutzt werden), das kurze Besteigen hochstehender Steine oder Bäume. Das alles wird von zwitschernden Lauten begleitet, mit denen viele Unterarten, besonders aber die Zwergmangusten, Kontakt halten.
Gilt es, ein größeres Opfer zu bezwingen, dann greifen die Mangusten gemeinsam an. Die Liste der Beute reicht, je nach der Größe der Jäger, von Insekten über Amphibien, Reptilien, Vögel (bis zur Größe von Perlhühnern), Vogeleier, Nagetiere, Krebse und Fische bis zu Früchten, Beeren und Wurzeln. Eine besondere Rolle spielt — auch in frühen Sagen und Märchen — der Mungo. Unter diesem Namen sind einige Mangusten in Asien bekannt, vor allem der indische Mungo, dem in Afrika der eigentliche Ichneumon als der größte dortige Vertreter seiner Art am nächsten kommt. Mungos und Ichneumons sind Schlangentöter; der indische Mungo betätigt sich in erster Linie als Kobravertilger. Auch der Ichneumon nimmt es mit großen Giftschlangen auf, wobei ihm sein langes, zottig wirkendes Haarkleid mit dichter Unterwolle als Schutz gegen Bisse dient.
Bei der rund vierzig Zentimeter langen Fuchsmanguste ist es leuchtend braun oder orangegelb, so daß die Tiere in ihrer süd- und südwestafrikanischen Heimat auf sandigem Boden oder im trockenen Steppengras hervorragend an ihre Umgebung angepaßt sind.

Leoparden

Einer überholten Mode geopfert

Hätten nicht so viele Damen oder solche, die sich dafür halten, sein geflecktes Fell zur Schau getragen, es sähe heute besser um eines der schönsten und eigenwilligsten Raubtiere aus. Doch zu viele Leoparden mußten in der Vergangenheit ihren Pelz für den Markt der Eitelkeit hergeben, wurden in Afrika und Asien geschossen, gefangen, vergiftet, als daß die natürliche Reproduktion der schön gezeichneten Beutegreifer diesen Aderlaß hätte ausgleichen können. Obwohl der internationale Pelzhandelsverband seit 1971 das Leopardenfell aus dem großen Angebot genommen und damit einen Beirag zum Schutz der Großkatze geleistet hat, obwohl der Leopard auf Anhang I des Washingtoner Artenschutzübereinkommens steht und in allen Vertragsstaaten damit ein Handelsverbot für ihn gilt, gibt es doch immer wieder Pelzhäuser, die Leopardenpelze in ihrem Sortiment führen.
Es ist in der Tat die direkte Verfolgung durch den Menschen, die den bis zu 80 Kilogramm schweren Leoparden in weiten Teilen seines einstmals großen Verbreitungsgebietes hat aussterben lassen. Denn mit vielen Veränderungen seiner Umwelt kann sich der Schleichjäger besser abfinden als die meisten seiner Verwandten, etwa der in Mittel- und Südamerika beheimatete Jaguar, der Tiger, der Löwe und auch der Gepard. Das liegt schon daran, daß er von Natur aus in den verschiedensten Lebensräumen zu Hause ist: in der Steppe mit wenig Baumbewuchs, im dichten Regenwald, in der Nähe der Meeresküste genauso wie im Hochgebirge und am Rand der Wüste. Hitze und Kälte scheinen ihm gleichermaßen wenig auszumachen. Berühmt geworden ist ein im ewigen Schnee des Kilimandscharo eingefrorener Leopard. (Der deshalb nicht etwa zum »Schneeleoparden« wird, einer eigenen Gattung innerhalb der Großkatzen, die in den asiatischen Hochgebirgen bis zu einer Höhe von 6000 Metern beheimatet ist und mit dem der eigentliche Leopard weniger verwandt ist als mit Löwe und Tiger.)
Da seine Ansprüche an den ihm zusagenden Biotop so variabel und weit gesteckt sind, konnte sich der Leopard ursprünglich über ein riesiges Gebiet ausbreiten und viele Unterarten

bilden. Bis zum Eiszeitalter kam er sogar in Europa vor. Die mehr als 25 Unterarten von der Mandschurei im Osten über Indien, Kleinasien, Sinai bis zum Kapland im Süden und Kamerun im Westen Afrikas unterscheiden sich zum Teil recht stark in der Größe und in der Färbung des Fells: von düster grau beim Westafrikanischen Waldleoparden über rötlich beim Südafrikanischen und Indischen Leoparden, gelb und okkerfarben beim Nordafrikanischen Leoparden bis zu sehr hell beim Sinai-Leoparden. Bei manchen Unterarten fallen immer wieder einige Tiere vollkommen aus der Reihe: Ihr Fell ist rabenschwarz und nur im Sonnenlicht schimmert die arteigene Fleckung, die an Pfotenabdrücke erinnert, durch. Diese »Schwarzen Panther« sind keine eigenen Arten oder Rassen, sondern Schwärzlinge, die ganz normal leben und sich ebenso vermehren. Auch die Zeichnung des Fells variiert zwischen groß und klein, mit mehr oder weniger »Innenhof« bei den Rosetten. So unterschiedlich die Färbung und Musterung, so verschieden dicht ist auch der Pelz: Beim Eritrea-Leoparden ist das Haar nicht einmal halb so lang wie bei einem der schönsten, dem Amur-Leoparden, der im Amur-Ussuri-Gebiet zu Hause ist.

Leoparden leben — ausgenommen die Zeit der Paarung und der Jungenaufzucht — überwiegend als Einzelgänger und bleiben ihrem einmal erwählten Revier so lange treu, wie es irgend geht. Dabei nimmt mancher von ihnen in Kauf, daß sich sogar eine Großstadt bis an den Rand seines Jagdterritoriums ausdehnt. Ein so stark ausgeprägtes territoriales Verhalten hat Vorteile: Der Jäger, der seine Beute vom Kleinvogel bis zur Antilope entweder durch Anschleichen oder von einem Ansitz herab überrascht, kennt sein Gebiet sehr genau. Sein geflecktes Fell sorgt in jedweder Umgebung für beste Tarnung, ob auf blankem Sand, im Gras, ob zwischen Büschen oder im Geäst einer Akazie. Dort fühlen sich Leoparden am besten aufgehoben — zum Beobachten, zum Schlafen und zum Fressen. In Afrika entgehen sie so häufig der Gefahr, daß ihnen Löwen, Hyänen oder Wildhunde die Beute streitig machen. Wo immer sie es können, schleppen sie ihr Opfer in die Krone eines Baumes. Dabei entwickeln sie gewaltige Kraft. Es wurde schon beobachtet, daß sie Antilopen oder eine junge Giraffe, die schwerer als sie selber waren, ein Stockwerk höher transportierten.

Das große Beutespektrum und die ihm eigene Jagdmethode (kein längeres Verfolgen, kein gemeinschaftliches Jagen mit Artgenossen) ermöglichen es dem Leoparden, auch dort noch zu überleben, wo Löwen und Geparde abwandern oder mit ihren bevorzugten Opfern mitziehen müssen. So stellen sich viele Leoparden, wenn die meisten Gazellen und Antilopen (jahreszeitlich bedingt) andere Weidegründe aufsuchen, auf kleinere Beutetiere um. Mit Vorliebe reißen sie dann Perlhühner. Aber auch Paviane, Schliefer, Mäuse, Ratten und Schakale sind nicht vor ihnen sicher. Selbst ein Gepard kann zum Opfer eines Leoparden werden. Beide Raubkatzen werden immer wieder verwechselt, obwohl sie recht gut auseinanderzuhalten sind: Leoparden sind viel »tiefer« (kurzbeiniger) und gedrungener gebaut, haben einen größeren Kopf, wirken insgesamt massiger, und die Flecken auf ihrem Fell sind an den Flanken nicht wie beim Gepard geschlossene dunkle Punkte, sondern rosettenartige Kreise.

Ein unverwechselbares Signal des Leoparden ist die weiße Unterseite der Schwanzspitze, die ihn häufig beim Davonschleichen verrät. Für die meistens zwei bis drei (gelegentlich bis zu sechs) Jungen, die nach einer Tragzeit von drei bis dreieinhalb Monaten blind geboren werden, sind sie ein wichtiger Wegweiser, wenn sie nach einigen Monaten der Mutter oder dem Vater folgen.

Im Gegensatz zum Gepard jagen Leoparden überwiegend nachts. Morgens setzen sie sich dann gerne auf Felsen, Termitenhügel oder umgestürzte Bäume, um ihr vom Tau naß gewordenes Fell in der Sonne trocknen zu lassen. Das ist die beste Gelegenheit, überhaupt mal einen Leoparden in freier Wildbahn zu Gesicht zu bekommen. Meistens ist es umgekehrt: Der Leopard sieht den Menschen längst, bevor dieser ihn entdecken kann, und zieht sich entweder unauffällig zurück oder vertraut — meistens mit Erfolg — auf sein geflecktes Fell, dessen Farbe und Zeichnung alle Konturen auflösen. Eine andere Gelegenheit, Leoparden zu beobachten, läßt sich schaffen, indem man ihre Schwäche für einen ausgelegten Köder nutzt: So wird nicht nur in manchen Safari-Lodges den Gästen der gefleckte »Räuber« vorgeführt, sondern so erlegt auch mancher Jäger oder Wilderer die schöne, starke Katze vom Ansitz aus. In manchen afrikanischen Staaten greifen auch die Farmbesitzer zur Selbsthilfe, um — wie sie sagen — nicht zu viele Schafe, Ziegen und deren Lämmer oder gar halbwüchsige Rinder und Kälber einzubüßen. Nicht zuletzt den Viehhaltern ist es — neben den Pelzjägern — zuzuschreiben, daß in weiten Gebieten Afrikas und Asiens der Leopard ausgestorben ist.

Leopard im von Elefanten zerstörten Busch (Südafrika)

Ihre Jungen müssen ständig auf der Hut sein

Während die vier Jungen tranken, beobachtete die Gepardin in der südwestafrikanischen Buschsteppe unaufhörlich die Umgebung des Wasserloches. Jetzt, da sich die etwa zwei Monate alten Katzenkinder trollen, kann auch die Mutter ihren Durst stillen — nicht ohne immer wieder den Kopf aufzuwerfen und rundum zu sichern, denn sie muß für ihren noch lange nicht selbständigen und genügend schnellen Nachwuchs ständig auf der Hut sein: Löwen, Leoparden, Hyänen und Wildhunde sind ihnen gefährliche Feinde. So währt denn auch der Aufenthalt am vielbesuchten Trinkplatz mit den kahlgetretenen Ufern nur kurz. Nach wenigen Minuten sind die Katzen im nahen Dorngestrüpp verschwunden, haben sie sich an einem schattigen Platz niedergelassen.

Im Gegensatz zu den verwandten Großkatzen jagen und wandern Geparde tagsüber. Das ist auch ihre Chance, nicht allzu häufig auf die anderen zu treffen, die überwiegend in der Dämmerung und in der Dunkelheit aktiv sind. Wenn dennoch weniger als die Hälfte aller jungen Geparde drei Monate alt werden, so ist das in erster Linie den schon genannten Raubtieren, den Löwen, Leoparden, Wildhunden und Hyänen, zuzuschreiben, allen voran den Tüpfelhyänen. In ihren ersten Lebenstagen können die jungen Geparde sogar das Opfer von Schakalen werden: Sie wiegen bei der Geburt wenig mehr als ein halbes Pfund und sind anfangs blind und hilflos. Um auf die Jagd gehen zu können, muß die Mutter ihre Jungen (in der Regel zwei bis sechs, selten bis zu acht) in einem Versteck zurücklassen. Wenn dann einer der fuchsgroßen Schabrakkenschakale zufällig die kleinen Geparde findet, ist es um sie geschehen. Damit die Mutter durch wiederholtes Aufsuchen derselben Stelle nicht den Aufenthaltsort verrät, trägt sie die Jungen anfangs häufig, manchmal sogar täglich, anderswo hin. Dabei packt sie die Kleinen einzeln mit den Zähnen im Genick.

Bei der Geburt sind die Jungen fast schwarz. Im Alter von zehn Tagen etwa, wenn sich die Augen zum ersten Male öffnen, beginnt auf ihrem Rücken eine helle, fast silbrig scheinende Mähne zu wachsen. Diese Farbe läßt sie in

Gepardin mit vier Jungen an der Tränke (Namibia)

den folgenden Wochen nicht nur größer erscheinen, als sie sind, sie verleiht ihnen im Steppengras auch eine gute Tarnung. Nach einem knappen Vierteljahr jedoch verliert sich jene Verzierung, und auf dem Fell erscheint allmählich das typische Fleckenmuster, die charakteristische Zeichnung, die früher so viele Geparde das Leben gekostet hat, weil das Fell ein Modeartikel war. Obwohl die Geparde heute im Anhang I des Washingtoner Artenschutzübereinkommens stehen und damit streng geschützt sind, werden sie doch immer wieder gewildert oder sogar legal geschossen. In Namibia zum Beispiel ist das Jagen dort noch möglich, wo der Gepard nachweislich Schaden unter Schafen anrichtet — eine Regelung, deren Einhaltung so gut wie nicht kontrolliert werden kann.

Zwar gibt es im Südwesten Afrikas heute die größte »Dichte« von Geparden, doch ist ihr Bestand auch dort — wie überall in dem einstmals großen Verbreitungsgebiet — klein geworden. Fachleute sagen, daß sich die Zahl in den vergangenen beiden Jahrzehnten jeweils halbiert hat, so daß heute in ganz Afrika nur noch etwa 15000 Geparde leben. In Indien, wo sie einstmals weit verbreitet waren und in früheren Jahrhunderten sogar zur Jagd abgerichtet wurden, sind sie seit mindestens dreißig Jahren ausgestorben. Ob in Vorderasien und in Nordafrika noch einige wenige überlebt haben, das wird von Experten bezweifelt, da von dort schon lange sichere Nachweise nicht mehr gekommen sind.

Nicht nur die Nachstellung durch den Menschen, auch der Verlust von Lebensraum als Folge der Ausbreitung von Siedlungen und der damit verbundenen Intensivierung von Ackerbau und Viehzucht machen dem Gepard zu schaffen. In den Nationalparks sind es sogar die Safari-Touristen, die — sofern es erlaubt ist, die Wege mit dem Auto zu verlassen — die schlanken, hochbeinigen Katzen belästigen, indem sie ihnen ständig folgen: So werden die Tiere bei der Jagd behindert. Um ihre Beute, meistens Gazellen und kleinere Antilopen (in Ostafrika Thomson-Gazellen, im Süden Afrikas Impalas oder Springböcke), aber auch Gnus und Kleintiere wie Hasen, zu reißen, bedienen die Geparde sich einer speziellen Methode: Bis auf etwa 100 Meter schleichen sie sich an ihr Opfer heran, und dann greifen sie mit sehr großer Geschwindigkeit an. In nur zwei Sekunden kommen sie aus dem Stand auf etwa 70 Kilometer in der Stunde, kurz darauf sind sie noch einmal um gut die Hälfte schneller. Die überproportional lang wirkenden Läufe können den schlanken Körper aber nur über eine kurze Distanz derart schnell vorantragen. Ist das Beutetier nach spätestens 500 Metern nicht gepackt, muß der Gepard aufgeben und sich — völlig erschöpft — erst einmal ausruhen. Auch dann, wenn die Verfolgung erfolgreich verläuft, braucht er Zeit, sich von der Anstrengung zu erholen. Nicht selten ist er derart außer Atem, daß er Mühe hat, die Beute zu töten. Da seine Kiefer und sein Gebiß zu schwach sind, um dem Opfer mit einem einzigen Biß das Leben zu nehmen, muß er es fast immer erwürgen. Dies dauert fünf Minuten und länger.

Nicht nur von neugierigen Menschen werden die in ostafrikanischen Nationalparks zuweilen zutraulichen Geparde bei der Jagd und beim Fressen der Beute gestört. Häufig genug auch bringen Löwen oder Hyänen sie um den Lohn ihrer Jagd; gelegentlich tun das sogar die Geier. Daher versuchen die gefleckten Katzen mit dem kleinen Kopf so schnell wie möglich soviel wie möglich hinunterzuschlingen. Im Alter von drei Wochen erhalten die Jungen von der Mutter zusätzlich zur Milch das erste Fleisch. Bis sie selbständig Beute reißen können, dauert es fast ein Jahr. Auch danach bleibt die Familie noch zusammen, manchmal bis zu 18 Monaten. So lange hält die Mutter ständig die Kinder an, die Jagdmethoden noch zu verbessern. Das Jagen beginnt mit der Wahl eines erhöhten Ausgucks (Termitenhügel, umgestürzte Bäume, Felsen). Dann folgt das manchmal mehr als drei Stunden dauernde Anschleichen. Schließlich gilt es, den richtigen Zeitpunkt und die optimale Entfernung für den Angriffsspurt zu wählen und das einmal anvisierte Opfer selbst dann konsequent zu verfolgen, wenn plötzlich ein anderes Tier in der Herde näher ist. Die Überwältigung der Beute und das Anbringen des richtigen Würgegriffs müssen ebenfalls gekonnt sein.

Doch selbst bei bester Beherrschung der Technik gelingen nur zwei bis drei von zehn Jagdunternehmungen. Dort, wo sich Antilopen und Gazellen auf Wanderungen begeben, folgen ihnen die Geparde über große Entfernungen. Die erwachsenen Tiere, die niemals eine längere Zeit paarweise zusammen leben, sondern nur als Geschwister (mit oder ohne Mutter) Jagdgemeinschaften bilden, haben keine so festen Reviere wie etwa ein Leopard. Dennoch kommt es vor, daß ein fremder Gepard von einer Familie seiner Artgenossen getötet wird, wenn er versucht, sich in gerade von dieser besetzten Jagdgründen niederzulassen und auf Drohgebärden der anderen hin nicht abzieht.

Löwen

Nur noch in Nationalparks zu Hause

Die beiden Löwinnen können sich auf ihre Jagdgenossin verlassen. Tief ins Steppengras gekauert warten sie darauf, daß in die Gnuherde etwa 500 Meter vor ihnen Bewegung kommt. Doch das kann noch lange dauern. Denn die dritte Löwin muß einen weiten Bogen schlagen, um die ins Auge gefaßte Beute nicht vorzeitig zu beunruhigen und zur Flucht in die falsche Richtung zu veranlassen. Nach mehr als zwei Stunden werfen plötzlich die ersten Gnus auf, ihr lautes Schnauben und Grunzen ertönt. Kurz darauf stürzen sie in Panik davon, genau auf die beiden Löwinnen zu, die gegen den Wind lauern. Mit langen Sätzen folgt die zutreibende Löwin, doch die Arbeit erledigen zunächst die anderen beiden: Als die Gnus wenige Meter vor ihnen sind, schnellen sie nach vorne, und jede springt eins der flüchtenden Tiere an. Da beide »Wildebeest« noch nicht ausgewachsen sind, gibt es nur einen kurzen Kampf. Erschöpft von der kurzen, aber intensiven Anstrengung lassen sich die drei Tiere neben ihren Opfern erst einmal nieder. Noch bevor sie wieder regelmäßig atmen, kommen sie in Bedrängnis. Zwei Löwen, Mitglieder desselben Rudels, zu dem auch die Jägerinnen gehören, sind aufgetaucht, und jeder macht sich, knurrend und fauchend, über eins der Gnus her.

So ist es meistens: Die Weibchen jagen, die Männchen kommen als erste in den Genuß des Erjagten. So friedlich und harmonisch es in einer Löwengruppe zugeht, wenn sie im Schatten einer Akazie ausruht, so unleidlich benehmen sich selbst Geschwister untereinander, wenn es ums Fressen geht. Da gilt das Recht des Stärkeren. Vergessen ist dann auch die zärtliche Fürsorge der Mütter ihren Kindern gegenüber. Gibt es nicht genug Beute, haben die Jüngeren und Schwächeren das Nachsehen. Nicht wenige Junglöwen verhungern, manche werden sogar von stärkeren Artgenossen gefressen. Nach einer Tragzeit von dreieinhalb Monaten ziehen sich die Löwinnen zur Geburt ihrer meist zwei bis drei (seltener nur eins, vier oder fünf) Jungen vom Familienverband zurück und führen die in ihren ersten Lebenstagen blinden und nur 500 Gramm leichten Kinder erst im Alter von fünf bis

Löwe, Löwin und ein Junglöwe in der Etoscha Pfanne (Namibia)

sieben Wochen zum Rudel. Obwohl dort die Weibchen stets in der Überzahl sind, gilt das Patriarchat. Jeweils ein oder zwei Löwen, bei großen Rudeln auch mehr, herrschen über die gesamte Sippe. Doch dauert das Herrenleben oft nur zwei, drei Jahre, dann werden die »Häuptlinge« von jüngeren Männchen entthront und müssen die Gemeinschaft verlassen.
Ein solcher Regierungswechsel ist nicht nur grausam für die bisherigen Paschas, sondern auch für die Jungen des Rudels. Verschiedene Beobachter haben davon berichtet, daß die neuen Männchen als erstes alle Jungen im Rudel, die ja von den vertriebenen Artgenossen stammen, töten. Damit erreichen sie, daß die Löwinnen schnell wieder paarungsbereit sind. Führt die Löwin hingegen eine Jungenschar, so dauert es eineinhalb bis zwei Jahre, bevor sie wieder »in Hitze« gerät.
Jedes Löwenrudel hat ein eigenes Revier, das entsprechend dem Beuteangebot einige Dutzend oder einige hundert Quadratkilometer umfassen kann. Die Führer — oft sind es Brüder — setzen gerne ihre Stimme ein, um etwaigen Nebenbuhlern ihren Gebietsanspruch klarzumachen. Das eindrucksvolle Brüllen ist — besonders häufig nach Einbruch der Dunkelheit und beim ersten Morgenlicht — bei Windstille weiter als acht Kilometer zu hören. Nicht nur die Stimmgewalt, auch die unterschiedlich starke Halsmähne haben dazu beigetragen, daß der Löwenmann in vielen Geschichten zum »König der Tiere« wurde.
Bis sie so weit sind, daß ihnen die Löwinnen unfreiwillig mehr als dreiviertel aller Mahlzeiten servieren, müssen die Löwen allerdings harte Zeiten überleben. Nach dem Verlassen der Mutter streifen sie als Selbstversorger alleine oder mit den Brüdern außerhalb des Rudels durch die Steppe. Nicht selten machen sich Löwen den Jagderfolg von Hyänen zunutze: Zwölf Prozent ihrer Nahrung beschafften sich die Löwen eines Rudels in der Serengeti, indem sie andere Beutegreifer von ihren Opfern vertrieben. Gäbe es keine Nationalparks in Afrika, so gäbe es sicherlich auch keine Löwen mehr, denn außerhalb der Reservate werden sie nirgendwo geduldet. Daher sind sie auch in weiten Teilen ihres einstmals großen Verbreitungsgebietes ausgerottet. Die letzten asiatischen Löwen — etwa 200 —, leben unter zooähnlichen Bedingungen im Gir Forest auf der nordwestindischen Halbinsel Kathiawer. Sie werden dort regelmäßig gefüttert und haben so die Chance, das Höchstalter von etwa 30 Jahren zu erreichen, was in der Wildbahn kaum einem Löwen beschieden ist.

Schakale

Bei der Jagd zeigen sie Ausdauer

Zwar trollt er sonst lieber trockenen Fußes durch die Steppe, denn größeren Pfützen weicht der Schabrackenschakal mit Bedacht aus. Doch wenn in der Regenzeit weite Teile seines Jagdgebietes unter Wasser stehen, muß er hin und wieder ein nasses Fell, zumindest nasse Läufe in Kauf nehmen. Nur sehr ungern nämlich verlassen die in der Schulterhöhe 40 Zentimeter messenden Verwandten des Hundes die gewohnten Pässe, auf denen sie regelmäßig ihr Jagdrevier kontrollieren. Noch weniger Grund, das Wasser zu scheuen, haben unverpaarte Rüden, die zielstrebig eine Fähe verfolgen. Während der Brautschau, die an keine feste Jahreszeit gebunden ist, sind die Schakale auch tagsüber alleine unterwegs.
Wenn sie auf Jagd oder Beutesuche sind, trifft man die Tiere meistens paarweise oder gar im Familienverband von einem halben Dutzend und mehr Angehörigen. Dann verfolgen sie mit System eine Herde von Springböcken oder anderen Gazellen, in denen sich Junge befinden. Oder sie bedrängen sogar eine Gnumutter, die gerade ihren Nachwuchs zur Welt gebracht hat. Wenn sie bei den vielen Antilopen, Gazellen, Böcken, Duckern und Dikdiks (um die Hauptgruppen der als Beute in Frage kommenden Huftiere zu nennen) auch häufig nicht unmittelbar Erfolg haben, so zählen diese Tiere doch neben allerlei Kleinsäugern, Insekten, Reptilien, Lurchen und Vögeln sowie deren Eiern zur Hauptnahrung.
Zum einen fressen die Schakale mit Vorliebe die Nachgeburten, die zur Setzzeit in Zebra-, Gnu- und Springbockherden reichlich anfallen, zum anderen sind sie neben Hyänen, Geiern und Marabus die Nutznießer von Löwen, Leoparden und Geparden: Haben diese Großkatzen nämlich ein Stück Wild gerissen, so warten die Restevertilger so lange, bis sie an der Reihe sind. Damit leisten sie neben den anderen Beseitigern von Aas einen wichtigen Gesundheitsdienst.
Dennoch sind diese Bewohner Süd- und Ostafrikas nicht sehr beliebt, da sie sich sowohl ans eierlegende Federvieh als auch an die Herden der Schafzüchter heranmachen. In Süd- und Südwestafrika stellen ihnen die Farmer nach; werden nämlich die Schabrackenschakale zu zahlreich, dann sind besonders die Lämmer der Karakulschafe gefährdet.
Dort, wo sie nicht verfolgt werden, legen die mehr dem Wolf als dem Fuchs nahestehenden Tiere ein recht zutrauliches Verhalten an den Tag, während sie in besiedelten Gegenden überwiegend nachts aktiv sind. Dann können sie auf der Suche nach Freßbarem sehr ausdauernd durch Steppe und Busch traben. Die offene Landschaft sagt ihnen am meisten zu. Ebenso wie die im Norden und Osten Afrikas lebenden Streifenschakale meiden die Schabrackenschakale den dichten Wald. Ähnlich halten es auch die Goldschakale, deren Verbreitungsgebiet sich von Ost- über Nordafrika nach Südosteuropa, Vorderasien und in weite Teile Asiens erstreckt. In Ostafrika können sich die Jagdgebiete aller drei Arten überschneiden, ohne daß die Tiere besondere Notiz davon nehmen. Innerhalb der eigenen Art hingegen kommt sehr viel schneller Eifersucht auf.
Ihren Namen verdanken die Schabrackenschakale übrigens der grauen Rückenfärbung, die sie erscheinen läßt, als trügen sie einen Überwurf. Sonst variiert das Fell zwischen Grau, Sandfarben und Braun. Damit sind sie hervorragend getarnt und können sich häufig ungesehen dicht an ihre Beute heranschleichen.
Die fünf bis neun Jungen, die nach einer Tragzeit von etwa zwei Monaten in einer Erdhöhle zur Welt kommen, sehen anfangs dunkler aus. Auch dann noch, wenn der Nachwuchs selbständig geworden ist, bleibt ein Teil der Sippe zusammen, so daß im Laufe der Jahre einige Generationen auf engem Raum miteinander auskommen, wobei aber jedes Paar einen bestimmten Eigenbezirk für sich beansprucht. An den Kadavern von Großwild in Nationalparks und Reservaten lassen sich nicht selten 30 bis 50 Schakale beobachten. Neben den Hyänen sind die Schabrackenschakale für ihre nächtlichen Konzerte bekannt, mit denen sie sich zusammenrufen und bei der Jagd Kontakt halten. Nach Art der Wölfe verfolgen sie oft ein bestimmtes (meistens krankes oder behindertes) Stück Wild, bis es derart geschwächt ist, daß es den Hetzern zum Opfer fällt. Wenn sie nicht alle Nahrung auf einmal bewältigen und ihnen die Beute nicht von größeren Jägern abgenommen wird, verscharren die Schakale die Reste in der Erde und holen sie zur nächsten Mahlzeit wieder hervor. Ein Schakal, der keine Not leiden muß, bringt es immerhin auf 15 Kilogramm Gewicht.

Schabrackenschakal beim Durchqueren einer überschwemmten Senke (Namibia)

Warzenschweine

Erdferkel erledigen die Arbeit für sie

Zwar hilft seine braungraue Farbe dem Warzenschwein bei der Tarnung, doch vertraut es nicht allein seinem der Umgebung angepaßten Aussehen. Wie wenige andere seiner Mitbewohner in der afrikanischen Steppe beherrscht es seinen Körper: Scheint ihm Gefahr im Verzug zu sein, so erstarrt es mitten in der Bewegung und kann minutenlang wie angewurzelt ausharren. Nicht einmal eines der Augenlider klappt. So ruckartig jegliches Leben aus ihm zu entweichen scheint, so plötzlich reagiert es außerordentlich behende, wenn ihm die Bedrängnis zu groß wird. Entweder rast es aus dem Stand mit hoher Geschwindigkeit davon oder es wirft seinen Leib herum und nimmt Frontalstellung ein.
Eindrucksvoll sind beide Reaktionen, das Flüchten eher belustigend, die Angriffspose um so einschüchternder. Laufende Warzenschweine halten ihren dünnen, langen Schwanz, der am Ende eine Quaste hat, wie eine Antenne senkrecht in die Luft. Ihre kurzen Beine bewegen sich unglaublich schnell und gleichmäßig, so daß der Körper überhaupt nicht auf- und abschaukelt. Dadurch scheinen sie fast wie auf Rollschuhen zu laufen. Da die Tiere meistens im Familienverband zusammen leben und die Flucht in strikt eingehaltener Reihe angetreten wird, bietet sich dem Beobachter das Bild einer regelrechten Kette von »Standartenträgern«.
Obwohl sie sehr schnell sind, reicht ihre Geschwindigkeit nicht immer aus, um ihren Feinden zu entkommen. Doch bevor eine Löwin, ein Leopard, einige Hyänen oder gar eine Wildhundmeute ein ausgewachsenes Warzenschwein reißen, müssen sie einigen Mut aufbringen und nicht selten Blessuren einstecken. Sie sehen recht gefährlich aus; doch sind es weniger die langen Hauer aus dem Oberkiefer, mit denen sich Warzenschweine zur Wehr setzen können. Viel erfolgreicher kämpfen sie mit den kürzeren Stoßzähnen des Unterkiefers, die durch das dauernde Aneinanderreiben mit den oberen Zähnen messerscharf werden.
Um nicht zu häufig in brenzlige Situationen zu geraten, halten sich Warzenschweine mit ihren drei bis sechs Jungen am liebsten im Umkreis von nur einigen hundert Metern von ihrem unterirdischen Bau entfernt auf. Im Alarmfall rasen sie zur Erdburg; die Mutter voran, dann die Ferkel und zum Schluß der Keiler, sofern er dabei ist. Die Kinder verschwinden als erste, mit den Köpfen voran. Die Alten jedoch drehen sich blitzschnell um und rutschen rückwärts in den Bau, damit sie einem nachfolgenden Feind gleich Paroli bieten können. Diese Form des »Einfahrens« ist auch deshalb nötig, weil die Baue manchmal so eng sind, daß ausgewachsene Tiere es nicht schaffen, sich darin umzudrehen. Keiler können bis zu 150 Kilogramm schwer werden, die Bachen erreichen das halbe Gewicht.
Für ihre Behausungen machen sich die Warzenschweine gerne die Arbeit der Erdferkel zunutze. Diese trotz ihres Namens mit den Schweinen nicht verwandten »Röhrenzähner« verstehen sich besonders gut aufs Graben, denn sie ernähren sich von Termiten und Ameisen, die sie aus ihren Hügeln und Bauen herausholen. Da die nachts aktiven Erdferkel mit ihren etwa 70 Kilogramm Gewicht ähnlich große Wohnungen anlegen, wie die Warzenschweine sie brauchen, sparen sich letztere häufig die Mühe oder erweitern nur noch die Tunnel und Kessel. Sie hausen nämlich gerne zu mehreren Generationen in einem Bau zusammen und benötigen daher mehr Platz als die einzeln lebenden Erdferkel.
Für die Geburt der Frischlinge benutzen die Warzenschweine einen eigenen, besonders tief gelegenen Kessel. Hier herrschen große Hitze und hohe Luftfeuchtigkeit — nur in den Zoos, wo beides für die Geburt gewährleistet ist, gedeiht der Nachwuchs auch in der Gefangenschaft. In freier Wildbahn verlassen die Jungen erstmals nach ungefähr zehn Tagen mit ihrer Mutter den Bau. Da die Tiere nur am Tag auf Nahrungssuche gehen, sind die Kleinen vielen Gefahren ausgesetzt. Selbst Adler greifen sich zuweilen eines. Nur die Hälfte des Nachwuchses wird älter als ein halbes Jahr.
Die Gras- und Buschsteppen von Mittel- und Ostafrika bis hinunter zum nördlichen Südafrika sind der Lebensraum der »Warthogs«. Ihr nicht gerade schönes Aussehen, bei den Keilern durch jeweils zwei besonders große Warzen unter den Augen verstärkt, machen sie durch ihr putzig wirkendes Gehabe wett. Auf besonders originelle Weise nehmen sie ihre Mahlzeiten ein: Um beim Grasrupfen und dem anschließenden Zermahlen ihren Kopf waagerecht und damit in »Habachtstellung« halten zu können, knien sie sich gerne nieder. Ihre vorderen »Handgelenke« sind dafür mit dicken Schwielen versehen.

Warzenschweine auf der Flucht (Botswana)

Jede Deckung wird ausgenutzt: Rappenantilope (Zimbabwe)

Rappenantilopen

Zum Kämpfen gehen sie in die Knie

Aus den vielen Arten von Antilopen, deren Ursprung in Zentralasien vermutet wird, die aber heute vor allem in Afrika beheimatet sind, ragt die Rappenantilope nicht nur wegen ihrer Schönheit, sondern auch wegen ihrer Wehrhaftigkeit hervor. Die rot- und dunkelbraunen bis pechschwarzen Tiere mit der auffälligen Gesichtszeichnung führen zwar ein recht »soziales« Herdenleben, doch können sie sowohl untereinander als auch gegenüber andersartigen Antilopen und erst recht gegenüber Feinden aggressiv werden. Vor allem während der Brunft lassen Bullen nicht mit sich spaßen. Ihre im weiten Bogen nach hinten geschwungenen Hörner, die mehr als eineinhalb Meter lang werden können (und bei Jägern als Trophäen hoch im Kurs stehen), sehen zwar imponierend aus, doch sind sie als Stichwaffe weniger geeignet. Daß dennoch ein ganzes Löwenrudel vor einer gereizten Rappenantilope Reißaus nimmt und daß der Leopard oder eine Meute von Wildhunden gar nicht erst einen Angriff wagen, das liegt an dem außergewöhnlichen Temperament, mit dem diese Antilope das bewehrte Haupt als Schlag- und Stoßinstrument einsetzt. Immerhin können alte Bullen die Schubkraft von gut 250 Kilogramm dahintersetzen; hinzu kommt die den Rappenantilopen trotz ihrer Körpergröße von 120 bis 140 Zentimetern eigene Schnelligkeit. Über welche Reaktionsfähigkeit und Körperbeherrschung die zu den Pferdeböcken zählenden Antilopen verfügen, wird bei einem Turnier von rivalisierenden Bullen deutlich: Zunächst gehen sie im Stechschritt aufeinander los und umkreisen sich; auf jede Bewegung des einen reagiert der andere unmittelbar, bis sich plötzlich beide auf die Knie fallen lassen und sich wie Ringkämpfer umzuwerfen und fortzuschieben versuchen.

So hoch die Staubfontänen bei solchen Kämpfen auch steigen und so laut die Hörnerfronten zusammenschlagen — Verletzungen sind bei dieser ritualisierten Auseinandersetzung selten. Der Schwächere gibt nach einiger Zeit auf und überläßt dem Rivalen das — etwas hellere und ebenfalls hörnertragende — Weibchen oder ein ganzes Rudel mit Jungbullen und gelbbraunen Kälbern im Gefolge. Durchweg leben die Antilopen in kleinen Gruppen von fünf bis zwanzig Tieren zusammen, doch vereinigen sie sich in der Trockenzeit zu Herden von achtzig bis hundert Tieren. Im Gegensatz zu manchen anderen Antilopen, die einen Großteil ihres Flüssigkeitsbedarfs mit der (Blätter-)Nahrung decken, müssen die Rappenantilopen regelmäßig trinken. Ihre Äsung besteht zu etwa 90 Prozent aus Gras, das einen nur sehr geringen Wassergehalt hat. Daher versammeln sie sich gern in der Nähe von Flußläufen oder an Wasserstellen. Als Einstand bevorzugen die Rappenantilopen den afrikanischen Busch, denn ihnen sind Dekkung und Schatten gleichermaßen wichtig. Der (noch größere) nächste Verwandte, die Pferdeantilope (Roan-Antilope), ist dagegen häufiger in der offenen Savanne zu sehen.

Nicht nur deshalb, weil sie einigermaßen scheu ist, zeigt sich die Rappenantilope sehr viel seltener als das Gnu, das Zebra, die Giraffe oder der Löwe. Zum einen wird ihr in Ostafrika einst vom Nordtransvaal bis zum Viktoriasee und im Westen über Botswana bis nach Angola reichendes Verbreitungsgebiet immer stärker eingeschränkt, und zum anderen werden die Bestände auch dort, wo diese Tiere zu Hause sind, immer kleiner. So ist zum Beispiel zur Zeit nicht bekannt, ob es in Angola überhaupt noch die dort einstmals verbreitete Unterart der Riesenrappenantilope gibt. Sie trägt besonders lange und kräftige Hörner und ist noch dunkler als die östlichen »schwarzen Pferdeantilopen« (wie die Rappenantilopen früher auch genannt wurden).

Noch eine Bemerkung zum Namen: Die englische Bezeichnung — und sie hört man in Afrika meistens zuerst — lautet Sable Antilope, was immer wieder mit Säbelantilope übersetzt wird; die Säbelantilope aber gehört zur Gattung der Oryx (Spießböcke) und lebt in der Sahara.

In einigen afrikanischen Nationalparks, vornehmlich im Süden des Erdteils, unternimmt man besondere Anstrengungen, sowohl den Rappenantilopen als auch den Pferdeantilopen (Roan-Antilopen) geeignete Reviere und die notwendige Ruhe zu verschaffen. Beide Antilopenarten reagieren nämlich empfindlich auf Störungen und Eingriffe in die Landschaft. Vor allem vertragen sie die Gemeinschaft mit Weidevieh nicht.

Buntböcke

Eine sichere Bleibe für die letzten ihrer Art

Wenn es in Europa für viele der freilebenden Tiere im Winter um das Überleben geht, ist für das Wild in großen Teilen Afrikas die beste Zeit angebrochen. In und nach der Regenzeit gibt es sowohl genügend Wasser als auch Nahrung. So können sich die Tiere in den Nationalparks gleichmäßig verteilen, sind sie nicht, wie in der Trockenzeit, auf wenige künstliche oder natürliche Tränken und deren Umgegend angewiesen. Paarungs- und Tragzeiten der Arten sind so auf die Vegetationsperioden eingestellt, daß die Jungen dann geboren werden, wenn der Tisch reich gedeckt ist, wenn hohes Gras samt belaubten Büschen eine zusätzliche Deckung bietet.

Die südafrikanischen Buntböcke machen da keine Ausnahme. Jedes Kalb dieser Kuhantilopen, das zwischen August und Oktober nach einer Tragzeit von 235 Tagen geboren wird, trägt dazu bei, den Bestand einer noch vor wenigen Jahren äußerst gefährdeten Tierart zu vergrößern. Um 1960 gab es nur noch etwa 500 Exemplare der besonders auffällig und schöngezeichneten Buschfeldbewohner in der Kapprovinz. Es wurde für sie 250 Kilometer östlich von Kapstadt eigens ein Nationalpark, der Buntbock-Nationalpark, eingerichtet. Mittlerweile werden die Tiere auch auf einigen Wildfarmen gehalten, so daß ihre Existenz gesichert erscheint. Die gut damwildgroßen Tiere, die bis zu 100 Kilogramm schwer werden können, waren seit je auf die südwestliche Kapprovinz beschränkt. Sie sollen — im Gegensatz zu ihren nahen Verwandten, den Bleßböcken — nie sehr zahlreich gewesen sein. Um so schneller erreichten es die Buren bei der Besiedlung, daß die Buntböcke in die Gefahr gerieten, ausgerottet zu werden. Das leuchtend rotbraune Fell mit den großen weißen Partien am vorderen Teil des Kopfes, auf dem Hinterteil, unter dem Bauch und an den Läufen mag dazu beigetragen haben, daß die Tiere weithin sichtbar und begehrt waren. Hinzu kam, daß sie nicht sehr scheu, sondern — wie fast alle Kuhantilopen — ziemlich neugierig sind.

Seiten 138/139 *Buntböcke im eigens für sie eingerichteten Nationalpark (Südafrika)*

Ist der letzte wirklich schon geboren?

»Der letzte Elefant ist schon geboren.« Seitdem dieser Satz erstmals vor einigen Jahren in Naturschützerkreisen die Runde machte, ist er häufig wiederholt worden, denn er bezeichnet die gegenwärtige Situation des größten Landsäugetiers auf der Erde kurz und treffend. Ein Elefant, der 1980 geboren ist, kann unter normalen Umständen mindestens das Jahr 2030 erleben. Ein Alter von 50 bis 60 Jahren war in früheren Zeiten für freilebende Elefanten keine Ausnahme. Die Verhältnisse von früher sind aber spätestens seit den sechziger Jahren in Afrika und Asien vorbei. Dort leben die letzten beiden Vertreter einer Tierfamilie, die im Tertiär gemeinsam mit weiteren, inzwischen ausgestorbenen Arten auch in Europa verbreitet war. Wenn sich die Entwicklung der vergangenen zwanzig Jahre fortsetzt, könnte es so kommen, daß weder der Afrikanische noch der Asiatische Elefant das Jahr 2030 in freier Wildbahn erleben.
Auf nur noch (mindestens) 1,3 Millionen Tiere schätzten Dr. Iain Douglas-Hamilton und Ian Parker die Gesamtzahl beim Abschluß einer Studie, die sie im Auftrag der Zoologischen Gesellschaft New York, des WWF und der IUCN von 1976 bis 1979 für 35 afrikanische Staaten durchführten. Die Arbeit der Zoologen dient als Basis für eine Reihe von Schutzprojekten für die Elefanten Afrikas. Denn nur etwa 200000 der 1,3 Millionen Tiere leben in Schutzgebieten. Daß sie auch dort nicht in Ruhe ihr Dasein genießen können, haben viele Beispiele gezeigt. Ein besonders drastisches ist aus Uganda bekanntgeworden: Im dortigen südlichen Kabalega Falls National Park gab es 1966 rund 8000 Elefanten, zehn Jahre später waren es nur noch 1700, und im Jahr 1980 wurden trotz intensiver Suche nicht mehr als 160 Tiere angetroffen. Innerhalb von vierzehn Jahren waren 98 Prozent des Bestandes Wilderern zum Opfer gefallen. In Kenia sank die Anzahl zwischen 1970 und 1980 von 165000 auf etwa 50000, und in der Zentralafrikanischen Republik wurden von 1976 bis 1979 mindestens 28000 Elefanten getötet.

Seiten 142/143 *Afrikanische Elefanten im morgendlichen Gegenlicht (Botswana)*

Die illegale Jagd nach dem Elfenbein, dessen Preis sich innerhalb der letzten 20 Jahre verzehnfacht hat, stellt die größte Gefahr für die Elefanten dar. In Sambia, so schätzt ein mit den dortigen Verhältnissen vertrauter Zoologe, wurden 1981 monatlich durchschnittlich mindestens 600 Elefanten gewildert. (Anfang 1982 hat die sambische Regierung die Ausgabe von Lizenzen für die Elefantenjagd für die Dauer von zunächst fünf Jahren eingestellt.)
Um die Wilderei in den Griff zu bekommen, haben die Naturschutzorganisationen WWF und IUCN gemeinsam mit den Behörden vieler Staaten Aktionen gestartet. Die Planung, Durchführung und Überwachung der einzelnen Maßnahmen liegen in den Händen von Wissenschaftlern und Naturschutzpraktikern, die in der African und der Asian Elephant Specialist Group zusammenarbeiten.
Bei der Bekämpfung der Wilderei sind die Elefantenschützer an zwei Fronten aktiv: Zum einen gilt es, den illegalen Abschuß der »Grauen Riesen« einzudämmen. Zum anderen ist es genauso wichtig, die Nachfrage nach Elfenbein einzuschränken und dazu vor allem den schwarzen Markt zu zerschlagen. Bis zu 90 Prozent allen gehandelten Elfenbeins kamen zwischen 1970 und 1980 mit Hilfe von gefälschten Dokumenten oder gänzlich ohne Papiere in den Handel. Ein besonderer Boom setzte nach 1975 ein, als immer mehr Staaten dem »Übereinkommen über den internationalen Handel mit gefährdeten Arten freilebender Tiere und Pflanzen«, nach dem Ort seiner Unterzeichnung heute als »Washingtoner Artenschutzübereinkommen (WA)« bekannt, beitraten. Viele Händler befürchteten, daß bald kein Elfenbein mehr zu haben sei und deckten sich reichlich ein. Auf das WA setzen die Naturschützer besonders, zumal bis etwa Anfang 1982 nahezu 80 Staaten dieser als »Meilenstein im internationalen Naturschutz« bezeichneten Vereinbarung beitraten.
Die Jagd nach dem Elfenbein ist nur eine der Ursachen für den Rückgang der urweltlich anmutenden Tiere. Langfristig noch gefährlicher für das Überleben der Art ist die ständige Einschränkung ihres Lebensraumes durch den Menschen. In Afrika lebten die Elefanten in zwei Rassen noch zu Beginn dieses Jahrhunderts ziemlich gleichmäßig südlich der Sahara über den Kontinent verteilt. Die eine Unterart, die bis zu vier Meter in der Schulterhöhe messenden Steppenelefanten, zogen vor allem im Osten und Süden in oft großen Herden über weite Entfernungen, um sich jeweils dort aufzuhalten, wo der Regen für genügend Wasser und frisches Grün gesorgt hatte. Die andere Unterart, die bis zur Hälfte kleineren Waldelefanten, war einst zahlreich in den Urwäldern Westafrikas vertreten. Zwar wurde ihr Anteil an den 1,3 Millionen Elefanten zu Ende der siebziger Jahre auf etwa ein Drittel geschätzt, doch verloren die Dickichtbewohner allein in den vergangenen dreißig Jahren zehn Millionen Hektar an Lebensraum durch die Rodung von Primärwäldern. (Weltweit werden zur Zeit stündlich 1800 Hektar Urwald zerstört!)
Die anspruchsvolle Lebensweise der Dickhäuter macht es nicht gerade leicht, ihnen ein artgerechtes Dasein zu ermöglichen. Bis zu 250 Kilogramm an Gras, Zweigen und Blättern vertilgt ein ausgewachsener Elefant täglich, dazu braucht er noch zwischen 70 und 100 Liter Wasser. Um satt zu werden, gehen die Tiere nicht eben schonend mit der Vegetation um: Können sie einen Ast, auf den sie es abgesehen haben, nicht erreichen, so stoßen sie den ganzen Baum um; manchmal ziehen sie die Rinde einer Akazie nur aus Langeweile ab. Die Elefanten haben viele Nationalparks auf diese Weise im wahrsten Sinne des Wortes verwüstet und sich so selber die Lebensgrundlage zerstört. In den Jahren 1971 und 1972 starben während einer Dürre annähernd 8000 Elefanten in Kenias Tsavo-Nationalpark an Nahrungs- und Wassermangel. Die Verwaltungen mancher anderer Nationalparks haben daraus gelernt und halten seit geraumer Zeit ihren Bestand auf gleichbleibender Höhe. So werden etwa im Krüger-Nationalpark in Südafrika und im Wankie-Nationalpark in Zimbabwe alljährlich einige hundert Elefanten geschossen. Dem »culling«, der Auslese, gehen Zählungen vom Flugzeug aus voran, dann werden ganze Familienverbände getötet.
So grausam es auch anmutet, so richtig ist die Methode, ganze Sippen niederzumachen. Elefanten leben in großen Gruppen zusammen, die von einer erfahrenen Kuh geleitet werden. Bis zum Alter von etwa zwölf Jahren bleiben die Bullen bei der Herde, dann müssen sie mit Erreichen der Geschlechtsreife das Matriarchat verlassen. Solange sind sie mit Verwandten jeder Altersstufe zusammen und auf die Führung angewiesen. Würde ein Auswahlabschuß vorgenommen, so würden etliche Tiere zurückbleiben, die ohne die soziale Bindung an eine Herde zugrunde gehen würden. Denn bei anderen Großfamilien finden sie nicht ohne weiteres Anschluß. Besonders schlimm sind die Kälber dran, wenn sie verwaisen. Da sie zwei bis drei, manchmal sogar bis zu sechs

Jahre lang säugen (ihre Tagesration von etwa zehn Liter Milch holen sie sich zwischen den Vorderbeinen der Mutter, wo das Euter sitzt), sind sie lange abhängig. Auch ohne den Eingriff des Menschen sterben mindestens 30 Prozent aller Elefanten, bevor sie ein Jahr alt sind. Diese hohe Verlustquote fällt um so stärker ins Gewicht, weil die Kühe nur alle vier Jahre ein Junges nach einer Tragzeit von 22 Monaten zur Welt bringen.

Nicht wenige Naturschützer sehen in der »Lenkung« der Elefantenbestände Afrikas die einzige Chance, diese einmaligen Geschöpfe langfristig zu erhalten. Denn außer Prestige müssen Wildtiere (und die Nationalparks, in denen sie leben) nach den Worten des tansanischen Präsidenten Julius Nyerere auch Profit und Protein abwerfen. Auf den Elefanten bezogen, heißt das: Prestige kann ein Staat damit gewinnen, als Bewahrer einer außergewöhnlichen Tierart vor der ganzen Welt dazustehen, Profit bringen die aus aller Welt anreisenden Safaritouristen und der Verkauf des Elfenbeins legal »geernteter« Tiere, und Protein liefern die gewaltigen Fleischmassen der bis zu sechseinhalb Tonnen schweren Leiber.

Auch für das Elfenbeinproblem gibt es Lösungsvorschläge. Nach dem Muster der Diamanten- und Goldkartelle sollen alle Elfenbein »produzierenden« Staaten eine ähnliche Einrichtung schaffen, in denen dann allerdings neben den Marketing- und Vertriebsfachleuten auch Naturschutzexperten ein Mitspracherecht haben müßten.

So leicht sich ein Elefanten-Management in der Steppe verwirklichen ließe, so schwierig wäre es damit im Urwald. Zwar unternehmen auch die Steppenelefanten jahreszeitlich bedingte Wanderungen, doch richtet sich die Standortwahl der Waldelefanten nach der Reife der einzelnen Baumfrüchte. Ihre Pfade sind im dichten Bewuchs kaum zu verfolgen. Nicht zuletzt deshalb ist so wenig über sie bekannt.

Ist schon die Entwicklung in Afrika alarmierend, so sieht sie in Asien für die Rüsselträger katastrophal aus. Die jüngste Bestandsaufnahme hat ergeben, daß sich die Zahl der dort lebenden Elefanten seit Beginn dieses Jahrhunderts um mehr als zwei Drittel verringert hat: Es sind keine 35000 mehr. In Asien sind die freilebenden Elefanten in erster Linie das Opfer von Waldrodungen, und so hat bei den vorgesehenen Schutzmaßnahmen die Ausweisung von Reservaten den Vorrang. Als Elfenbeinlieferanten sind die meisten asiatischen Elefanten uninteressant, denn viele tragen keine oder nur schwache Stoßzähne.

Afrikanische Büffel

Eher neugierig als angriffslustig

Ob sie sich in großer ziehender Herde schon auf eine weite Entfernung mit einer Staubwolke bemerkbar machen oder ob sie in kleiner Gruppe im Busch plötzlich vor einem stehen — Afrikanische Büffel, auch Kaffernbüffel genannt, vermitteln stets einen eindrucksvollen Anblick. Dafür sorgt einmal ihre massige Gestalt, der man ansieht, daß ausgewachsene Tiere keinen Angreifer zu fürchten haben, wenn sie nicht krank oder zu alt sind. Zum anderen gebieten die geschwungenen Hörner Respekt; allerdings würden sie nur halb so wuchtig wirken, wäre nicht auch der gewaltige »Helm« über der Stirn sichtbar. Bei alten Bullen können die Hörner mehr als 130 Zentimeter lang werden, die »Auslage« des Kopfschmucks beträgt gelegentlich gut eineinhalb Meter.

Da die Hornspitzen, die zunächst nach außen und unten gebogen sind, sich mit zunehmendem Alter wieder nach oben und innen krümmen und aufeinander zulaufen, können sie nicht ganz so gefährlich werden wie der Kopfschmuck manchen Geweihträgers. Dafür wirkt der Helm eines Bullen wie ein Rammbock. Bei einer Schubkraft von mehr als 20 Zentnern, die ein männlicher Kaffernbüffel einsetzen kann, gerät manchmal sogar ein robustes Geländefahrzeug in Gefahr, auf der Seite zu landen. Doch kommt es nur selten soweit, denn die Afrikanischen Büffel — so wehrhaft sie auch aussehen und so viele Jägergeschichten es auch über sie gibt — sind in der Regel friedfertige Tiere. Wenn sie manchen Safaritouristen in Frontstellung erwarten, so drückt das allein Neugierde aus.

Dennoch rät jeder schwarze oder weiße Jagdbegleiter bei Büffeln zu mehr Vorsicht als bei allen anderen Tieren des afrikanischen Busches: »Never trust a buffalo«, lautet ihre Devise, und die wie schlaff herunterhängend wirkenden Ohren sollten nicht dazu verleiten, die Tiere für müde zu halten — sie können ihre »Lauscher« nämlich nicht wie die meisten anderen Hornträger aufstellen. Wenn sich die Tiere auch häufig beim Unterschreiten der Fluchtdistanz plötzlich herumwerfen und in schwerfällig und ungelenk wirkenden Sprüngen Abstand zwischen sich und den Pirschgänger oder -fahrer bringen, so ist es dennoch ratsam, den kritischen Abstand, der je nach Gelände und Gewöhnung der Tiere unterschiedlich groß ist, zu beachten.

Gefährlich werden Büffel (die bei Großwildjägern besonders hoch im Kurs stehen), wenn sie angeschossen worden sind. Dann ziehen sie in großem Bogen auf ihrer Fährte zurück und warten im Schatten eines Busches oder hinter dem Stamm einer Akazie auf ihre Verfolger, um unvermittelt anzugreifen. Man muß es erlebt haben, um zu wissen, wie hervorragend sich die großen Tiere tarnen können. Dabei hilft ihnen nicht selten der Umstand, daß ihr Fell, das besonders bei den südafrikanischen Büffeln (die auch Schwarzbüffel genannt werden) sehr dunkel ist, durch Staub oder angetrockneten Morast die Farbe des Bodens angenommen hat. Mit Vorliebe nämlich suhlen sich Büffel in Wasser und Schlamm, was ihnen in doppelter Hinsicht Erleichterung verschafft: Sie schützen sich so gegen Insekten und gegen zu große Hitze. Trockene Erdreste lagern sich auch deshalb in manchmal dicker Schicht auf dem Körper ab, weil die Tiere oft in starken Herden umherziehen und dort, wo der Boden sandig ist, von einer Wolke aufgewirbelten Staubs umgeben sind.

In Botswana, wo heute außer in einigen ostafrikanischen Nationalparks und im Krüger-Nationalpark die meisten Büffel zu finden sind, können die Herden 3000 bis 5000 Tiere umfassen. Da die Büffel regelmäßig Wasser brauchen, ziehen sie täglich zwischen Flüssen, Seen oder von Menschen angelegten Tränken und ihren Weideflächen hin und her. Die Herden werden von einigen alten Kühen geleitet, die Kälber halten sich in der Mitte, und die Nachhut wird von starken Bullen gebildet. Setzen die Leittiere zur Flucht an, so stürzen alle anderen wie bei einer »Stampede« blindlings hinterher.

Neben den Kaffern- oder Schwarzbüffeln, die bis zu 1,70 Meter hoch und 2,30 Meter lang werden, gibt es in West- und in Zentralafrika die schwächeren Wald- oder Rotbüffel mit kleineren Hörnern. Dort, wo beide Unterarten in ihren Verbreitungsgebieten zusammenstoßen, treten Vermischungen auf. Auch die Kaffernbüffel Süd- und Ostafrikas haben Unterschiede. Manche Zoologen weisen noch eine weitere Unterart getrennt aus, den Gras- oder Sudanbüffel, der etwas hochbeiniger ist als der Kaffernbüffel und dessen Farbe von Rotbraun bis Schwarz variiert.

Seiten 146/147 *»Stampede« Afrikanischer Büffel (Botswana)*

Giraffen

Baumkronen sind ihre ökologische Nische

Spreizt eine Giraffe die Vorderbeine oder geht sie in die Knie, um Wasser zu trinken oder Mineralsalze vom Boden aufzunehmen, so tut sie das selten, ohne daß mindestens ein Artgenosse in der Nähe ist und mit hoch aufgerichtetem Hals nach allen Seiten sichert. Dasselbe gilt für die meistens nur wenige Minuten dauernden Ruhepausen, in denen es sich Giraffen einige Male während des Tages und in der Nacht im Steppengras bequem machen. Nur wenn sie nicht fest auf ihren langen, starken Beinen stehen, wird es für die höchsten Säugetiere der Erde gefährlich. Dann kann es einem Löwenrudel gelingen, sogar eine gesunde, ausgewachsene Giraffe zu töten.
Die Hauptwaffe der bis zu knapp sechs Meter zum Himmel aufragenden Tiere sind die Vorderläufe, vor deren gezielten Schlägen Löwen und Hyänen großen Respekt haben. Daß es dennoch dem Raubwild immer wieder einmal gelingt, eine junge Giraffe zu reißen, haben sie nur ihrer Taktik zu verdanken: Ein oder zwei Angreifer lenken die Mutter ab, während der Rest der Meute sich auf das Jungtier stürzt. Das glückt besonders häufig in den ersten Tagen nach der Geburt. Nicht nur, weil das Jungtier (das immerhin mehr als zwei Meter messen kann, wenn es mit einer »Sturzgeburt« aus dem stehenden Weibchen erscheint) noch unbeholfen ist, sondern weil die Mutter mit ihm alleine ist. Nach einer Woche bis zehn Tagen schließt sie sich wieder einer Gruppe an, und sowohl sie als auch ihr Junges profitieren dann von der Sicherung und der Verteidigungsbereitschaft der übrigen Tiere. Nicht selten tun sich mehrere führende Giraffenweibchen zu einer Schutztruppe zusammen. Doch auch solche Sicherungsmaßnahmen können nicht verhindern, daß nur jedes dritte Kalb das erste Lebensjahr übersteht. Sind die Jungen erst einmal selbständig, dann können sie ein Alter von etwa 25 Jahre erreichen.
Als wandelnde Wachttürme verlassen sich die Giraffen in erster Linie auf ihren guten Gesichtssinn. Die hervorragende Geländeübersicht der mit acht Unterarten südlich der Sahara vertretenen Steppengiraffen machen sich gerne andere in den afrikanischen Savannen lebende Huftiere zunutze: Zebras, Gnus und verschiedene Antilopen suchen die Gesellschaft der Langhalsigen und -beinigen. Auch zum Vorteil der Giraffen, denn manche der anderen Arten garantieren mit ihrem besseren Witterungsvermögen eine größere Bodensicherung. Zu einer Nahrungskonkurrenz kann es unter den verschiedenen Bewohnern nicht kommen, und als letzte muß die Giraffe darum fürchten, daß andere ihr die Äsung streitig machen: Ihr Tisch ist in den Baumkronen gedeckt. Die bis zu fünfeinhalb Meter (Scheitelhöhe) langen Bullen versorgen sich ganz oben, die ein bis eineinhalb Meter kürzeren Weibchen rupfen mit ihrer sehr beweglichen, überhängenden Oberlippe und der schmalen Zunge eine Etage tiefer Blätter von den Zweigen, und die Jungen äsen entsprechend ihrer Größe noch weiter unten. Giraffen haben damit eine besondere »ökologische Nische«, ganz ihrem eigenwilligen Körperbau entsprechend. Bevorzugte Kost liefern die Akazien, die von vielen Tieren (und auch von den Menschen) wegen ihrer spitzen Dornen gemieden werden. Den Giraffen scheinen die Stiche nichts auszumachen, denn sie mahlen mit ihrem durch eine dicke Hautschicht und zähflüssigen Speichel gut bewehrten Mund sogar ganze Zweige hinunter.
Den größten Teil ihres Flüssigkeitsbedarfs decken die Tiere mit dem nach hinten abfallenden Rücken durch ihre Nahrung. So können sie bei gutem Blattangebot tagelang aufs Trinken verzichten. Ist allerdings das Laub der Bäume und Büsche verdorrt, so läßt sich damit zwar der Magen füllen, nicht jedoch das notwendige Naß aufnehmen. Dann sind auch Giraffen regelmäßige Besucher der Wasserlöcher in den Nationalparks Ost- und Südafrikas. Dort sind heute die meisten der urweltlich anmutenden Tiere konzentriert, deren unmittelbare Entwicklungsgeschichte rund 25 Millionen Jahre ins Miozän zurückreicht. In manchen Schutzgebieten ist der Bestand so dicht, daß Umsiedlungsaktionen notwendig werden, denn ähnlich den Elefanten können auch Giraffen die Vegetation bei zu großer Beanspruchung so schädigen, daß sie sich selber die Ernährungsbasis nehmen.
Die Färbung und Zeichnung der einzelnen Unterarten ist recht unterschiedlich. Sie reicht von kleinen, fast schwarzen Flecken auf hellbraunem Fell bis zu grober Gitter- und Netzmusterung. Auch innerhalb der einzelnen zoologischen Gruppierungen gleicht nicht ein Tier dem anderen. Ihrer guten Tarnfarbe ist es zuzuschreiben, daß mancher Safaritourist nur wenige Meter entfernt von einem ganzen Rudel Giraffen vorbeifährt, ohne sie im Busch zu sehen. Bei Tieren mit einer Größe bis zu sechs Metern und mehr als einer Tonne Gewicht will das etwas heißen.
Kommen die »langen Lulatsche der Steppe« richtig in Bewegung, so wird dem Beobachter ein besonderes Schauspiel geboten: Wegen ihres langen Halses müssen sie das Gewicht nach hinten verlagern und — besonders beim Galoppieren — die einzelnen Gliedmaßen, an erster Stelle Hals und Kopf, immer wieder ausbalancieren. Dadurch entsteht ein seltsam anmutendes Vor- und Zurückschaukeln, und oft berühren sie nur mit einem Huf den Erdboden. Obwohl das Laufen mühsam und steifbeinig wirkt, entwickeln die Giraffen eine respektable Geschwindigkeit: Weil sie so enorm groß sind, sieht es gar nicht einmal schnell aus, wenn sie ihr Spitzentempo von gut 55 Kilometern in der Stunde erreichen. Dann machen die ausgewachsenen Tiere Schritte von sechs Metern Länge, wobei sie die Hinterfüße gleichzeitig neben oder noch vor die Vorderfüße setzen. Während Kopf und Hals als Gegengewicht auf- und niedergehen, zeigt der nach hinten gestreckte oder aufgestellte Schwanz eher den Grad der Alarmstimmung an. Selbst wenn sie gemächlich ausschreiten (als Paßgänger heben sie dann Vorder- und Hinterbeine einer Seite gleichzeitig), kommen sie noch schnell vorwärts.
Den zweiten Teil ihrer wissenschaftlichen Bezeichnung (Giraffa camelopardalis) verdankt die Giraffe einer alten afrikanischen Sage, nach der sie einer Verbindung zwischen Kamel und Leopard entstammen soll. Einer anderen Überlieferung zufolge habe der Schöpfer die »Überbleibsel« von Antilope, Kamel und Leopard zusammengetan. Immerhin hat die Giraffe trotz ihrer gewaltigen Extremitäten die gleichen anatomischen Merkmale wie alle anderen Säugetiere — auch der lange Hals besteht nur aus sieben Wirbeln. Ihn setzen die Bullen sowohl zum Kampf mit Rivalen als auch beim Werben um die Kühe ein: Entweder schlagen sie damit heftig zu oder sie umschlingen zärtlich den Hals eines Weibchens. Die zwei sichtbaren und manchmal bis zu drei weiteren unsichtbaren mit Haut überzogenen Hörner dienen nur noch als Zierde. Sie sind auch nicht als Trophäen begehrt. Wilderer haben es neben dem Fleisch auf die Haare der Schwanzquaste abgesehen, aus denen Armbänder geflochten und als Souvenirs verkauft werden.

Junge Giraffenbullen beim Halsduell (Südafrika)

Spießböcke, auch als Oryxantilopen oder Gemsböcke bekannt (Namibia)

Spießböcke

Wochenlang kommen sie ohne Trinkwasser aus

Das Schicksal der Spießböcke, die in Afrika einst weit verbreitet waren, ist bezeichnend für die Entwicklung des Tierlebens zwischen dem Atlasgebirge im Norden und den Drakensbergen im Süden. Von Arabien über die Sahara und große Gebiete Ostafrikas hinweg bis nach ganz Südafrika hatten sich die Spießböcke — in acht Unterarten — ausgedehnt; doch im Verlaufe von nicht einmal 200 Jahren ist ihr Verbreitungsgebiet um mehr als die Hälfte geschrumpft. Und dort, wo die Tiere noch leben, sind ihre Reihen nicht selten so stark gelichtet, daß sie nicht mehr eine zusammenhängende Population darstellen.

In jüngster Zeit sind die Spießböcke unter ihrem zweiten Namen bekannt geworden: Oryxantilopen heißen sie entsprechend der wissenschaftlichen Bezeichnung ihrer Gattung ebenfalls. Es waren die arabischen Oryxantilopen, wegen ihrer hellen Färbung auch weiße Oryx genannt, die 1980 für Schlagzeilen sorgten. Mit ihnen wurde erstmals eine Tierart, die in freier Wildbahn als ausgestorben galt, aus der Aufzucht in der Gefangenschaft wieder in die ursprüngliche Heimat zurückgebracht. Das besondere der Aktion, deren Anfang bis ins Jahr 1962 zurückreicht, war die Tatsache, daß die Tiere in einem anderen Erdteil, nämlich in den Vereinigten Staaten von Amerika, überlebt hatten. Auf Initiative des WWF und dessen wissenschaftlicher Schwesterorganisation IUCN (International Union for Conservation of Nature) wurden in jenem Jahr in einer wochenlangen Expedition im Grenzgebiet zwischen Oman und Südjemen drei dieser Antilopen gefangen. Dorthin hatte sich der kümmerliche Rest des freilebenden Bestandes geflüchtet, doch wurden die Tiere selbst in der Wüste weiterhin von arabischen Jägern verfolgt; allerdings nicht mehr wie früher von Kamelreitern, sondern von Menschen, die mit Jeep oder Hubschrauber auf die Jagd gingen. Gegen solche Jäger und deren weittragende automatische Waffen hatten die Oryx, die als besondere Beute galten, keine Chance.

Buchstäblich im letzten Augenblick wurden die erwähnten drei Tiere vor den Häschern weggefangen, in den Zoo von Phoenix (Arizona) gebracht und mit einigen anderen — aus Zoos und aus arabischen Privatgehegen zusammengeführten — Artgenossen vereint. Neun Oryxantilopen bildeten schließlich den Grundstock der »Weltherde«, die bis zum Jahr 1980 auf 150 Tiere gewachsen und — aus Sicherheitsgründen — auf sechs Zoos verteilt worden war. Das Ziel dieses aufwendigen Unternehmens war die Rückführung solcher Tiere in die ursprüngliche Heimat und ihre dortige Auswilderung. Dafür mußte vor allem auch politische Vorarbeit geleistet werden. Das Gebiet des Jiddat al Harasis im südlichen Oman erwies sich für die Aussetzung als besonders geeignet: Hier hatten früher die arabischen Oryx gelebt, hier, in Oman, ist seit dem Jahr 1979 jegliche Jagd verboten, und hier konnte der Nomadenstamm der Harasis für den Schutz der weißen Antilopen gewonnen werden. So wird zur Zeit mit der Hilfe der Nomaden eine kleine Herde wieder an das Leben in freier Wildbahn gewöhnt.

Nicht ganz so schlecht wie der weißen Oryx Arabiens und der ebenfalls zur selben Art zählenden Säbelantilope, die in der Sahara lebt, ist es den Spießböcken Ost- und Südafrikas ergangen. Doch auch der Eritrea-Spießbock und der Büschelohr-Spießbock im Gebiet zwischen Nordäthiopien und Tansania leben größtenteils nur noch in Nationalparks. Der südafrikanische Spießbock (in seiner Heimat auf afrikaans, englisch und französisch besser als »Gemsbok« bekannt) hatte früher ebenfalls ein wesentlich größeres Areal als heute. Die starke Bejagung durch die Buren, die Erschließung des Landes durch Land- und Viehwirtschaft, der Verkehr und die Industrie hatten zur Folge, daß es ihn auf dem Gebiet der Südafrikanischen Republik wohl nur noch in Wildreservaten, Nationalparks und auf Wildfarmen gibt. In Botswana und Namibia dagegen sind noch größere Bestände.

Sicherlich machten die Südwestafrikaner den »Gemsbok« nicht zuletzt deshalb zu ihrem Wappentier, weil er mit besonders harten Lebensbedingungen zurechtkommt. Dank physiologischer Voraussetzungen sind alle Oryxantilopen an das Dasein in der Wüste (in Namibia die Namib) und Halbwüste (in Botswana die Kalahari) angepaßt. So haben sie die außergewöhnliche Fähigkeit, ihre Körpertemperatur zu verändern. Mit steigender Außentemperatur können sie sie um mehr als sechs Grad erhöhen. Auf diese Weise verhindern die Tiere, daß sie infolge der Verdunstung beim Schwitzen und Atmen mehr Feuchtigkeit als nötig abgeben. Damit das Gehirn bei einer Bluttemperatur von mehr als 42 Grad keinen mehr als verdoppelt. Die Rekordtrophäe eines Großen Kudubullen war 181,61 Zentimeter lang. Das Durchschnittsgehörn wird mit 114 bis 127 Zentimeter (auf alle »Rassen« bezogen) und mit 114 bis 152 Zentimeter (Südlicher Großer Kudu) angegeben.

Als Beste würden die Tiere, die mit ihrer Figur und gewissen Bewegungen Ähnlichkeit mit dem Rotwild haben, sicherlich auch bei einem Wettbewerb im Hochsprung abschneiden. Überall dort, wo Farmer in Südafrika, Namibia und Botswana die Großen Kudus entweder auf ihrem Gebiet behalten (da sie eine Jagd- oder Wildfarm betreiben) oder wo sie sie von ihren Feldern aussperren wollen, ist das an extrem hohen Zäunen zu erkennen. Eine Hürde von zweieinhalb Metern überfallen (überspringen) die Tiere nämlich spielend, manche müssen erst ab 280 Zentimetern passen. Auf den Jagdfarmen Namibias sind die Großen Kudus eine begehrte Beute wegen des eindrucksvollen in Spiralform gedrehten Geweihs und wohlschmeckenden Fleisches. Allerdings hat dort ihre Zahl in den letzten Jahren durch eine Tollwutepidemie stark abgenommen.

Die Tiere leben in kleinen Rudeln zusammen; Kühe und Kälber häufig von den Bullen getrennt. Nur während der Brunft geht es gemischt zu. Dann können die Geweihten sich auch mal in die Hörner geraten. Wenn zwei ausgewachsene Kämpfer mit artspezifischem Bewegungsritual aufeinander losgehen, können sie immerhin jeweils die Schubkraft von gut 300 Kilogramm einsetzen. Damit wiegen sie gut ein Drittel mehr als die Kühe und dreimal so viel wie der nächste Verwandte, der nur in Ostafrika beheimatete Kleine Kudu. Im Gegensatz zu diesem äsen Große Kudus selten Gras, sondern ernähren sich hauptsächlich von Blättern und Trieben verschiedenster Pflanzen. Wie andere Antilopen und Gazellen nehmen sie auch gerne Bodengewächse, wie etwa wilde Wassermelonen, zu sich. Dennoch sind sie vom regelmäßigen Trinken abhängig und halten demzufolge sich gern in der Nähe von Wasserstellen auf.

Trotz ihrer Größe fallen sie auch im lichten Steppenwald kaum auf, so hervorragend wissen sie ihre Tarnfärbung zu nutzen. Meistens ist es nur die Bewegung eines Tieres zur Abwehr von Fliegen, die ein ganzes Rudel verrät. Auf heimliches Verhalten versteht sich auch das einzelne Kalb, das die Mutter in der ersten Zeit nach der Geburt an einem geschützten Platz ablegt und nur zum Säugen aufsucht. Wenn es das erste Jahr überlebt, hat es gute Aussichten, auch vierzehn weitere zu erleben.

Dikdiks

Am auffälligsten ist ihr Gesicht

Mit einer Schulterhöhe von knapp 40 Zentimetern und einem Durchschnittsgewicht von drei bis fünf Kilogramm erscheinen die afrikanischen Dikdiks so klein und zierlich, daß der Beobachter beim ersten Anblick in freier Wildbahn geneigt ist, sie eher den Nagetieren als den Antilopen zuzurechnen. Und sie haben in der Tat mit den Hasen etwas gemeinsam, zumindest im Aussehen: Ihre Hinterläufe sind etwas länger als die vorderen, werden aber meistens so stark angewinkelt gehalten, daß ihr Körper nach rückwärts abzufallen scheint. Wenn sie auf der Nahrungssuche im Busch umherziehen, gleicht ihre Fortbewegung dadurch eher einem Hoppeln als einem antilopengemäßen Schreiten.

Daß sie aber dennoch zu der großen Familie der Antilopen gehören, beweisen die zoologische Systematik und die — seltener gebräuchlichen — weiteren Bezeichnungen für zwei Gruppen von Dikdiks: Windspielantilopen und Rüsselantilopen. Eine besonders kleine Art der letztgenannten ist das Kirk-Dikdik oder die Zwergrüsselantilope, von der es wiederum einige Unterarten gibt, die in verschiedenen Gebieten Süd-, Mittel- und Ostafrikas leben. Selten, da auf ein kleines Verbreitungsgebiet in Südwestafrika beschränkt, ist das Damara-Dikdik. Es ist etwas größer als seine weiter nördlich beheimateten Verwandten.

Am auffälligsten ist das Gesicht dieser Miniaturantilopen, deren größte Verwandte, die Elenantilope, immerhin bis zu einer Tonne wiegen kann. Die Nase ist rüsselartig verlängert und dadurch sehr beweglich. Wenn die Dikdiks den Wind prüfen oder aufgeregt sind, läßt sich das am Rüssel genau erkennen. Und noch ein zweites »Stimmungsbarometer« gibt Auskunft über den inneren Zustand der Tiere. Zwischen ihren Lauschern sitzt ein Haarschopf, der sich aufstellen und spreizen läßt.

Die Männchen tragen dünne Hörnchen, die im Durchschnitt nicht länger als sieben Zentimeter werden und häufig zwischen den verhältnismäßig großen Ohren und der Haarkrone gar nicht auffallen. Die großen dunklen Augen werden von einem hellen Ring verziert, die dem Gesicht eine hübsche Zeichnung geben. So interessant der Kopf aussieht, so unscheinbar ist die Färbung des Körpers. Ein einheitliches Grau- bis Rotbraun, das nur an der Unterseite des Halses und am Bauch heller ist, verhilft den Dikdiks zu einer ausgezeichneten Tarnung. Da ihr bevorzugter Lebensraum der dichte Busch ist, sind sie nur schwer zu entdecken, so daß mancher Besucher eines Nationalparks nur wenige Meter an ihnen vorbeifährt, ohne sie zu sehen. Darüber hinaus sind sie mit Vorliebe bei Dämmerung und nachts aktiv.

Dikdiks leben paarweise in fest umgrenzten Revieren. Um Artgenossen aus ihrem Territorium fernzuhalten, markieren die Böcke Zweige und Gräser ständig mit einem Sekret, das ihren Voraugendrüsen entstammt. Zur Orientierung dienen ferner fest installierte »Klos«, Plätze, an denen Männchen, Weibchen und die Jungen zur Zeit ihrer Aufzucht immer wieder ihren Kot absetzen. Diese Orte werden regelmäßig aufgesucht, und um die Bindung daran zu festigen, scharrt das Männchen nach jedem Geschäft rundherum die Erde auf.

Knapp sechs Monate dauert die Tragzeit für das Einzelkitz, das bis zu einem Jahr bei seinen Eltern bleibt und dann aus dem Revier vertrieben wird. Die Brunft findet zu Beginn oder gegen Ende der Regenzeit statt, die für alle Tiere des afrikanischen Kontinents wichtige Termine setzt. Zwar ist dann, wenn Gräser sprießen und Bäume sowie Büsche grün sind, auch für die kleinen Rüsselantilopen der Tisch reichlicher gedeckt, doch kommen sie in langen Dürreperioden ebenfalls gut zurecht. Wenn sich oberhalb der Erdkruste nichts Eßbares mehr finden läßt, graben sie mit ihren zierlichen Hufen Zwiebeln, Knollen und Wurzeln aus. Hängen Triebe oder Früchte zu hoch an den Bäumen —, so richten sich die Zwergrüsselantilopen auf den Hinterläufen auf und pflücken sie mit dem Äser (Mund) ab oder schlagen sie mit den Vorderhufen herunter.

Damara-Dikdiks haben eine kurze Fluchtdistanz und lassen Menschen ziemlich dicht an sich herankommen. Auch wenn die Entfernung kritisch nahe wird, machen sie oft nur wenige Zickzacksprünge und stellen sich, neugierig äugend, erst mal abwartend in Positur. Gelegentlich ist dann ihr schriller Warnpfiff zu hören. Wegen dieser Vertrautheit werden die Tiere nicht nur leichte Beute des Raubwildes, sondern auch von Menschen. Denn sowohl ihre Decke als auch ihr Fleisch sind begehrt. Für Tiere, die es nur auf einem begrenzten Raum gibt, bedeutet das die Gefahr der Ausrottung. Im Etoscha-Nationalpark hat das Damara-Dikdik vorerst eine sichere Heimat.

Damara-Dikdik beim Einholen von Witterung (Namibia)

wird von der Mutter in den ersten Wochen abseits von der Herde gehalten. Auch später noch kann die Kuh äußerst angriffslustig sein, wenn sie ihr Kind bedroht fühlt. Schon mancher Bootsfahrer, der einem solchen Paar zu nahe kam, landete im Wasser oder verlor sogar sein Leben. Das Junge bleibt noch lange, nachdem es nicht mehr säugt, im Gefolge der Mutter; manchmal sogar, wenn diese bereits ein weiteres Mal Nachwuchs bekommen hat. Die Tiere können über 40 Jahre alt werden.
Bis Anfang 1979 galt vor allem Uganda als ein Land mit großen Flußpferdbeständen; allein im Ruwenzori-Nationalpark lebten damals etwa 12000 von ihnen. Unter den Kriegsfolgen hatten dort nicht nur die Menschen, sondern auch die freilebenden Tiere zu leiden. Berichte über wahre Schlachtexzesse unter den Flußpferden mit Maschinengewehren und Handgranaten gingen um die Welt, und heute sind große Gebiete, die sich einstmals durch ein gutes »Wildlife-Management« ausgezeichnet hatten, nicht nur von Flußpferden, sondern auch von den meisten anderen Wildarten verwaist. Das Tragische an diesen Vorgängen war, daß die Tiere überwiegend nicht etwa den Soldaten oder der Bevölkerung als Nahrung dienten, sondern verwesten.
Aber nicht nur durch eine ungeregelte Jagd und die Wilderei gehen auch andernorts die Flußpferdbestände zurück. Vielfach werden den Tieren die Weidegründe genommen, ihnen die ruhigen Gewässer zerstört oder verleidet. Auf diese Weise wurde das Flußpferd schon in den vergangenen Jahrhunderten aus seinem ehemals großen Verbreitungsgebiet, das sich — mit regionalen Lücken — von Palästina bis in den äußersten Süden Afrikas erstreckte, immer weiter verdrängt.

Nashörner

In fünf Jahren neunzig Prozent gewildert

Bis zum Ende der siebziger Jahre gaben den Naturschützern in aller Welt nur die drei asiatischen Nashornarten zur Sorge Anlaß. Ihre Bestände sind seit geraumer Zeit gefährdet; sowohl das Java-Nashorn mit etwa (geschätzten) 50 Tieren als auch das Sumatra-Nashorn mit weniger als 300 in freier Wildbahn lebenden Tieren zählen zu den zehn seltensten Säugetierarten der Erde. Die indischen Panzernashörner bringen es in ihrer Heimat auf eine Zahl von etwa 700; wären für sie nicht schon vor vielen Jahren Schutzgebiete geschaffen worden, dann sähen die Bestände in Indien nicht besser aus als die der Rhinozerosarten auf den beiden Inseln.
Noch um 1975 galt das Spitzmaulnashorn in Ost- und Südafrika mit etlichen zehntausend Tieren als eine »unproblematische« Wildart, die zwar überwiegend in Nationalparks, aber auch noch in ungeschützter Wildbahn ungefährdet lebte. Wenn auch die bis zu eineinhalb Tonnen schweren Tiere sowohl legal als auch illegal gejagt und verfolgt wurden, so gab es doch allein in Kenia zehn Jahre zuvor noch gut 20000 von ihnen. In Tansania und Uganda waren die Bestände ähnlich stark, und auch in anderen angrenzenden Staaten zählten die »black rhinos« nach Tausenden. Dieses Bild hat sich in jüngster Vergangenheit besonders stark verändert. In Kenia gibt es zur Zeit weniger als 1500 der urwüchsigen Tiere; Wissenschaftler schätzen, daß zwischen 1975 und 1980 in Ostafrika neunzig Prozent der Spitzmaulnashörner von Wilderern geschossen worden sind.
Zwischen Juli 1979 und Dezember 1980 wurde in Zusammenarbeit zwischen der Zoologischen Gesellschaft von New York, dem WWF und dessen Schwestergesellschaft IUCN (International Union for Conservation of Nature and Natural Resources = Internationale Naturschutzunion) in ganz Afrika eine Bestandsaufnahme durchgeführt, die naturgemäß keine exakten Zahlen, aber ziemlich genaue Schätzungen erbrachte. Danach gibt es heute noch zwischen 14000 und 24000 Spitzmaulnashörner auf dem Kontinent, allerdings mit eindeutig rückläufiger Tendenz.
Der größere afrikanische Verwandte des »Schwarzen Nashorns« ist das Breitmaulnashorn, auch »Weißes Nashorn« genannt. Mit einem Gewicht von bis zu fünf Tonnen ist es nach dem Elefanten das zweitschwerste Landsäugetier. Wären nicht schon vor Jahrzehnten in Südafrika einschneidende Schutzbestimmungen und Reservate für das Breitmaulnashorn geschaffen worden (die ersten Maßnahmen wurden bereits 1897 ergriffen), so gäbe es wahrscheinlich heute kein einziges Tier mehr dieser Art. Besonders die in Natal gelegenen Nationalparks Hluhluwe und Umfolozi dienten den direkten Nachfahren von fünf Meter hohen und sieben Meter langen Riesennashörnern (die bis vor etwa zehn Millionen Jahren auf der Erde lebten) als Arche Noah. Von dort aus wurden andere Parks und Wildreservate wieder besiedelt, und auch ostafrikanische Staaten erhielten aus dem Süden Breitmaulnashörner, die zum Teil, wie in Uganda, zur Blutauffrischung der spärlichen Restbestände dienten oder aber für Aussetzungsaktionen in Regionen, aus denen das Breitmaulnashorn lange verschwunden gewesen war. Viele dieser Tiere jedoch sind mittlerweile längst gewildert worden, und Fachleute bezweifeln, daß es — außer im Sudan, wo sich eine nördliche Unterart in unbekannter Zahl findet — in den ostafrikanischen Staaten noch überlebensfähige Populationen gibt. Insgesamt leben in Afrika derzeit 3000 bis 4000 Breitmaulnashörner.
Um diese stark geschrumpften Bestände der beiden afrikanischen Nashornarten vor dem Ende zu bewahren, hat der WWF in Zusammenarbeit mit der IUCN und anderen Naturschutzorganisationen wie etwa der Zoologischen Gesellschaft von 1858 Frankfurt am Main eine Rettungsaktion gestartet, die auch den asiatischen Arten gelten soll. Nach dem Vorbild der vor sieben Jahren begonnenen »Operation Tiger«, der es zu verdanken ist, daß mittlerweile in Indien der Tiger nicht mehr unmittelbar von der Ausrottung bedroht ist, wurde 1979 die »Operation Rhino« ins Leben gerufen. Die Federführung dabei hat die Species Survival Commission African Rhino Group, die — von der IUCN ins Leben gerufen — gemeinsam mit Wissenschaftlern, Naturschutzpraktikern und den jeweiligen Regierungsbeamten für einzelne Staaten Aktionspläne und Schutzprojekte ausarbeitet. Für die asiatischen Länder gibt es eine entsprechende Einrichtung.
So wurde die Jagd auf das Nashorn unter anderem von den Regierungen Kenias, Tansanias und Ugandas verboten. Zwar haben in früheren Jahren lizensierte Großwildjäger er-

heblich zur Dezimierung der Nashörner beigetragen, doch sind in jüngster Zeit die meisten der urweltlich anmutenden Tiere durch — nicht selten auffallend gut organisierte und gut ausgerüstete — Wildererbanden getötet worden. Die mit Geländefahrzeugen, Schnellfeuergewehren, Schlingen, Fallen und vergifteten Pfeilen arbeitenden Verfolger haben es nicht auf das Fleisch, sondern auf die beiden wenige Kilogramm wiegenden Hörner abgesehen. Die untere der beiden Stirnwaffen, bei starken Nashörnern bisweilen mehr als 120 Zentimeter lang, wird heute in arabischen Staaten als Dolchgriff mit mehr als 10000 Mark fast teurer gehandelt als in Asien, wo sie — zu Pulver zerrieben — nach altem Aberglauben ein die Manneskraft stärkendes Mittel abgeben soll. Hongkong, bisher Hauptumschlagplatz der Ware, hat 1980 den Import jeglicher Nashornderivate verboten.
Die in Afrika und Asien gebildeten Rhino-Aktionsgruppen, denen neben einheimischen und ausländischen Wissenschaftlern und Naturschützern auch Behördenvertreter angehören, legen das Schwergewicht auf die Maßnahmen gegen die Wilderer und den Schwarzhandel. Seitdem nämlich die Nashornbestände schwinden und seitdem die Nutznießer des schmutzigen Geschäfts spüren, daß ihnen Widerstand droht, hat ein verhängnisvoller Kreislauf eingesetzt: Die Nachfrage ist gestiegen, die Preise treiben einer schwindelnden Höhe entgegen, unter den Wilderern ist ein Wettlauf entstanden, bei dem es kein Pardon gibt. Es gibt Berichte von Banden, die sich gegenseitig mit Gewehren die Beute streitig machen. Am Ngorongoro wurde ein Wildhüter von einem motorisierten Wilderertrupp erschossen, in Zimbabwe mußten an der ungesicherten Grenze zu Botswana zwei »Game Ranger« ihr Leben lassen, drei wurden bei dem Feuergefecht mit Wilderern verletzt.
So waren denn auch die Verstärkung und die bessere Ausrüstung der Wildschutzbehörden mit Kleinflugzeugen, geländegängigen Fahrzeugen, Reitkamelen, Funksprechgeräten und Waffen die ersten Maßnahmen. An besonders gefährdeten Plätzen wurde eine ständige Bewachung der Nashörner angeordnet, etwa in Kenia im Meru-Nationalpark. An anderen Orten wurden Nashörner zusammengetrieben und sollten so lange eingezäunt bleiben, bis ein besserer Schutz gewährleistet sein wird. Als letzten Ausweg hat man sich in Kenia dies ausgedacht: den Nashörnern die Hörner abzusägen und sie auf diese Weise für Wilderer uninteressant zu machen. Eine solche Operation würde die Tiere ihres Schmuckes nicht auf Dauer berauben, denn die Hörner (die weder aus einem Knochen noch — wie früher angenommen — aus zusammengeklebten Haaren bestehen, sondern ähnlich wie das Hufhorn aus aneinandergeschichteten Stäbchen aufgebaut sind) wachsen mit der Zeit wieder nach.
Die angelegte »Operation Nashorn« sieht auch die Sicherung und Verbesserung der Lebensräume vor. Bei den afrikanischen Nashörnern muß bedacht werden, daß die beiden Arten eine unterschiedliche Ernährungsweise haben: die Spitzmaulnashörner äsen hauptsächlich Blätter und Zweige von Büschen und Bäumen, die Breitmaulnashörner grasen wie die Kühe auf der Weide. Daher ist es möglich, daß beide Arten denselben Biotop nutzen können, ohne sich gegenseitig Konkurrenz zu machen.
Die langsame Fortpflanzung der Tiere läßt eine baldige entscheidende Vergrößerung der Bestände in Ostafrika nicht erwarten. Höchstens alle drei Jahre bringt eine Kuh nach einer Tragzeit von 18 Monaten ein Kalb zur Welt. Ganz selten soll es auch Zwillingsgeburten geben. Frühestens nach sieben Jahren werden Breitmaulnashörner geschlechtsreif. Setzt man ein »Rekord«-Alter von 50 Jahren voraus, dann kann eine Kuh bei optimalen Bedingungen ein Dutzend Junge gebären. Die Bindung zwischen Mutter und Kind ist über mehrere Jahre hinweg stark. Nicht selten werden Kühe beobachtet, die zwei Kälber führen — ein sehr junges und das zuvor geborene in halberwachsenem Zustand.
Bei beiden Nashornarten gibt es eine unterschiedliche Marschordnung, die vor allem auf der Flucht eingehalten wird. Während bei den Spitzmaulnashörnern die Mutter den Anfang macht und das Kalb folgen läßt, ist es bei den Breitmaulnashörnern umgekehrt. Sofern ein Bulle bei der Gruppe ist, setzt er sich an die Spitze oder ans Ende. Breitmaulnashörner trifft man häufiger in größeren Gruppen an als Spitzmaulnashörner.
Die Bezeichnungen »Schwarzes Nashorn« für das spitzlippige und »Weißes Nashorn« für das breitlippige werden unterschiedlich erklärt. Die einen halten »weiß« für einen Übersetzungsfehler, der vom englischen »wide« herrührt; »schwarz« sei anschließend als gegensätzliches Attribut dazuerfunden worden. Die anderen weisen auf die Vorliebe der Nashörner hin, Schlammbäder gegen Hitze und Insekten zu nehmen: mit der getrockneten Morastkruste auf der Haut erscheinen die einen dunkel, die anderen hell (je nach Beschaffenheit des Bodens trifft das allerdings mal für die eine, mal für die andere Art zu).
Eine Veranlagung, die viele Nashörner das Leben kostet, die den Jägern das Töten leichtmacht, kann den Naturschützern bei den Rettungsaktionen zustatten kommen: das Sehvermögen der Tiere ist schlecht, Geruchssinn und Gehör dagegen sind gut ausgebildet. Dort, wo die Tiere den Mensch noch nicht als Feind kennengelernt haben, sind sie recht zutraulich und daher geeignet für ein auf sie abgestimmtes »wildlife management«. Ein bewährtes Hilfsmittel für das Kennzeichnen und Transportieren bei Umsiedlungsaktionen ist das Narkosegewehr. Damit werden die Nashörner auf Zeit betäubt.
Ob es gelingt, eines der urtümlichsten und imposantesten Lebewesen auf unserer Erde zu erhalten, hängt nicht zuletzt von den politischen Entwicklungen in Afrika ab. Die Vergangenheit hat gelehrt, daß dort, wo instabile Verhältnisse oder gar Bürgerkrieg herrschen, die Nashörner und mit ihnen viele andere freilebende Tiere neben den Menschen am stärksten leiden. Auf die Politiker und deren Bevölkerungspolitik in Afrika und Asien und auf diejenigen in der industrialisierten Welt, die über die Vergabe von Entwicklungshilfe zu entscheiden haben, wird es ebenfalls in beträchtlichem Maß ankommen, ob für so außergewöhnliche Mitbewohner wie die beiden größten Landsäugetiere auf der Erde, Nashörner und Elefanten, auch in Zukunft genügend Lebensraum erhalten bleibt.

Seiten 162/163 *Gerade dem Schlammbad entstiegen: Breitmaulnashorn (Südafrika)*

Erdhörnchen

Stets zur Flucht unter die Erde bereit

Die beiden Wachtposten in der Wohnkolonie der südafrikanischen Kap-Erdhörnchen signalisieren Alarmbereitschaft: auf die Unterschenkel der langen Hinterbeine gestützt, sichern sie in die Runde; während der eine noch im Eingang zur unterirdischen Wohnburg verharrt, nutzt der andere den sandigen Aushubhügel zur Übersicht. Dennoch würden beide einen ruhig bleibenden Feind in der Nähe kaum entdecken, denn ihre Augen nehmen in erster Linie Bewegungen wahr. Haben sie allerdings einen Greifvogel am Himmel oder einen sich anschleichenden Schakal ausgemacht, dann sind sie wie der Blitz unter der Erde verschwunden.

Bei der Suche nach Nahrung müssen sich die possierlichen Nagetiere allerdings nicht selten ein beträchtliches Stück vom Bau entfernen. Und da sie tagsüber aktiv sind, kommt es schon vor, daß eines von ihnen geschlagen oder gerissen wird. Für einige Adler der afrikanischen Steppe bedeuten die Erdhörnchen einen gut Teil der Beute.

Da sie zu wissen scheinen, daß sie gefährlich leben, graben die Hörnchen überall dort, wo sie sich länger an der Oberfläche aufhalten, in Windeseile eine Fluchtröhre in den Boden. Manchmal dauert es kaum zwei Minuten, und sie sind — Sand und kleine Steine fortschleudernd — mit ihren Grabpfoten einen halben Meter und mehr in die Erde eingedrungen. So geschickt wie beim Graben der Flucht- und der mehr als zwei Meter langen Wohnröhren wissen die Tiere ihre kräftigen, langen Krallen bei der Suche nach Wurzeln und Knollen einzusetzen. Sie fressen zwar Gräser, Stengel und Früchte, aber sie nehmen auch gern Pflanzenteile, die im Boden stecken, da sie damit zeitweilig ihren Wasserbedarf decken.

Die Erdhörnchen, wegen ihres kräftigen, kurzen und rauhen Haares auch Borstenhörnchen genannt, kommen in Afrika in vielen Arten und Unterarten vor. Zusammen mit ihren Verwandten, den wiederum in vielen Arten, Rassen und Typen über den Erdteil verstreut lebenden Baum-, Wald-, Busch-, Zwerg- und Streifenhörnchen bilden sie eine kaum überschaubare Gruppe, von der manche Wissenschaftler meinen, daß vielleicht noch nicht einmal jeder zoologisch einzuordnende Vertreter erfaßt worden ist.

Die meisten Erdhörnchen, die — den buschigen Schwanz nicht mitgemessen — 20 bis 30 Zentimeter groß werden, lassen sich besonders gut am frühen Morgen und am späten Nachmittag beobachten. Während der Mittagsstunden bleiben sie, außer in der Regenzeit, wegen der großen Hitze im Bau. In ihrem Quartier, das sie gelegentlich mit anderen Nagetieren oder Zwergmangusten teilen, legen sie Vorratslager für die Dürreperiode an. Wo ihre Kolonien auf Farmland zu groß werden, können sie gelegentlich eine Plage sein: Manche Felder sehen nach einiger Zeit aus, als hätten Wildschweine den Acker durchgepflügt.

Drei bis vier Junge, das ist in der Regel der Wurf. Die Hörnchenkinder bleiben in den ersten Wochen unter Tage und werden danach auch bei den Ausflügen vor die Baue noch überwacht. Da oft mehrere Familien beisammenwohnen, ist das »Kinderhüten« verhältnismäßig einfach. Dennoch gibt es die meisten Verluste unter den Jungtieren; denn bei Gefahr sind sie häufig nicht schnell genug in der schützenden Deckung.

Neben einigen besonderen Körpermerkmalen, etwa dem rauhen Fell, den besonders kleinen, am Kopf anliegenden Ohren, den langen Tasthaaren unterhalb der Nase und den kräftigen Pfoten, zeichnet die Borsten- oder Erdhörnchen (von denen übrigens etliche Arten durch helle Seitenstreifen am Körper auffallen) eine besondere Eigenart aus: Was immer sie tun — ihr buschiger Schwanz ist stets in Bewegung. Wie bei Vögeln, die entweder dauernd mit dem Kopf nicken oder mit dem Stoß wippen, so zuckt die buschige, senkrecht nach oben gehaltene Lunte der Erdhörnchen fortwährend. Es scheint, als betrieben die Tiere damit eine artspezifische Kommunikation untereinander und als benutzten sie gleichzeitig diese weit sichtbare Standarte als Stimmungsbarometer: Wenn Gefahr droht, dann zucken die runden Haarwedel besonders heftig.

Kap-Erdhörnchen in Habachtstellung an ihrem Bau (Namibia)

In ihrem Gefieder holen sie Wasser für die Jungen

Auf hellem Steppen- und Wüstenboden sind die Namaflughühner dank ihres gesprenkelten Gefieders kaum zu sehen. Doch ziehen sie die Aufmerksamkeit um so stärker auf sich, wenn sie fliegen. Das macht schon der schnelle, reißende Flügelschlag, der die knapp rebhuhngroßen Vögel auf den ersten Blick als Angehörige der großen Schnepfensippe erscheinen läßt oder sie als Verwandte der Taube ausgibt. Noch mehr aber sorgen die lauten Rufe, mit denen sie ununterbrochen Stimmfühlung halten, dafür, daß sie nicht unbeachtet bleiben. Und da sie meistens in großen Scharen zu den Wasserstellen ziehen, ist das Konzert weithin zu hören. Die hellen, kehligen Rufe sind so charakteristisch, daß die Tiere in afrikaans den lautmalerisch empfundenen Namen »Kelkiewyn« erhalten haben. In Namibia, wo neben einigen Teilen Südafrikas und Botswanas ihr Hauptverbreitungsgebiet liegt, werden sie von den deutschsprachigen Farmern »Wachteln« genannt. In erster Linie, weil sie gut schmecken und weil sie außerdem in gerupftem Zustand nicht viel größer als Wachteln sind. Ihr deutscher Name ist eine Abkürzung der englischen Bezeichnung, die auf das Namaqualand als Ort der ersten wissenschaftlichen Registrierung hinweist: Namaqua Sandgrouse.

Die Flughühner, zu deren Familie mehr als ein Dutzend Vertreter gehören, zeigen sowohl Ähnlichkeiten mit den Tauben als auch mit den Hühnervögeln, so daß sie von den Zoologen nicht einheitlich eingeordnet werden. Sehr hühnerhaft sind der ausschließliche Aufenthalt am Boden, die Art, wie sie ihre Nistmulde anlegen, und die Tatsache, daß die Jungen Nestflüchter sind (Tauben sind Nesthocker und schlüpfen blind und nackt). Das Leben in der Einehe und die geringe Zahl von nur zwei oder drei Eiern sowie einige Merkmale im Körperbau haben sie mit den Tauben gemeinsam. Daneben aber besitzen die Flughühner genügend Eigenheiten, die sie als eigenständige Familie ausweisen.

Auf eine ganz besondere Art versorgen die Männchen einiger Flughuhnarten ihre Jungen mit der notwendigen Feuchtigkeit. Weil die Paare ihre schlichten Bodennester während der

Namaflughühner, rechts der Hahn (Namibia)

Trockenzeit irgendwo im lichten Busch oder gar in der Wüste anlegen und weil die Küken gleich nach dem Verlassen der Brutstatt beginnen, wie ihre Eltern feine, trockene Sämereien aufzupicken, müssen sie Wasser erhalten. Das bekommen sie von den Eltern, die sowieso mindestens einmal täglich zu einem Wasserloch fliegen und dabei nicht selten jeweils fünfzig und mehr Kilometer zurücklegen müssen. Auf dem Rückflug haben die Männchen eine zusätzliche Last zu tragen. Nachdem sie ihren Durst gestillt haben, tauchen sie einen Teil ihres Brustgefieders so lange ins Wasser, bis die Zwischenräume mit Wassertropfen gefüllt sind. Dort holen sich dann die Kinder das kostbare Naß. Die meisten »Flughähne« haben daher auf der Brust einen hellgefärbten Halbring, der — ähnlich wie der Futterfleck am Schnabel von Silbermöwen — als Schlüsselreiz wirkt und die Jungen animiert, ins Gefieder hineinzupicken und so die Wasserquelle anzuzapfen.

Namaflughühner haben einen Tagesrhythmus, nach dem man die Uhr stellen kann. Zwei Stunden nach Sonnenaufgang finden sich an den Wasserstellen Scharen von ihnen ein. Manche kommen paarweise, die meisten aber in größeren Verbänden. In wenigen Minuten sammeln sich Hunderte der hübschen Vögel mit gewaltigem Krach, der allerdings sehr angenehm klingt. Die Massierung hat ihren guten Grund. Die »handlichen« Vögel sind sowohl für Greifvögel als auch für kleinere Tiere am Boden eine begehrte Mahlzeit. Jedoch: So ungern sich ein Falke in einen dichten Starenschwarm wagt, so irritierend wirken die Flughuhnmassen auf jeden Angreifer. In einer halben Stunde haben oftmals Tausende der Hühnchen Wasser getankt (wozu sie Tränken mit flachem Rand brauchen). Mit Sicherheit finden sie ihre Jungen selbst in der kahlen Namib oder Kalahari wieder. Dort, wo neben dem Namaquaflughuhn auch das Tüpfelflughuhn, das Gelbkehl- und das Doppelbandflughuhn im gleichen Gebiet vorkommen, hat jede Art eine eigene Zeit, zu der sie am Wasser auftaucht. Wenn es im Süden Afrikas am heißesten ist, kommen viele der Vögel auch am Spätnachmittag noch einmal zur Tränke.

Auch in Europa leben Flughühner: Das Spießflughuhn brütet in der Crau (Südfrankreich), in Spanien und Portugal, das Sandflughuhn gibt es ebenfalls in Spanien, und das Steppenhuhn taucht von Zeit zu Zeit in Mitteleuropa auf, letztmalig 1908 in großer Invasion. Damals brüteten etliche von ihnen sogar in Dänemark und England.

Im Alter kaum noch Angst vor Löwen

Bei der Vielzahl afrikanischer Antilopen- und Gazellenarten ist es für den angereisten Wildbeobachter nicht immer ganz leicht, die Tiere auf Anhieb richtig zu bestimmen. Einige sind aber so auffallend und unverwechselbar gezeichnet, daß man schnell weiß, mit wem man es zu tun hat. Dazu gehört der Ellipsen-Wasserbock. Besonders das mit einem fast kreisförmigen weißen Streifen versehene Hinterteil signalisiert aus größerer Entfernung seine Identität. Ihm verdanken die Tiere ihren Namen. Doch gibt es weitere Besonderheiten, die den Ellipsen-Wasserbock und seinen nahen Verwandten, den Defassa-Wasserbock, auszeichnen.
Keine andere Antilope trägt so langes und zottig wirkendes Haar. Um den Hals bildet es eine regelrechte Krause, die besonders bei alten Männchen sehr dicht und voluminös ist. Mit dieser Tracht hat es eine besondere Bewandtnis, die man — kommt man den Tieren nahe genug — sogar riechen kann. Das Haarkleid ist dauernd von einer tranigen Fettschicht überzogen, die einen moschusähnlichen Geruch verströmt. Alte Böcke duften nicht nur unangenehm, sondern sie schmecken auch so. Das Fleisch hat im Lauf der Zeit einen strengen Geschmack angenommen, der es nicht nur für Menschen weitgehend ungenießbar macht. Auch Löwen, die junge und mittelalte Wasserböcke bevorzugt zu ihrer Beute machen, scheinen das zu wissen. Oftmals lassen sie einen uralten Bock stehen, obwohl er bequem zu reißen wäre. Vielerorts scheinen sich die großen, bis zu sechs Zentner wiegenden Antilopen, die aus der Ferne in der Statur und in der Kopfform etwas Ähnlichkeit mit unserem Rotwild haben, darauf zu verlassen. Denn sie zeigen sich nicht einmal beim Auftauchen einer hungrigen, beutesuchenden Löwin beunruhigt.
Die Tiere sind — im Gegensatz zu vielen »Nomaden« unter den Antilopen — sehr standorttreu und verbringen die Nächte meistens im Ufergebüsch von Flüssen oder Wasserstellen. Ist aber Gefahr in Verzug, so wissen sie sich schnell ins Wasser zu flüchten. Mit ihren starken Läufen und großen Hufen können sie sowohl schwimmen als sich auch in Sümpfen sicher fortbewegen. Das fettige Haar erlaubt ihnen, lange Zeit im nassen Element auszuharren.
Nicht nur wegen der sicheren Rückzugsmöglichkeit halten sich die Tiere immer in Wassernähe auf. Da sie im Gegensatz zu anderen Antilopen sehr viel mehr Feuchtigkeit verdunsten, müssen sie auch mehr als diese trinken. Ein Wasserbock braucht dreimal so viel Wasser am Tag wie eine etwa gleich große Oryxantilope (Spießbock). In der Nahrung sind Wasserböcke nicht sehr anspruchsvoll. Sie äsen hauptsächlich Gras, und dort, wo sie an Flußufern ihren Lebensraum mit Flußpferden und Büffeln teilen, hat man festgestellt, daß alle drei Tierarten jeweils unterschiedliche Gräser zu sich nehmen. »Hippos« weiden das ganz kurze Gras ab, Büffel rupfen gerne längere Halme und Büschel, und Wasserböcke »liegen genau dazwischen«. Auf diese Weise konkurrieren die Tiere nicht, sondern sorgen für eine ausgeglichene Nutzung und damit bestmögliche Voraussetzung für das Nachwachsen. Ein Beweis mehr dafür, daß die freilebende Tierwelt ohne Eingriffe des Menschen und ohne katastrophale Naturereignisse sich nie selber die Lebensgrundlage zerstört.
Die Wasserböcke führen ein geselliges Leben. Oft sieht man die Tiere paarweise; aber in der Trockenzeit sammeln sie sich dort, wo es noch Wasser gibt, in Rudeln von bis zu fünfzig und mehr Mitgliedern. Bevor die halbstarken Bökke ausgewachsen sind, ziehen sie für einige Zeit die Männergesellschaft vor. In Gruppen von drei bis acht, gelegentlich auch noch mehr, bleiben sie aber den Einständen ihrer früheren Rudelgenossen weitgehend treu. Je älter die Männchen werden, desto mehr beanspruchen sie allerdings ein eigenes Revier, in dem sie nur weibliche Tiere und »Jünglinge« dulden. Um solche Einstände wird zwischen den Böcken nicht selten erbittert gekämpft, und es kann sein, daß ein alter Kämpe den Uferabschnitt eines Flusses auf eineinhalb bis zwei Kilometer kontrolliert.
Mit ihrem eindrucksvollen, stark geringelten Gehörn, das bis zu knapp einem Meter lang wird, können sich die Tiere gegenseitig durchaus tödliche Verletzungen zufügen. Meistens hakeln die Männchen mit ihrem Kopfschmuck, der zunächst nach hinten wächst und sich später in elegantem Schwung nach vorne fortsetzt, und schieben sich so lange hin und her, bis eines erschöpft aufgibt und auf Distanz geht. — Zu den nächsten Verwandten der Wasserböcke zählen die kleineren Riedböcke, die Moor- und die Rehantilopen.

Wasserböcke in der Regenzeit (Zimbabwe)

Junger Sitatungabock in der Nähe seines Einstands (Botswana)

Sitatungas

Wenn's gefährlich wird, bleibt nur die Nase über Wasser

»Sehr scheu und selten zu sehen.« Zu den wenigen afrikanischen Wildtieren, auf die diese Beschreibung wirklich zutrifft, gehört eine Antilope, die ihr Leben wie keine andere stark ans Wasser gebunden hat: die Sitatunga. Allerdings genügen ihr nicht Seen und Flüsse mit von Bäumen oder Busch bewachsenen Ufern und mit Inseln, denn da hätte sie es schwer mit ihrem besonderen Verhalten — ihr Dasein zu verheimlichen. Nur dort, wo in Sumpfgebieten Schilf- und Papyrusflächen Deckung bieten, fühlt sie sich heimisch. »Sumpfbock« wird die zur Gattung der Drehhörner zählende Antilope daher auch genannt; aus dem Afrikaans, der Sprache der Buren, wurde »Wasserkudu» (Waterkoedoe) übernommen.
Sitatungas können nicht nur hervorragend schwimmen, sie können auch — und das macht ihnen kein anderes Huftier so perfekt nach — tauchen. Bei Gefahr ziehen sie sich so tief ins Wasser zurück, daß nur noch die Nüstern heraussehen. So harren sie, wenn es sein muß, lange aus, doch ist das besonders für die männlichen Tiere nicht ganz bequem. Sie müssen nämlich den Kopf mit den 60 bis 70 und manchmal mehr als 90 Zentimeter langen, leicht geschwungenen Hörnern weit zurücklegen, damit der Schmuck sie nicht verrät.
Das Verschwinden im Wasser allerdings ist der letzte Ausweg. Die bis zu 110 Kilogramm schweren Tiere wissen sich so geschickt im Dickicht der drei bis fünf Meter hohen Schilfhalme und Papyrusstengel zu bewegen, daß sie — ohne Lärm zu verursachen — in kurzer Zeit viele hundert Meter weiterziehen. Der Körperbau kommt ihnen dabei zugute. Da sie hinten »überbaut« sind, da ihre Rücken- und Steißpartie höher ist als die Schultern (115 Zentimeter), bleibt die Vorderpartie mit Kopf und Gehörn verhältnismäßig tief. Wenn die Sitatunga läuft, erweckt sie daher den Eindruck, als ducke sie sich — selbst auf freier Fläche. Offenes Gelände allerdings meidet sie, wo immer es geht. Nicht nur der mangelnden Tarnmöglichkeit wegen, sondern auch deshalb, weil sie auf festem Untergrund nur schwerfällig und unsicher vorankommt. Ihre Hufe mit zwei langen Schalenhälften nämlich sind für morastigen Boden gut: Sie lassen sich bis hinauf zum Knöchelgelenk spreizen; darüber hinaus können die Sitatungas den Fuß bis zur rückseitig verhornten Fessel abknicken, so daß sie dann eine besonders große Auflage- und Trittfläche haben, die das Einsinken verhindert.
Auch das dichte Haarkleid der Sumpfantilopen ist dem Leben im und am Wasser angepaßt. Die Decke wirkt wie mit langen, harten Grannen besetzt und sieht borstig aus. So sind die Tiere unempfindlich gegen scharfkantiges Schilf und harte Papyrusstiele, und das Wasser fließt leicht ab. Die Farbe des Haares variiert: In Westafrika tragen die männlichen Tiere weiße Streifen und Flecken auf dunkelbraunem Untergrund; weiter im Osten ist die Streifung schwächer, die Grundfarbe tendiert mehr ins Graubraune; die südlichen Vertreter, als »Sambesi-Sitatunga« bis hinab in die Okawango-Sümpfe von Botswana verbreitet, zeigen eine dunkle graubraune Färbung mit heller Markierung auf dem Nasenbein unterhalb der Augen. Die weiblichen Tiere sind durchweg leuchtender rotbraun und haben mehr weiße Streifen und Flecken.
Anders als die meisten Antilopen leben die Sitatungas überwiegend allein oder paarweise. Nur dort, wo sie ungestört sind, kommen sie auch tagsüber aus dem Dickicht, um zartes Gras zu äsen. Sonst versorgen sie sich mit Schößlingen, Blättern, Stengeln und Früchten der Gewächse ihres sumpfigen Reviers. Das Junge (Zwillingsgeburten sind selten) wird an einem von Wasser umgebenen Platz geboren und eine längere Zeit hindurch immer wieder zum Säugen aufgesucht, bis es schließlich der Mutter folgt. Bei Gefahr warnt das Muttertier den Nachwuchs mit einem speziellen Laut, der sich wie ein Niesen anhört; im übrigen gehören Bellen, Schnauben und Blöken zur Verständigung der Tiere untereinander.
Bis zu 19 Jahre alt können diese Antilopen werden. Wenn immer weniger in freier Wildbahn ein solches Alter erreichen, so liegt das in jüngster Zeit hauptsächlich am Menschen. Denn auch in Afrika werden immer mehr Gebiete erschlossen, wird Sümpfen das Wasser entzogen. Mit der Folge, daß der Lebensraum der Sitatunga sich ständig verkleinert.

Drei junge Maultierhirsche im Herbst (Kanada)

Maultierhirsche

Die großen Lauscher sind ihr Ausweis

Dem flüchtigen Betrachter mögen sie als Rehe erscheinen, denn in der Größe sind junge Maultierhirsche (englisch: mule deer) unserem häufigsten heimischen Schalenwild ähnlich. Doch bei näherem Hinschauen fällt ein ganz besonderes Merkmal auf: Die noch nicht ausgewachsenen Ohren sind schon größer als bei jeder anderen Hirschart; am Kopf eines weiblichen Tieres wirken sie fast überdimensional. Bei den Hirschen dieser nordwestamerikanischen Wildart hingegen verdeckt bisweilen ein vielendiges starkes Geweih einen Teil der Lauscher. Im Alter von drei Monaten haben die Kälber die Größe unserer Rehe bereits überschritten und bringen es ausgewachsen auf eine Schulterhöhe von etwas über einen Meter und bisweilen auf ein Gewicht von mehr als 200 Kilogramm. Bei der Geburt ist ihre Decke gefleckt — wie bei allen Hirschkälbern und Rehkitzen. Danach wird das Aussehen graubraun, und das lichte Winterhaar gibt den Tieren eine blaugraue Färbung.
In Nordamerika stehen die Maultierhirsche, die zoologisch wie unsere Rehe den Trughirschen zugeordnet werden, da sie mehr verwandtschaftliche Gemeinsamkeiten mit diesen als etwa mit unserem Rotwild haben, bei den Jägern hoch im Kurs. Ihr Geweih wird um etliches stattlicher als das der Weißwedel- oder Virginiahirsche (die ein sehr viel größeres Verbreitungsgebiet als die Maultierhirsche haben). Mit mehr als fünf Millionen sind die Weißwedelhirsche die am häufigsten vorkommende Schalenwildart in den Vereinigten Staaten sowie im mittleren und östlichen Südkanada. Zehn Millionen Jäger pirschen während der nur wenige Herbsttage dauernden Schußzeit auf das Vorbild von Walt Disneys »Bambi« und erlegen jährlich mehr als zwei Millionen von ihnen. Eine große Fruchtbarkeit (ein Alttier kann in jedem Frühjahr bis zu vier Kälber zur Welt bringen) und ein gutes Anpassungsvermögen an das Kulturland sorgen dafür, daß die Zahl dieser Tiere sogar größer wird. So leben nach der Ansicht von Fachleuten heute weit mehr als doppelt so viele Weißwedelhirsche in Nordamerika wie vor 200 Jahren.
Trotz ihres häufigen Vorkommens ist es jedoch nicht ganz einfach, die Tiere zu Gesicht zu bekommen. Außerhalb der Nationalparks und Reservate ziehen sie erst nach dem Einbruch der Dämmerung auf die Äsungssuche, wobei sie sowohl Blätter, Knospen, Gräser und Saaten als auch Beeren und gelegentlich Pilze nehmen. Beim ersten Morgengrauen schon sind sie wieder im Tageseinstand verschwunden. Dichtes Gestrüpp, Schonungen oder Wälder mit Unterwuchs sind ihnen dafür am liebsten. Vom Frühling bis zum Herbst stehen die Tiere entweder allein oder in kleinen — meist auf Familienbindung beruhenden — Rudeln zusammen. Im Winter schließen sie zu größeren Verbänden auf und konzentrieren sich dort, wo das Äsungsangebot am besten und die Ruhe am größten ist.
Die Maultierhirsche, im Sommer gern in höheren Gebirgslagen zu Hause, verlegen ihr Revier mit zunehmender Kälte und bei beginnendem Schneefall nach und nach in tiefere Gefilde. So kann man in manchen Flußtälern nicht selten im Winter Hunderte von ihnen sehen. Bei den drei häufigsten Hirschen der Neuen Welt, dem Weißwedel-, dem Schwarzwedel- und dem Maultierhirsch, ist eines der Hauptunterscheidungsmerkmale der »Wedel«, der Schwanz. Daran kann man vor allem die weiblichen Tiere erkennen, weil bei ihnen das Geweih als »Ausweis« fehlt. Die Kehrseite des Weißwedelhirsches ist besonders imposant: Auf der Flucht klappt er den Wedel über den runden weißen Spiegel nach oben, so daß eine große leuchtende Rückfront den folgenden Kälbern oder Rudelmitgliedern als Signal und Orientierungshilfe dient. Die unterschiedliche Färbung des Schwanzes hilft besonders, den Maultierhirsch und den Schwarzwedelhirsch auseinanderzuhalten, die im Gegensatz zu früher von den Zoologen nicht mehr als verschiedene Arten, sondern als sehr nahe Verwandte (Unterarten) klassifiziert werden: Der schlanke Wedel des Maultierhirsches hat lediglich eine dunkle Spitze, der des Schwarzwedelhirsches ist auf der Oberseite schwarz.
Diese Unterart hat übrigens auch noch die deutsche Bezeichnung Felsengebirgs-Maultierhirsch. Die Geweihe der »Schwarzen« werden, wie auch die Tiere selber, stärker als die der »Weißen«. Während der Brunft im November liefern sich die Hochzeiter nicht selten harte Duelle, bei denen sich die Geweihe derart ineinander verhaken können, daß sich die Tiere nicht mehr voneinander zu lösen vermögen und gemeinsam verenden. Weißwedelhirsche wurden übrigens in Neuseeland und in Europa, besonders in Finnland und in der Tschechoslowakei, mit Erfolg angesiedelt.

Rehe

Über das Auftauchen von Artgenossen nicht immer erfreut

Für die Rehe ist im Spätsommer die Welt nicht mehr in Ordnung. Viele von ihnen, die im Juni und Juli wogende Getreidefelder als deckungsreichen Einstand gewählt hatten, werden durch die Mähdrescher ihres Schutzes beraubt und müssen manchmal Hals über Kopf ein neues Tagesversteck suchen. Je weniger nicht abgeerntete Schläge verbleiben, desto mehr Tiere drängen sich auf ihnen zusammen, sofern sich nicht in der Nähe Flächen mit hochgewachsenem Schilf, Gras, Brennesseln oder Sträuchern, dichte Wallhecken oder ausgedehnte Wälder zum Aufenthalt anbieten. Doch so einfach können jene Rehe, die seit dem Frühjahr nur in Wiesen und auf Feldern gelebt haben, ihr Revier nicht verlegen. Denn dort, wohin sie umziehen, sind meistens schon andere Rehe. Und die sind nicht erfreut, wenn Artgenossen auftauchen. So liebenswert und anmutig die zierlichen Tiere erscheinen — unter ihnen herrscht (zumindest vom Frühjahr bis zum Herbst) wenig Frieden und Verträglichkeit.
Von Natur aus sind Rehe nämlich Einzelgänger. Am liebsten bewohnen sowohl die Böcke als auch die Ricken ihre Reviere alleine, denn so gibt es am wenigsten Wettbewerb bei der Nahrungssuche. Von der Menge und der Qualität des Äsungsangebotes hängt es ab, wie groß die Territorien sind. Manche kommen im Sommer schon mit einer Fläche von fünf bis zehn Hektar aus; im Durchschnitt sind 200 Hektar angemessen, die sie sich aber stellenweise mit anderen teilen. Da die Rehe Feinschmecker sind und eine Speisekarte mit vielen verschiedenen Pflanzen lieben, geraten sie seit geraumer Zeit in immer größere Schwierigkeiten: Vielerorts nimmt die Artenvielfalt in der Flora ständig ab, besonders auf Feldern und Wiesen. Dort sorgen Herbizide und Kunstdünger dafür, daß in erster Linie jene Pflanzen gedeihen, die sich später verkaufen lassen. In jungen Nadelholzschonungen werden Konkurrenzpflanzen ebenfalls mit der Giftspritze kurzgehalten, in älteren Dickungen kommt dann mangels Sonneneinstrahlung nichts anderes mehr hoch. So sind Laub- und Mischwälder sowie deren Verjüngungen für das Rehwild noch die nahrhaftesten Reviere. Viel besser

sind allerdings jene dran, denen der Jäger einen bunt bestellten Wildacker anlegt, auf dem sie sich ihre Tagesration von vier bis fünf Kilogramm Grünäsung zusammenstellen können: Gräser, Kräuter, Klee, Luzerne, von vielen Gewächsen nur die Knospen und Triebe. Ihre Vorliebe für Baumtriebe und (im Winter) für Baumrinde hat für ein gespanntes Verhältnis zwischen ihnen und den Forstleuten gesorgt. So ist seit jeher umstritten, wie viele Rehe pro 100 Hektar »tragbar« sind: drei, fünf oder acht. In jedem Fall hat sich die Bestandsdichte nach der Güte des Biotops zu richten.

Bei solcher Ernährungsweise ist es kein Wunder, daß Rehfleisch als das schmackhafteste Wildbret gilt und entsprechend teuer ist. Mit mehr als 87 Millionen Mark schlug denn auch der Wert der Rehwildstrecke im Jagdjahr 1970/81 am stärksten zu Buche. 675237 Rehe wurden nach Angaben des Deutschen Jagdschutz-Verbandes (DJV) zwischen dem 1. April 1980 und dem 31. März 1981 erlegt. Damit stehen die Rehe an der Spitze von allen Wildarten. Mit 720488 gemeldeten Abschüssen folgen die Hasen, mit 702855 die Wildkaninchen und mit 601429 die Ringeltauben. Beim Schalenwild, zu dem auch die Rehe zählen, folgen mit weitem Abstand das Schwarzwild (34585 erlegte Tiere), das Rotwild (31699) und das Damwild (11092). Um die Schalenwildstärke hier vollzählig zu machen: Gamswild (2436), Muffelwild (1742), Sikawild (853).

Von den rund 1,7 Millionen Rehen, die in der Bundesrepublik nach amtlichen Schätzungen jeweils zu Beginn der Jagdzeit Mitte Mai leben (die Jahreszuwachsrate mit eingerechnet), kommen etwa 70000 alleine durch den Straßenverkehr ums Leben. Es gibt Reviere, in denen bis zu 90 Prozent des jährlichen Abschusses nicht vom Jäger getätigt werden, weil ihm die Autofahrer keine Gelegenheit dazu lassen. In manchen Gegenden haben sich indessen die Tiere so an den Verkehr gewöhnt, daß sie unmittelbar am Straßenrand äsen, ohne auf den vorbeiflutenden Autostrom zu achten.

Seinem Anpassungsvermögen hat das Rehwild zu verdanken, daß es in unserer heutigen Kulturlandschaft so zahlreich ist. Es ist nicht nur mit der zunehmenden Besiedlung durch den Menschen, sondern auch mit der Veränderung der Landschaft fertig geworden. Ursprünglich war die »mitteleuropäische Gazelle« eine reine Waldbewohnerin, ein »Schlüpfer« im Unterholz. Der Wolf und der Luchs waren ihre Hauptfeinde, doch beide Beutegreifer gibt es innerhalb Europas nur noch sporadisch im Osten. Außer dem Fuchs, der, wenn er nicht unter die Läufe der verteidigungsbereiten Rikke gerät, gerne ein Kitz reißt, dem Steinadler im Gebirge, gelegentlich einem Marder, Wiesel, Iltis, Wildschwein, die sich alle ebenfalls mal an einem Kitz versuchen, und wildernden Hunden haben die Rehe nur den Menschen zu fürchten. Zum einen als Jäger; doch ist dieser an einer lang anhaltenden Nutzung der Art interessiert und erhält sie daher. Zum anderen als Nutznießer des Lebensraums, und da wird es für die Rehe wie für alle anderen Wildtiere gefährlicher.

Während manche Wildtierarten auf das Roden von Wäldern, das Trockenlegen von Sümpfen, das Abtorfen von Mooren, das Begradigen von Bächen und Flüssen — kurz: auf all das, was von den einen mit »Kultivieren« und »Bereinigen« bezeichnet wird, während es die anderen als Zerstörung oder ein Verbrechen an der Landschaft betrachten — mit dem Abwandern oder Aussterben reagieren, haben viele Rehe ihr Verhalten geändert. Aus den Waldbewohnern wurden vielerorts Feldbewohner, die sich auch außerhalb winterlicher Notgemeinschaften zu größeren Verbänden zusammenschlossen. Solche »Sprünge«, wie sie der Jäger nennt, verbringen in waldarmen Gegenden das ganze Jahr hindurch auf freien Flächen. In dem Maß, in dem der Landwirt »Schuld« daran hat, daß auf den Feldern wenig Wildkräuter hochkommen, sorgt er doch auch für eine ausreichende Versorgung der Feldrehe mit Äsung. Spätestens dann, wenn Rüben und Kartoffeln geerntet sind, wachsen schon wieder der Raps und die Wintersaat. Allerdings können die Rehe mit solcher Einheitskost nicht so viele Abwehrstoffe aufbauen wie mit ursprünglicher vielfältiger Nahrung: In strengen Wintern gehen mehr Feld- als Waldrehe an Unterernährung und Entkräftung ein.

Auf weiten Feldern fällt es den Rehen nicht schwer, ihren Äsungsrhythmus einzuhalten. Sie können auf weite Entfernung eine Störung ausmachen und entsprechend reagieren. Das Waldreh muß ständig auf der Hut sein. Immer wieder sichert es beim Äsen, und so dauern die acht bis elf Mahlzeiten, die es als Wiederkäuer innerhalb von 24 Stunden einnehmen muß, entsprechend länger. Manche Minute geht auch für das »Scheinäsen« drauf. Bei Gefahr im Verzug tun die Tiere so, als ob sie Nahrung zu sich nehmen, um dann ganz unvermittelt den Kopf zu heben und in die Richtung zu äugen, aus der Ungutes zu kommen scheint. Da die Rehe mit ihren Augen ihre Umgebung un-

Ricke in jungem Fichtenaufwuchs (Deutschland)

scharf, dafür aber weitflächiger sehen, reagieren sie vor allem auf Bewegungen. So entdecken sie den anpirschenden Jäger sehr viel leichter als denjenigen, der ansitzt. Wer das Scheinäsen nicht kennt und im falschen Augenblick eine Bewegung macht, sieht nur noch die »Spiegel«, die weißen Kehrseiten der abspringenden Tiere. In jedem Fall verlassen sich die Rehe mehr auf ihre Nase als auf ihre Augen. Deshalb holen sie sich auch gern Wind und ziehen manchmal einen Halbkreis, um Witterung aufzunehmen.

Die helle Rückpartie der Ricke dient vor allem den nachfolgenden Kitzen als Wegweiser. Ein bis zwei, selten drei, ganz selten sogar vier Sprößlinge setzt die Ricke nach einer Tragzeit von etwa 290 Tagen zwischen Mitte Mai und Mitte Juni. Die ersten zwei Wochen verbringen die hellgetupften Rehkinder im Gras oder Gestrüpp gut getarnt und werden von der Mutter nur zum Säugen aufgesucht. Die hervorragende Tarnung schützt zwar gegen allerlei vierläufige und gefiederte Feinde, doch sie ist von Nachteil, wenn der Bauer mit dem Mähen des Grases auf den Wiesen beginnt. Jedes Jahr kommen nach amtlichen Angaben etwa 60000 Kitze durch landwirtschaftliche Maschinen ums Leben. Die meisten von ihnen sterben unter den Mähbalken und Kreiselmähern vor der Heuernte, obwohl viele Bauern und Jäger die Grünlandflächen vorher zum Teil mit Hunden absuchen, obwohl es mittlerweile optische, akustische, chemische und technische Wildrettungsmittel gibt.

Im August verliert sich die helle Zeichnung auf der Decke der Kitze. Zwar werden sie von der Ricke ein halbes Jahr lang gesäugt, doch besteht der größere Teil ihrer Nahrung jetzt bereits aus Pflanzen, an denen sie im Alter von drei Wochen zum erstenmal zu knabbern beginnen. Es dauert aber in der Regel länger als zwei Jahre, bis die Tiere ausgewachsen sind und ihr endgültiges Gewicht von 14 bis 18 Kilogramm erreicht haben. Gut genährte Bökke bringen es sogar auf 25 Kilogramm; in Gebieten mit schlechtem Äsungsangebot kommen die Ricken oft nicht weit über 12 Kilogramm hinaus. Im Verlauf eines Jahres nehmen die Tiere bis zu 30 Prozent ab oder zu, und auch die Höhenlage sowie die geographische Lage der Heimat beeinflussen das Gewicht. Nicht nur schwerer, sondern auch größer werden die Rehe von Süden nach Norden und Osten zu. Daß ihnen Kälte dort nichts ausmacht, wo sie genügend Nahrung finden und eine dünne Siedlungsdichte haben, beweisen die skandinavischen Rehe. In ständiger Ausdehnung nach Norden begriffen, haben sie inzwischen den Polarkreis erreicht.

Wo immer sie in Mitteleuropa zu Hause sind, feiern die Rehe im Juli und August Hochzeit. Der Höhepunkt der Brunft fällt in die heißen »Hundstage«. Etwa vom 20. Juli an treiben die Böcke die Ricken. Die Gehörnträger haben bereits im April und Mai ihre Territorien untereinander ausgefochten und seitdem ständig mittels Duftmarken aus Drüsen an Bäumen und Sträuchern abgegrenzt. Diese haben dann vorübergehend wenig Zeit, sich um ihre Kitze zu kümmern und schlagen sie für einige Tage regelrecht ab. Dann ist die Rehgeiß, wie sie im Süden heißt, zunächst damit beschäftigt, den Rehbock auf Distanz zu halten. Was nicht selten wie eine erbarmungslose Hetzjagd aussieht, ist ein vorhochzeitliches Verhaltensmuster: Anfangs verfolgt der Bock die Ricke mal schneller, mal langsamer in großen Schleifen. Mit der Zeit wird die Geschwindigkeit immer rasanter, werden die Pausen immer kürzer. Schließlich dreht sich das Paar in einem Kreis von wenigen Metern Durchmesser. »Hexenring« nennt der Jäger einen solchen Platz, auf dem Gräser, Getreide und kleine Büsche wie plattgewalzt sind; dort kommt der Bock dann schließlich ans Ziel seiner Wünsche.

Die Hochzeitsstimmung kostet viele Rehbökke das Leben, denn die Jäger nutzen die Unaufmerksamkeit der Tiere. Während der »Blattzeit« in der ersten Augusthälfte, in der geschickte Jäger mit einem Buchenblatt (nicht so geschickte benutzen ein kleines Instrument) den Fiepton einer brunftigen Ricke nachmachen, locken sie manchen liebestollen Rehbock auf wenige Schritte an. »Sie stehen zu« oder »sie springen aufs Blatt« heißt es in der Weidmannssprache. Allerdings wird der Abschuß nach strengen Richtlinien vorgenommen: Junge Vertreter mit guter Gehörnveranlagung werden geschont, erst mit sechs oder sieben Jahren sind sie »für die Kugel reif«. Obwohl Rehe 20 Jahre alt werden können, erreichen Rehböcke nur ein Durchschnittsalter von zwei Jahren, Ricken sogar nur von einem Jahr. Der Grund dafür ist, daß die Jäger mehr weibliche als männliche Kitze im Spätherbst schießen. Bei einem Zuwachs von jährlich 150 Prozent müssen sie entsprechend regulieren. Andernfalls würden sich die Rehe gegenseitig die Lebensgrundlage zerstören. Viele gehen durch Parasiten, Raubwild und Verhungern ein. Letzteres kommt nicht nur im Winter vor, sondern bei alten Tieren auch zur besten Vegetationszeit: Mit abgenutztem Gebiß können sie nicht mehr genug Äsung aufnehmen.

Nach der Brunft, die in der zweiten Augusthälfte ausklingt, haben die Ricken übrigens noch keine Sorgen mit der Leibesfrucht. Sobald die Eier im Eileiter befruchtet sind, entwickeln sie sich zunächst nicht weiter. Erst nach einer viereinhalbmonatigen Keimruhe, die bis Dezember dauert, beginnt die Bildung des Embryos. Auf diese Weise ist gewährleistet, daß sowohl die Brunft als auch die Geburt und Jungenaufzucht zu einer Jahreszeit stattfinden, in der genügend Nahrung und Deckung vorhanden sind.

Ihr Gehörn müssen die Böcke allerdings dann neu heranbilden, wenn Schmalhans Küchenmeister ist. Nachdem sie es im Oktober und November abgeworfen haben, schieben sie die vorerst von einer Bastschicht umgebenen Stangen von Dezember bis Februar. Im März und April »fegen« sie die Schutzschicht an Bäumen und Sträuchern ab. Nur die Bockkitze machen eine Ausnahme. Ihnen wächst im Herbst das Erstlingsgehörn, es sind meistens nur Stirnzapfen auf den Rosenstöcken. Die kleinen Knöpfe oder Spieße fallen nach dem Fegen im Dezember oder Januar ab, und Mitte Juni ist dann aus dem Bockkitz ein Jährlingsbock mit einem neuen Gehörn geworden.

Die weiblichen Kitze werden häufiger eher erwachsen, als ihnen guttut. Mancher Bock beschlägt während einer Nebenbrunft Ende November nicht nur Schmalrehe und Ricken, die während der Hauptbrunft nicht befruchtet wurden, sondern auch den Nachwuchs desselben Jahres. Nur wenige der so früh tragend gewordenen Tiere überstehen den Winter oder die spätere Geburt, weil sie noch zu schwach sind.

Eine weitere Besonderheit beim Rehwild: In der nordwestdeutschen Tiefebene und im angrenzenden Gebiet der nordöstlichen Niederlande gibt es viele Reviere, in denen manche Tiere im Sommer nicht rotbraun und im Winter nicht graubraun sind. Dort leben seit vielen Jahrhunderten schon kohlrabenschwarze Rehe, die sich auch mit braunen Artgenossen paaren und mal braune, mal schwarze, mal schwarzbraune Nachfahren produzieren.

Junger Bock und Schmalreh im Frühling (Deutschland)

Damhirsche

Im Sommer prahlen sie mit ihrem Bastgeweih

Wer in der zweiten Hälfte des Sommers Damhirsche sieht, wundert sich zuweilen über das Ausmaß ihrer Geweihe. Dank der dicken Bastschicht, welche die Tiere dann als Schutz und Nährsubstanz über ihrem Kopfschmuck tragen, deutet insbesondere der in eine breite Schaufel auslaufende Kopfschmuck der älteren Hirsche auf eine kapitale Stärke hin. Doch nicht selten erlebt man beim Damhirsch dasselbe wie beim Rothirsch, Rehbock, Elch und Rentier: Haben die Tiere erst einmal »gefegt«, das Geweih vom Bast, mit dem es während des alljährlichen Neuwachsens bedeckt war, befreit, so nehmen sich ihre Trophäen wesentlich bescheidener aus. Jäger lassen sich deshalb nicht vom »Prahlen« der Bastgeweihe täuschen. Sie beurteilen das Wild ohnehin stärker unter dem Aspekt der körperlichen Verfassung, die genauso auf Alter und Gesundheitszustand schließen läßt wie Farbmerkmale.
Auch junge Tiere nämlich können, sofern sie ein gutes Äsungsangebot haben und von einem guten Vererber abstammen, schon starke Geweihe tragen. Daher wird kein erfahrener Revierinhaber nach dem Aufgang der Jagd auf den Damhirsch im September allein wegen eines guten oder schlechten Geweihs schießen. Allzuleicht kann es sonst geschehen, daß ein für die Nachzucht wichtiger Hirsch fällt. In den ersten Wochen der Jagdzeit verlegt sich der Weidmann dort, wo Damhirsche zum Standwild zählen, ohnehin mehr aufs Beobachten als aufs Schießen. Es heißt, das »Ansprechen« (Klassifizieren der einzelnen Tiere) zu üben. Da keine andere Wildart so viele Farbvariationen aufweist wie die »Damböcke«, müssen sie besonders sorgfältig angeschaut werden. Die Farbskala von fast Schwarz über Rot- und Ockerbraun, mit hellen Flecken bis hin zur schneeweißen Decke macht es den Jägern wiederum auch leicht, die Tiere voneinander zu unterscheiden.
Die großen Abweichungen in der Färbung werden übrigens darauf zurückgeführt, daß das Wild jahrhundertelang überwiegend in Gattern gelebt hat und somit Domestikationserscheinungen aufweist. Wer Damhirsche heute in Wildparks sieht, wird sie auch eher für Haus- als für Wildtiere halten. Und sie sind zumindest mancherorts schon zu Hoftieren geworden: Auf »Wildfarmen« stellen die Damtiere in Mitteleuropa den größten Anteil des domestizierten Wildes, das als Alternative zu Kühen und Schafen überwiegend auf Weideflächen in bergigem Land und auf sogenannten Grenzertragsböden gehalten wird.
Dort, wo sie in freier Wildbahn vorkommen, zeigen sie aber häufig ein heimliches Verhalten und werden so zu einem reizvollen Ziel für die Büchse des Jägers. Ihre Zahl hat in den vergangenen Jahren zugenommen, ebenso die Strekke. Im Jagdjahr 1959/60 wurden 4004 Tiere von den Jägern geschossen, 20 Jahre später — 1979/80 — waren es mehr als doppelt so viele: 10959. Der Gesamtbestand des Damwildes in der Bundesrepublik wird mit etwa 30000 Tieren angegeben.
Die Damhirsche leben den Sommer hindurch in Männergesellschaft. Auch wenn Ende August, Anfang September die Schaufeln vom Bast befreit sind, halten sie zunächst noch Abstand von den weiblichen Tieren, um sich während der Feistzeit auf die Brunft vorzubereiten. Das bedeutet: Viel und gut äsen, ausgiebig ruhen und sich im übrigen an warmen Tagen der Insekten zu erwehren. So sammeln die Schaufler Kräfte, während die Tiere, die im Verlauf des Juni oder Anfang Juli ein oder zwei Kälber gesetzt haben, ihren Nachwuchs mit den Gefahren des Lebens vertraut gemacht haben. Im Gefolge des älteren »Kahlwildes«, der weiblichen Tiere also, ziehen auch noch die vorjährigen Kälber, vom Jäger »Schmaltiere« genannt, mit, und auch mancher junge Hirsch ist dabei. Der hat allerdings den Damenreigen zu verlassen, wenn im Oktober die Brunft beginnt.
Wie die Rothirsche es schon einige Wochen früher tun, beziehen die stärksten Damhirsche bestimmte Plätze, an denen sie ihre heiseren und eher mit einem Grunzen vergleichbaren Brunftschreie ertönen lassen. Mit der Kameradschaft aus der Feistzeit ist es vorbei: Wo sich zwei Brautwerber beim Umbuhlen einiger Tiere in die Quere kommen, krachen die Schaufelgeweihe zusammen. Obwohl bei Auseinandersetzungen ein gewisses Zeremoniell eingehalten wird (parallel nebeneinander ausgeführter Parademarsch, blitzschnelles gleichzeitiges Senken der Köpfe), kann ein Duell tödlich enden. Manchmal sogar für beide, wenn sich nämlich die Geweihe unlösbar ineinander verhaken.

Seiten 178/179 *Rudel Damhirsche in der Feistzeit (Dänemark)*

Rothirsche

Wie viele kann der Wald vertragen?

Für die Rothirsche ist neben der herbstlichen Brunft der Winterausklang eine ebenfalls wichtige Zeit: Zwischen Anfang Februar und März verlieren die Tiere ihren Kopfschmuck. Im Abstand von wenigen Stunden oder mehreren Tagen lösen sich die beiden Stangen nacheinander von den »Wurzeln«, den Rosenstökken, die vom Stirnbein aufsteigen. Für eine kurze Zeit verraten zwei wunde Stellen, wo einstmals die bei Jägern so hochgeschätzten Knochenverlängerungen ihren Sitz hatten. Aus der Ferne sind sie nur als kleine Wülste zu erkennen, und trügen die älteren Hirsche nicht ihren dichten Kragen (Mähne) an der Unterseite des Trägers (Hals), so würde man sie nur schwer von starken weiblichen Tieren unterscheiden können.
Allerdings dauert die geweihlose Zeit, die bei alten Hirschen eher beginnt als bei jungen, nur wenige Wochen. Schon im zeitigen Frühjahr fangen die neuen Trophäen zu sprießen an. Wenn das erste grüne Laub an den Bäumen aus den Knospen springt, stehen die von einer schützenden Bastschicht umgebenen Geweihstangen wie Rohrkolben manchmal schon in Lauscherhöhe, das heißt, sie schließen mit den Lauschern (Ohren) ab oder überragen sie. Zu dieser Zeit ziehen jene Hirsche, die dann erst knapp zweijährig sind, mitunter noch mit ihrem Erstlingsgeweih, das aus zwei dünnen »Spießen« besteht, umher.
Besonders in den Alpen und im Harz bekommt der Spaziergänger im Winter Rotwild häufig in der Nähe großer Futterplätze zu Gesicht. Die Tiere zeigen sich hier — ganz im Gegensatz zum Sommer — dem Menschen gegenüber recht vertraut, da sie wissen, daß ihnen an Fütterungsstellen nichts geschieht. Häufig werden Heu, Rüben, Silage und Kraftfutter seit Jahrzehnten am selben Platz ausgelegt; schon viele Rotwildgenerationen haben mit der Hilfe von Jägern und Forstverwaltungen an überlieferten Orten die äsungsarme Winterzeit überstanden. So hoch eine solche Rotwildfütterung, zu der sich in den Alpen manchmal an jedem Nachmittag hundert und mehr Tiere versammeln, bei Naturbeobachtern und Winterurlaubern im Kurs steht — sie ist nicht problemlos.

Viele Wildbiologen und Forstwissenschaftler sind der Meinung, daß die Winterfütterung die Hauptursache dafür ist, daß es in manchen Landstrichen einen zu starken Rotwildbestand gibt. Und: Wo es zu viele Hirsche gibt, da werden sie für den Wald und die angrenzenden Felder zur Gefahr. In den Forsten »schälen« sie die Baumstämme, indem sie deren Rinde abziehen, und »verbeißen« junge Pflanzen, indem sie deren Knospen und Triebe verzehren. Im Winter vergrößert die Fütterung diese Gefahr auf eine doppelte Weise. Einmal wird jedes Tier, das sonst vielleicht durch Kälte und Hunger einer natürlichen Auslese zum Opfer fiele, durchgebracht. Zum anderen sammelt sich das Rotwild in der Nähe von Futterstellen unnatürlich zahlreich; und es richtet während der Tagesstunden, die es in der näheren Umgebung verbringt, mit Verbiß und Schälen von Baumrinde noch größere Schäden an. In Bayern lockt man das Rotwild an verschiedenen Stellen während der winterlichen Fütterungszeit in Gatter, hält es dort wochenlang wie Hausvieh und schützt so die umliegenden Wälder.

Im Gebirge hat eine hohe Wilddichte im Winter ihre Ursache nicht nur in einem eventuell ungenügenden Abschuß, sondern auch darin, daß das Wild nicht wie früher in die Täler und ins Alpenvorland ziehen kann: Straßen, Zäune, Häuser, Lifte und eine pausenlose Beunruhigung sorgen dafür, daß das »Edelwild«, das weiträumige Reviere beansprucht, immer mehr zusammengedrängt wird. So schwankt die Wilddichte jahreszeitlich stark, und in vielen Revieren ist die Faustregel, daß je 100 Hektar ein bis zwei Stück Rotwild tragbar sind, längst nicht mehr anwendbar. Nicht zuletzt aus diesem Grund haben sich dort, wo es stärkere Hirschvorkommen gibt, sogenannte Hegegemeinschaften gebildet. Sie umfassen einige Dutzend aneinandergrenzende Reviere und bieten ihren Mitgliedern dadurch die einzige Möglichkeit einer der regionalen Rotwildpopulation angemessenen langfristig geplanten Hege und Bejagung. Dieses über die meist engen Grenzen der immer kleiner werdenden Pachtreviere hinausgehende Jagdsystem hat sich in Schleswig-Holstein, im Harz, im Solling, im Spessart, im Odenwald und in Bayern derart bewährt, daß es im 1977 neu gefaßten Bundesjagdgesetz seinen Niederschlag fand.

Für die Bejagung sind die Rothirsche — wie auch andere Hochwildarten — in Klassen eingeteilt. Ausschlaggebend für die »Güte« sind die Stärke und die Qualität des Geweihs. So gibt es Ia- und Ib-, IIa- und IIb-Hirsche. Nach der Zahl der Tiere, die sich entweder dauernd (als Standwild) oder zeitweilig (als Wechselwild) in einem Jagdbezirk aufhalten, richtet sich das Abschußsoll, aufgeteilt nach männlichen und weiblichen Tieren; ebenso ist es mit der Freigabe in den Klassen. Ia-Hirsche sind sozusagen die Krone der Rotwildschöpfung. IIa-Hirsche sind jünger, haben eine gute Veranlagung, sind sogenannte Zukunftshirsche. Unter »b« rangieren die Hirsche mit einer für den Jäger weniger erstrebenswerten Trophäe (die deswegen allerdings nicht weniger interessant sein muß). Ein Revierinhaber, der einen Ia-Hirsch während der von Anfang August bis Ende Januar dauernden Jagdzeit »frei« hat, kann das Pech haben, daß die Hirsche in seinem Gebiet nur während der Feistzeit stehen und zur Brunft in ein Nachbarrevier ziehen. Hat dort der Jagdberechtigte aber einen Ia-Hirsch nicht frei, weil er vielleicht im Jahr zuvor einen erlegt hat, so droht dem Geweihten nur dann Gefahr, wenn er vor dem 31. Januar noch einmal in ein Revier zieht, in dem seine Klasse zum Abschuß freigegeben und in dem noch kein entsprechender Hirsch zur Strecke gekommen ist.

Daß ein hoher Wildschaden, durch den sich mancher Forstmann zu der unverständlichen Forderung hinreißen läßt, das Rotwild vollkommen auszurotten, auch an falschen waldbaulichen und forstwirtschaftlichen Maßnahmen liegt, das haben Ökologen und Biologen gerade in den vergangenen Jahren immer wieder nachgewiesen. Zwei Umstände sorgen dafür, daß diesem Wild oft gar keine andere Wahl bleibt, als sich auf forstschädliche Weise zu ernähren: zum einen der auch aus anderen Gründen häufig kritisierte Anbau von Nadelholzmonokulturen und die damit einhergehende Bekämpfung oder das natürliche Verschwinden anderer wildwachsender Pflanzen in vielen Forstbetrieben; zum anderen die starke Beunruhigung durch Spaziergänger und Pilzsucher, gefördert noch durch den Ausbau von Feld- und Waldwegen. Auf diese Weise wird das Rotwild auf immer kleinere Flächen zusammengedrängt, kann es Äsung nicht mehr in Ruhe suchen. Die Winterfütterung und unerfüllt gelassene Abschußvorgaben mancher Jäger bewirken ein übriges. So wird in etlichen Gegenden die Zahl des Rotwildes größer als dem Gleichgewicht der ohnehin nicht mehr ausgewogenen Natur bekömmlich ist. Die meisten der Revierinhaber müssen daher im Winter mit Nachdruck Kahlwild jagen; das ist eine Aufgabe, die gern bis zum letzten Augenblick aufgeschoben wird. Denn Alttiere, Schmaltiere (die vorjährigen weiblichen Kälber) und der Nachwuchs des laufenden Jahres locken nicht mit einem Geweih und sind darüber hinaus meistens noch vorsichtiger als die Hirsche. Einen dem ökologischen Gleichgewicht des Waldes zuträglichen Rotwildbestand gibt es aber nur, wenn der Jäger die Jungtiere nachhaltig bejagt. Dann verfährt er so, wie sich das Gleichgewicht in einer vom Menschen unbeeinflußten Wildbahn einpendeln würde: Auch Bär, Wolf und Luchs reißen vornehmlich Jungwild, weil es leichter zu bewältigen ist.

Zehn bis zwölf Kilogramm Grünäsung braucht ein ausgewachsener Hirsch täglich. Bei einem Bestand von gut 90 000 Tieren in der Bundesrepublik (von denen im Jagdjahr 1980/81 genau 31 699 geschossen wurden) ergibt sich somit ein beachtlicher Nahrungsbedarf.

Jedes Jahr gibt es anläßlich der Paarung einige Wochen, in denen die Rothirsche wenig oder gar nicht zum Äsen kommen. Vom Wetter hängt es ab, ob die Brunft bereits Ende August beginnt oder erst in der zweiten Septemberhälfte ihren Auftakt nimmt. Auch die Dauer der hirschlichen Hochzeitsstimmung ist davon abhängig. Bei Regen und an warmen Herbsttagen ist die Lust geringer als in sternklaren, kalten Nächten.

In allen Gebieten, in denen das Rotwild seine Einstände hat, zieht es zur herbstlichen Brunftzeit viele Menschen abends hinaus, um die Brautwerbung des größten westeuropäischen Schalenwildes akustisch mitzuerleben. Für die heiseren Rufe haben die Jäger eine Reihe von Bezeichnungen. Je nachdem, welche Stimmung die Schreie ausdrücken, heißen sie Röhren, Orgeln, Knören, Trennzen oder Brummen, es gibt den Spreng- und den Platzruf und anderes mehr. Spannend wird es, wenn sich zwei Kontrahenten zunächst über eine Entfernung von einigen Kilometern durch immer aufgeregteres Schreien reizen, wenn dann derjenige Geweihte, der sich auf der Suche nach Kahlwild befindet, näher zieht und schließlich auf den »Platzhirsch« mit seinem Rudel trifft. Dann verrät das Zusammenschlagen und Klappern der Geweihe, wie heftig gekämpft wird. Jedes Jahr werden etliche geforkelte (erdolchte) Hirsche gefunden. Daß ein Geweihter das möglichste Höchstalter von etwa 25 Jahren nur ganz selten erreicht, dafür sorgen in den meisten Fällen allerdings die Jäger und nicht die Rivalen in der Brunft.

Seiten 182/183 *Rothirsch mit zwei Alttieren und einem Kalb (Deutschland)*

Streitende Keiler im Schnee zur Rauschzeit (Deutschland)

Wildschweine

In der Rauschzeit kommt es zu mancher Keilerei

Zu keiner Jahreszeit ist das Schwarzwild auch tagsüber so viel auf den Läufen wie in den Monaten Dezember und Januar. Einmal sind es die Jäger, die dann dem »letzten wehrhaften Wild unserer Wälder«, wie die Schwarzkittel bisweilen etwas übertrieben genannt werden, besonders häufig bei der Drückjagd nachstellen. Zum anderen haben sich die Wildsauen die kalten Monate zur Hochzeit ausgesucht: Vom November bis zum Februar, mit dem Höhepunkt jedoch im Dezember und Januar, dauert ihre »Rauschzeit«.

Während die Tiere, deren dunkle Borsten im Winter besonders lang und dicht sind und den Körper um einiges umfangreicher und gewichtiger erscheinen lassen, sonst nur in der Dämmerung und zur Nachtzeit unterwegs sind, zeigen sie sich während der Rauschzeit auch gelegentlich tagsüber. Nicht selten kündigt sich ihr Kommen bereits aus der Ferne an: Wo Keiler und Bachen zusammentreffen, da herrscht nicht immer gleich eitel Hochzeitswonne. Die Sauen sind mit dem ungestümen Verhalten der Keiler nur selten sofort einverstanden. Der Paarung gehen fast immer eine lautstarke Auseinandersetzung und Verfolgungsjagd voraus. Manche Bache trägt noch wochenlang Schrammen und borstenlose Stellen auf der Schwarte.

Wo zwei ausgewachsene Keiler, die sich ins Gehege kommen, aneinandergeraten, sich eine »Keilerei« liefern, ist der Schnee hinterher gelegentlich rot vom Schweiß (Blut). Mit ihren Waffen, den Eckzähnen des Unter- und des Oberkiefers, können sie sich erhebliche Wunden zufügen. Bis zu 20 Zentimeter Länge erreichen die Gewehre oder Hauer des Unterkiefers, etwas kürzer bleiben die Haderer des Oberkiefers. Bei starken Bassen, sogenannten »Hauptschweinen«, sieht man das Gewaff schon von weitem blinken. Wie beim Hirsch das Geweih, so sind für den Jäger beim Wildschwein die Waffen des Keilers oder die — kleineren — Haken der Bache die Trophäe.

Zum Bedauern manches Schützen ist häufig einer der Zähne abgebrochen. Bei betagten Schweinen sind sie stark abgeschliffen. Sehr alte Schwarzkittel aber gibt es selten. Obwohl die Tiere gut 20 Jahre leben können, werden fast alle im Alter zwischen einem Jahr und fünf Jahren von der Kugel getroffen oder — was häufig genug vorkommt — von einem Auto überfahren. Um auf lange Sicht ältere Tiere im Revier und damit eine interessantere Jagdbeute zu haben, haben die Jäger in vielen Gegenden Schwarzwildhegeringe nach dem Vorbild ähnlicher Gemeinschaften für das Rot- und das Rehwild gebildet. Allerdings funktioniert eine solche Hege nur dort, wo verantwortungsbewußte Jäger »das Sagen haben«. Gelegentlich machen Schußneid und der Wunsch nach einer vermeintlichen Trophäe die Zurückhaltung und Bemühungen der anderen zunichte. Hinzu kommt, daß es nicht immer leicht ist, Schwarzwild richtig »anzusprechen«, das heißt, Alter und Geschlecht zu bestimmen. Vor allem dann, wenn bei einer Drückjagd eine Rotte Sauen geschwind über eine Schneise flüchtet oder im Schnee zwischen den Stämmen eines Altholzbestandes dahinstiebt.

Im Winter, wenn die Landschaft verschneit ist, geht es den Wildschweinen häufig schlecht. Nicht etwa aus Nahrungsmangel, denn mit ihrem starken Gebrech und kräftigem Wurf (Rüssel) pflügen und brechen sie auch unter der Schneedecke das Erdreich um. Der weiße Untergrund macht es aber den Jägern leichter, mit der Hilfe der Fährten den Tageseinstand zu finden. Die Abdrücke der Wildschweinschalen haben ein charakteristisches Merkmal, das sie von denen des Rotwilds unterscheidet: Die seitlich rückwärts abstehenden Afterzehen hinterlassen im Boden eine deutlichere Spur.

Ohne eine Bejagung würden die Wildschweine schnell zur Landplage werden, denn sie können auf Feldern und Weiden erheblichen Schaden anrichten. Dem Wald dagegen sind sie, weil sie den Boden auflockern und Engerlinge wie Mäuse vertilgen, überwiegend nützlich. Einer gesunden Fruchtbarkeit hat die Sippe der dunklen Borstentiere zahlreichen Nachwuchs zu verdanken, so daß in jedem Jahr etwa die Hälfte des Bestandes erlegt werden kann und muß. In der Jagdsaison 1980/81 wurden in der Bundesrepublik 34585 Wildschweine geschossen; in der DDR waren es im Jahr 1978 mehr als dreimal so viele: 119705. Wildschweine vermehren sich dort besonders stark, wo sie nachhaltig bejagt werden. Gelegentlich kommt es vor, daß Bachen, deren Tragzeit rund viereinhalb Monate beträgt, zweimal im Jahr Frischlinge zur Welt bringen.

Mufflons

Die Lämmer werden zeitig geboren

Wenn sich Ricken und Rotalttiere in der zweiten Maihälfte oder in den ersten Junitagen ein verstecktes Plätzchen suchen, um dort ungestört ihren Nachwuchs zur Welt zu bringen, hat anderes Jungwild bereits erste Lebenserfahrungen gesammelt. Neben den Wildschweinen bekommt auch das Muffelwild häufig vor Frühlingsbeginn Zuwachs und hält es damit ähnlich wie die zahmen Verwandten. Nicht selten liegt noch Schnee, wenn die ersten Lämmer der Wildschafe geboren werden, und so verwundert es nicht, wenn man zu Beginn des Sommers einen jungen Widder, bei dem bereits der Kopfschmuck in der Form kleiner Knöpfe sprießt, im Gefolge der Mutter sieht. Während die erwachsenen Tiere in dieser Zeit ihr dichtes Winterhaar verlieren und deshalb für kurze Zeit recht struppig aussehen, präsentieren sich die Jungen in überwiegend dunkler, glatter Decke.

Allerdings gibt es keinen einheitlichen Farbschlag bei den Mufflons. Wie die Bussarde unter den Greifvögeln im Aussehen variieren, so auch die ursprünglich im Mittelmeerraum beheimateten Wildschafe unter dem Schalenwild. Von Brauntönen über Grau bis fast Schwarz reicht die jahreszeitlich bedingte Bandbreite. Einige tragen auf den Flanken den charakteristischen »Sattelfleck« in unterschiedlich ausgeprägter heller Form. Diese vielfältige Färbung verdanken sie weniger ihrer Veranlagung als dem Einfluß des Menschen. Nachdem die ersten Mufflons im 18. Jahrhundert aus freier korsischer Wildbahn über Tierparks in Österreich, Ungarn und in der Tschechoslowakei eingebürgert worden waren, kam es schon bald zu ersten Kreuzungen mit anderen Wildschaf- oder gar Hausschafformen. Der Grund für diese Vermischungen, bei denen das balkanesische Zackelschaf eine besondere Rolle spielte, war der Wunsch nach stärkerem Wildbret (Gewicht) und größeren Trophäen.

Mit den Bastardformen handelten sich die Jäger allerdings einen besonderen Nachteil ein: Die nicht reinrassigen Tiere richten in den Wäldern erheblichen Schaden durch das Schälen von Baumrinde an. Das ist eine Form der Nahrungsaufnahme, die die Urrasse, die nach

der Eiszeit isoliert auf den Mittelmeerinseln Korsika und Sardinien überlebte, nicht kennt. Daher trachten Revierinhaber, die Mufflons zu ihrem Standwild zählen, danach, Nachfolger von Kreuzungen auszumerzen und bei einer Neuansiedlung nur die reinrassige Form des »Tyrrhenischen Wildschafes« zu nehmen.
Daß sich das Muffelwild in Mitteleuropa einer wachsenden Beliebtheit unter den Jägern erfreut, das zeigen die stetig steigenden Streckenzahlen. So wurden in der Bundesrepublik Deutschland vom 1. April 1980 bis zum 31. März 1981 1742 Tiere erlegt, in der DDR waren es 1029 im Jahr 1978. In Österreich kamen 1979 mit 1442 Mufflons rund 70 mehr zur Strecke als im Jahr zuvor. Der Bestand in der Bundesrepublik wird mit 5500 Tieren angegeben. An der Strecke gemessen, haben (in der Reihenfolge) Hessen, Niedersachsen, Nordrhein-Westfalen, Rheinland-Pfalz und Bayern die besten Muffelwildreviere.
Da die Tiere als ehemalige Felsenbewohner steiniges Gelände vorziehen, gedeihen sie hierzulande besonders gut im Mittelgebirge. Aber auch die Lüneburger Heide, in der die ersten »deutschen« Tiere zu Anfang dieses Jahrhunderts ausgesetzt wurden, hat sich als geeigneter Standort erwiesen. Dort wie auch in anderen Gegenden kommt dem Muffelwild seine Anspruchslosigkeit zugute. Daher fühlt es sich auch noch in jenen bewaldeten Landstrichen wohl, die dem Reh- und dem Rotwild zu wenig Nahrung bieten.
So klein das Wild im Vergleich zu seinen Verwandten, wie etwa dem nordamerikanischen Dickhornschaf, auch ist, so reizvoll ist eine Begegnung oder die — notwendige — Bejagung. Die Tiere sind recht scheu und entdekken dank besonders guter Augen den Spaziergänger oder pirschenden Jäger meistens sehr früh. Hinzu kommen eine empfindliche Nase und ein sensibles Gehör. Keine andere Wildart bei uns verfügt über drei derart gleichmäßig gut ausgebildete »Ortungsanlagen« wie die Mufflons; sie helfen insbesondere den Schafen in den ersten Wochen nach dem Setzen des Lamms (Zwillingsgeburten sind viel seltener als bei Hausschafen), für dessen Sicherheit zu sorgen. Wenn auch die Muffelkinder schon nach wenigen Tagen sehr schnell auf den Läufen sind, werden sie von den Müttern doch an besonders ruhigen und schwer zugänglichen Plätzen gehalten.
Was das Muffelwild — neben seiner heimlichen Lebensweise — für den Jäger auch interessant macht, ist der geschwungene Hornkopfschmuck der Widder. Die Länge der »Schnecken« kann mehr als 80 Zentimeter betragen. Da sie echte Hörner sind, werden sie nicht wie beim Rehwild und bei den Hirschen jährlich erneuert, sondern wachsen im Lauf des Lebens zu stattlichen Waffen heran. Im Winter verlangsamt sich für einige Wochen das Wachsen, und dadurch kommt es zu Verdünnungen, die als »Jahresringe« Auskunft über das Alter der Tiere geben können. Auch einige der Schafe tragen Hörner, doch werden diese selten länger als zehn Zentimeter.
Die starken Schnecken der Widder dienen während der Brunftzeit von Oktober bis Dezember mit dem Schwerpunkt im November der Auseinandersetzung. Manchmal kann man das Zusammenschlagen des Gehörns zweier Widder, die um die Gunst eines Schafrudels streiten, weit hören. Wer zwei Mufflons aufeinander losstürmen und dann mit gesenkten Köpfen zusammenprallen sieht, wird zunächst Schlimmes, zumindest eine Gehirnerschütterung, bei beiden erwarten. Doch weit gefehlt. Nicht selten gehen die beiden einige Dutzend Male mit voller Kraft aufeinander los, bis einer das Weite sucht. Nur dann, wenn sie sich mit den gekrümmten Schnecken ineinander verhaken und sich nicht wieder voneinander lösen können, endet ein solcher Streit mitunter tödlich. Dann aber für beide.
Die Mufflons haben weder zur Brunft noch in der übrigen Jahreszeit angestammte Plätze, auf denen sie sich regelmäßig einstellen, sondern ziehen recht unstet durch ihr Revier. Die Vielfalt der Äsung (sie sind bei weitem nicht so wählerisch wie die Rehe) macht es ihnen möglich, gerade dort, wo es momentan am ruhigsten ist, den Hunger zu stillen. Daher gelingt es ihnen übrigens auch, einen harten Winter besser zu überstehen als die meisten anderen europäischen Wildarten. Dennoch stellen sich die Wildschafe, die ähnlich wie die zahmen Verwandten bähen und blöken, darüber hinaus aber noch wie Pfiffe klingende Warnlaute durch die Nase hervorbringen können, gern bei Fütterungen ein.

Muffelschaf mit Bocklamm im Juni (Deutschland)

Meister Reineke auf winterlicher Pirsch (Deutschland)

Schleiereulen

Wo sollen die lautlosen Flieger heute noch nisten?

Besser als auf dem Foto kann kaum gezeigt werden, was für die Existenz der Schleiereulen neben einem ausreichenden Nahrungsangebot lebensnotwendig ist. Mit weit ausholenden, gaukelnden Flügelschlägen strebt der eigenwillig gefärbte Vogel dem »Eulenloch« im Giebel eines schleswig-holsteinischen Bauernhauses zu, um es sich im dämmerigen Tagesversteck auf dem Dachboden bequem zu machen. Im Sommer, wenn die Nächte kurz sind, lassen sich die überwiegend im Dunkeln jagenden Gefiederten auch schon einmal bei Licht blikken. Und da sie auf einem Bauernhof meistens mehrere »Verstecke« haben, geschieht es gelegentlich, daß sie bei einer Störung das Quartier bei Sonnenschein wechseln. Nicht selten werden sie dabei von einer Schar Spatzen oder Schwalben verfolgt, die nach Singvogelmanier beim Auftauchen von Eule oder Greifvogel Alarm schlagen.

Dafür, ob sich ein Schleiereulenpaar in einem Dorf ansiedelt, ist heute in erster Linie die Zahl der Unterschlupfmöglichkeiten entscheidend. Während früher jede Scheune und jedes Haus auf dem Lande sowohl wegen der Luftzirkulation als auch für die Eulen eine Öffnung im Giebel hatten, gibt es heute wesentlich weniger Dächer mit einem Durchlaß. Moderne Bauweise und übertriebener Hang zu fast desinfektionsartiger Sauberkeit lassen viele Hausbesitzer ihren Boden verschließen. In den meisten Scheunen wird nicht mehr Getreide oder Stroh gelagert, so daß eine Belüftung nicht notwendig ist. Als früher willkommene Mäuse- und Rattenvertilger, sind Eulen nicht mehr so nötig, da die grauen Nager in den Scheunen kaum selber etwas zu beißen haben, seitdem die Mähdrescher sämtliche Arbeiten auf dem Feld erledigen.

Wie die meisten anderen Eulenarten sind Schleiereulen als Höhlen- und Halbhöhlenbrüter auf dunkle Verstecke als Brutplätze angewiesen. Aber nicht nur der Mangel an Nistgelegenheiten macht den Vögeln mit dem herzförmigen und schleierartigen Federkranz im Gesicht zu schaffen. Häufig genug sind auch Nahrungsprobleme schuld daran, daß sie sich nicht genügend vermehren. Da sie zu etwa 95 Prozent von Mäusen leben, hängt ihre

Schleiereule beim Anfliegen des Eulenlochs im Scheunengiebel (Deutschland)

Familienplanung von der Entwicklung ihrer Beutetiere ab. Deren Fortpflanzungszyklus wiederum bewegt sich in Wellenlinien. Alle drei bis fünf Jahre kommt es zu einer starken Vermehrung, dann bricht die Population — ähnlich wie bei Lemmingen — zusammen. Damit einhergehend, haben Schleiereulen Jahre mit vielen Jungen und Jahre, in denen sie manchmal gar nicht brüten. Bei einem Mäuse-»Boom« ziehen die schönen Vögel mit den furchterregenden Zisch-, Fauch- und Schnarchlauten nicht selten zwei Bruten im Jahr groß. Bis zu neun Junge wurden bereits in einem Nest gezählt, und nicht wenige von ihnen werden im Winter flugfähig, denn bei einem guten Mäuseangebot beginnen die Eulen selbst dann noch mit der Brut.

Ein kalter, schneereicher Winter jedoch kann dem Bestand sehr empfindlich schaden. Im Jahr 1979 kamen in Norddeutschland nahezu 90 Prozent der Tiere um; wieviele des Restbestandes mögen die Kälte und den Schnee Anfang 1982 überlebt haben? So hatte denn der DBV, der alljährlich wie bekannt einen »Vogel des Jahres« herausstellt und dabei auf dessen Bedrohung aufmerksam macht, bereits 1977 die Schleiereule dafür gewählt. Doch damit nicht genug.

Die mehr als 100000 Mitglieder des Verbandes werden aufgefordert, aktive Überlebenshilfe zu leisten. Für die Schleiereule ist das vor allem durch den Bau von Nist- und Schlafkästen, mit dem Herstellen von Öffnungen in Scheunen- und Dachgiebeln sowie mit der Erhaltung mäuseträchtiger Flächen in der Nähe der Siedlungen möglich. Im Winter kommt die Fütterung mit lebenden Mäusen, die in Wannen angeboten werden, oder mit toten Mäusen, die man abends an den Tagesschlafplätzen der Vögel auslegt, hinzu. Die Eulen lernen schnell, dieses Angebot zu nutzen.

Manche Schleiereule weiß sich auch andere Nahrungsquellen zu erschließen: Bei Mäuseengpässen stellt sie sich auf die Sperlingsjagd um. Neben den »Gewöllen«, den Speiballen mit den unverdaulichen Nahrungsresten, findet sich oft in spatzenreichen Dörfern ein Vorrat von sechs bis zehn Sperlingen, die von den Eulen in der Nähe ihres angestammten Platzes als Reserve deponiert worden sind.

Schleiereulen gibt es in zwei Farbschlägen: die helle Rasse mit einer rein weißen Unterseite und die dunkle Rasse mit einer rostgelben, fein gesprenkelten Brust. Beide Varianten haben goldgelbe und graue Rücken- sowie Schwingenfedern, die ebenfalls mit weißen Punkten und Strichen besetzt sind.

Gut getarnt am Baumstamm: Bartkauz (Kanada)

Bartkäuze

Die »Lapplandeulen« jagen auch bei Tageslicht

Je weiter nördlich Eulen beheimatet sind, desto eher lassen sie sich tagsüber beobachten. Das liegt zum einen daran, daß ihnen dort, wo es im Sommerhalbjahr nur für wenige Stunden oder gar nicht dunkel wird, gar keine andere Wahl bleibt: Sie müssen auch bei Helligkeit jagen, um sich und ihre Jungen zu ernähren. Zum anderen leben viele von ihnen in Gebieten, die nur dünn oder gar nicht besiedelt sind. Neben der weißen Schnee-Eule, der langschwänzigen Sperbereule und dem überwiegend weiter im Osten vorkommenden Habichtskauz gehört der Bartkauz zu den nordischen Eulen, die auch bei Sonnenschein in Aktion sind.

Mit einer Körperlänge von 68 Zentimetern bleiben die europäischen und die asiatischen Bartkäuze lediglich um zwei bis drei Zentimeter hinter der des Uhus zurück. Die nordamerikanische Unterart, von Alaska südwärts bis Wyoming und Wisconsin zu Hause, wird allerdings noch größer. Ausgewachsene Weibchen, die — wie bei anderen Eulenarten auch und bei den Taggreifvögeln — bis zu einem Drittel größer sein können als die Männchen, bringen es auf stattliche 84 Zentimeter. Sie sind die größten Eulen Nordamerikas und heißen dort deshalb auch Great Grey Owl. Legt man nicht das Gewicht, sondern allein die Körperlänge vom Kopf bis zum Schwanzende zugrunde, dann sind sie sogar die größten Eulen der Welt. Der Uhu allerdings wiegt gut doppelt soviel: Für ein europäisches Bartkauzweibchen werden 1900 Gramm als Höchstgewicht angegeben; ein Uhuweibchen aber brachte schon 4200 Gramm auf die Waage.

Nicht nur der »Bart« — zwei helle, unter dem stark gebogenen Schnabel schräg abwärts verlaufende Federfelder, die dem Vogel zu seinem deutschen Namen verholfen haben (in vielen anderen Sprachen heißt er übersetzt »Lapplandeule«) — gibt dem Gesicht ein faszinierendes Aussehen. Die kleinen leuchtendgelben Augen mit dunkler Pupille sind von mehreren parallel nebeneinanderliegenden Federkränzen umgeben. Sie wirken wie ein Schleier und unterstreichen die vorn abgeflachte Rundung des großen Kopfes, den der Bartkauz nach Eulenart um mehr als 180 Grad drehen kann.

Verhältnismäßig kurze, abgerundete Flügel sorgen dafür, daß der Vogel auch in dichtem Wald wendig fliegen kann. Obwohl seine Flügelschläge langsam sind, ja fast verzögert wirken, so daß das Flugbild dem der Sumpfohreule oder des Graureihers ähnelt, legt der Bartkauz beim Angriff auf Eichhörnchen und Erdhörnchen, beim Erbeuten von Mäusen und Lemmingen und beim Verfolgen von Hasen und Waldhühnern ein hohes Maß von Geschicklichkeit und Schnelligkeit an den Tag. Die meisten der Beutetiere schlägt er nach flachem Anflug von einem Ansitz herab.

Trotz ihrer stattlichen Erscheinung kann sich die »Große Graue Eule« gut tarnen: Mit ihrem gebänderten graubraunen Gefieder, das bei der eurasischen Unterart (Strix nebulosa lapponica) heller und kontrastreicher ist als bei der nordamerikanischen (Strix nebulosa nebulosa), fällt sie im Geäst von Nadelbäumen kaum auf. Je älter Fichten- und Kiefernwälder sind, desto mehr bevorzugt der Bartkauz sie als Lebensraum. Eingesprenkelte Birken, Pappeln oder Ahorn sind ihm willkommen, da dort das Nahrungsangebot vielfältiger ist.

Wenn in der nordischen Heimat der Schnee zu schmelzen beginnt, intensiviert das Männchen den Gesang. Mit dumpfem »Ho-ho-ho«, meistens zehn- bis zwölfmal hintereinander, versucht es, ein Weibchen anzulocken. Um den Bau eines Nestes allerdings kümmern sich dann beide nicht: Möglichst hoch gelegene ausgediente Horste von Habichten, Bussarden, Kolkraben und anderen großen Baumbrütern — manchmal auch das obere Ende eines abgebrochenen Stammes — dienen als Unterlage für die drei bis sechs und gelegentlich sogar neun Eier.

Ob überhaupt gebrütet wird, das hängt ebenso wie die Größe des Geleges weitgehend vom Nahrungsangebot ab. In Jahren mit vielen Wühlmäusen und Lemmingen (die zur Unterfamilie der Wühlmäuse gehören) ist der Nachwuchs zahlreich. Gut vier Wochen lang brütet das Weibchen allein. Es wird während dieser Zeit vom Männchen versorgt. Die im Abstand von jeweils zwei Tagen schlüpfenden Jungen verlassen ihre oft sehr brüchige Unterkunft schon, bevor sie flugfähig sind: Wie viele andere Jungeulen klettern sie im Geäst umher. Im Alter von etwa 40 Tagen unternehmen sie die ersten kurzen Flüge. Doch noch wochenlang werden sie von den Eltern versorgt, bevor diese sie aus dem Revier drängen.

Steinkäuze

Ohne künstliche Brutröhren wären sie noch seltener

Junge Steinkäuze können es nur selten abwarten, bis sie halbwegs flügge sind. Schon lange vorher treibt sie die Neugierde aus der Bruthöhle. Meistens tragen sie noch ihr graues Dunenkleid, da klettern sie schon im Geäst des Nistbaumes, im Gebälk des Dachbodens oder zwischen den Steinen einer bröckeligen Mauer umher. Derartige Ausflüge, von denen sie nach einigen Stunden wieder ins Nest zurückkehren, wagen die Käuzchen im Alter von etwa vier Wochen. Da das Weibchen erst mit der Brut beginnt, wenn es das vorletzte der vier bis sechs (selten sieben) Eier gelegt hat und nicht bereits vom ersten Ei an sitzen bleibt, schlüpfen die zunächst blinden Steinkauzkinder nahezu gleichzeitig.

Mancher junge Steinkauz muß allerdings seine Entdeckungsfreudigkeit mit dem Leben bezahlen. Da die vorwitzigen Vogelkinder noch nicht fliegen, sondern allenfalls flattern können, stürzen nicht wenige von ihnen ab. Wenn es gilt, wieder in den heimatlichen Hort zu gelangen, zeigen sie zwar Energie und Ausdauer und wissen auch, ihre spitzen Krallen an den jeweils paarweise nach vorne und hinten gerichteten Zehen geschickt einzusetzen, doch häufig reichen Vermögen und Kraft nicht aus. Mancher wird zwar am Boden noch von den Eltern versorgt, doch die meisten werden Opfer von anderen Beutegreifern.

Gelegentlich kann jungen Steinkäuzen sogar eine eigens zu ihrem Schutz angebrachte Einrichtung zum Verhängnis werden: Um die Bruten vor einem besonders gefährlichen Feind, dem Steinmarder, zu bewahren, haben in vielen Gegenden Deutschlands Vogelschützer die Nistbäume (meistens niedrige alte Obstbäume) mit einer Blechmanschette umgeben. An dieser rutscht allerdings nicht nur der Marder, sondern auch ein abgestürzter Jungkauz ab, der sich sonst — mit den krallenbewehrten Beinen ziehend, mit den noch unvollständig ausgebildeten Flügel flatternd — erfolgreich in die Höhe arbeiten könnte.

Naturschützer, die sich für die in ihrem Bestand stark gefährdeten Steinkäuze einsetzen und seit Jahren bereits spezielle Artenschutzprogramme verfolgen, wissen von solchen Problemen und haben mancherorts auf eine

Junger Steinkauz beim Herumklettern im Nistbaum (Deutschland)

zunächst erstaunlich anmutende Art reagiert: Sie haben die natürlichen Bruthöhlen in den Bäumen für den Steinkauz unbenutzbar gemacht. Gleichzeitig hängten sie künstliche Brutröhren auf, die durch einen in sich versetzten Einschlupf zwar dem kleinen Steinkauz das Herein- und Herauskommen ermöglichen, den Steinmarder aber aussperren. Mit solchen Ersatznisthöhlen arbeiten die Vogelschützer schon lange dort, wo die Bäume auf den alten Obststreuwiesen immer mehr verschwinden. Auf unsinnige Weise durch EG-Prämien verleitet, haben Bauern gerade in Gebieten mit vielen Steinkäuzen, Apfel- und Birnenbäume zu Hunderttausenden gerodet.
Damit gingen den Steinkäuzen nicht nur die Nistmöglichkeiten verloren, sondern auch die Nahrungsgründe. Denn die Vögel, mit einer Körperlänge von 22 Zentimetern nur so groß wie ein Buntspecht und um etwa die Hälfte kleiner als der Waldkauz, leben gerade zur Brutzeit zum Großteil von Insekten und Würmern, die besonders reichlich in den Obstbaumfeldern vorkamen, solange dort nicht die Giftspritze regierte. So setzen denn auch diejenigen, die sich dem Schutz der »Käuzchen« verschrieben haben, alles daran, die alten Obststreuwiesen zu erhalten. Nach einem so schnee- und frostreichen Winter wie 1981/82 ist das besonders notwendig, denn darunter haben die Bestände des Steinkauzes erheblich gelitten. Da sie ihrem Revier das ganze Jahr über die Treue halten, müssen sie sich in der kalten Jahreszeit mit Mäusen und Kleinvögeln durchzuschlagen versuchen. So klein die »Klawitchen« sind, so groß ist ihr Mut: Sie wagen sich sogar an Ratten und Wiesel heran.
Die kleine Gestalt mit dem flach wirkenden Kopf und die großen Augen mit der gelben Iris sind es nicht allein, die den Vogel, der mit Ausnahme von Skandinavien, Schottland und Irland (immer lückenhafter) über ganz Europa, Nordafrika und einen großen Teil Asiens verbreitet ist, so sympathisch machen. Sein lebhaftes Knicksen, Ducken und Strecken, Aufplustern, Kopfdrehen, das Hin- und Herwiegen des Körpers, die Vielfältigkeit seiner Lautäußerungen lassen ihn als kleinen Clown erscheinen, der sich auch am Tage zeigt (und gerne sonnt). Von den alten Griechen als Symbol der Weisheit verehrt, galt er in Mitteleuropa jahrhundertelang als »Totenvogel«, dessen Ruf »kuwitt« besonders von abergläubischen kranken Menschen als »Komm mit« verstanden wurde, wenn er sich abends oder nachts vor erleuchteten Fenstern einfand, um hier die vom Licht angelockten Insekten zu fangen.

Uhus

Die Arbeit der Vogelschützer zeigt Wirkung

Von den im Jahr 1981 im Harz durch die sechs der dort freilebenden Uhupaare erbrüteten 15 Junge haben einige eine gute Chance, auch den jüngsten der um ihr Wohl besorgten Vogelschützer zu überleben. Uhus können nämlich so alt werden wie nur wenige andere Vogelarten: Von einem ist bekannt, daß er 68 Lebensjahre erreichte. Solche und viele andere genauen Daten liegen über die größte europäische Eule vor, weil sie schon seit langem immer wieder von neuem Menschen fasziniert und in den beiden vergangenen Jahrzehnten eine Reihe von Vogelfreunden veranlaßt hat, sich intensiv für ihre Erhaltung und Vermehrung in der bundesdeutschen Wildbahn einzusetzen. Beides, das gründliche Wissen um seine Biologie und die Möglichkeit, seinen Bestand zu fördern, ist dem Umstand zu verdanken, daß sich der Uhu leicht in menschlicher Obhut halten und in Gefangenschaft züchten läßt.
Das allerdings wäre ihm auch beinahe zum endgültigen Verhängnis geworden. Im vergangenen Jahrhundert wurde der große Nachtvogel, bei dem das Weibchen immerhin mehr als drei Kilogramm wiegen und mit gut 170 Zentimetern die Spannweite eines Schreiadlers erreichen kann, nicht nur das Opfer derjenigen Jäger, die ihn als Feind des Niederwildes betrachteten und als Beutekonkurrent »bekämpften«. Der Uhu wurde auch gerne als Jungvogel ausgehorstet und in eine Voliere gesperrt. War er ausgewachsen, so setzten ihn die Jäger auf ein Querholz, die Jule, und legten sich in Schrotschußentfernung gut getarnt, meistens in einer kleinen Erdhütte, auf die Lauer. Dann brauchten sie nur auf das Erscheinen all jener Vögel zu warten, die den Uhu nicht ausstehen können und — einem inneren Trieb folgend — auch alle Eulen »hassen« (angreifen). Das sind viele Arten, und so kamen bei der Hüttenjagd Krähen, Elstern, Kolkraben und Greifvögel ums Leben. Die »Adlereule«, wegen ihrer beweglichen Federohren auch Große Ohr- oder Große Horneule genannt, wurde so lange in ihrem einstmals sich über ganz Deutschland erstreckenden Verbreitungsgebiet verfolgt, getötet, am Brüten gehindert und eingesperrt, bis zu Beginn dieses Jahrhunderts im damaligen Deutschen Reich nur noch etwa 200 Brutpaare vorhanden waren. Im Jahr 1920 waren es 100, und 1956, so sagen es Berichte, wurden in der Bundesrepublik und in der DDR zusammen 62 Paare bestätigt. Im westlichen Deutschland lebten die meisten auf bayerischem Boden, vor allem im Fränkischen Jura. Nicht nur dort hat sich die Lage zum Besseren gewendet, auch im Harz, im Weserbergland, in der Eifel und an einigen anderen Orten gibt es inzwischen wieder regelmäßig brütende Uhupaare; insgesamt sind es gegenwärtig wohl 120 bis 150.
Zu verdanken ist das der harten Arbeit vieler Vogelschützer. Um den Uhu in Nord- und Westdeutschland wieder heimisch zu machen, gründeten einige bereits in den sechziger Jahren Arbeitskreise. So gibt es in Nordrhein-Westfalen die AZWU (Arbeitsgemeinschaft zur Wiedereinbürgerung des Uhus), in Bayern und Hessen die AWU (Aktion Wanderfalken- und Uhuschutz), in Niedersachsen die DBV-Projektgruppe »Wiedereinbürgerung des Uhus im Harz«; sogar in Schleswig-Holstein wurden 1981 Uhus freigesetzt.
Etliche Naturschutzfachleute warnen mittlerweile bereits davor, des Guten zu viel zu tun. Denn dort, wo kein geeigneter Lebensraum mehr vorhanden ist, wo die Nahrungsgrundlage nicht ausreicht, haben selbst auf die Auswilderung sorgfältig vorbereitete Uhus keine Chance. Zwar brüten die mächtigen Jäger der Nacht mit dem weichen, braun gezeichneten Gefieder sowohl in einer Felswand, in einem verlassenen Greifvogelhorst als auch notfalls auf dem blanken Boden, zwar haben sie ein ungeheuer breites Beutespektrum (Mäuse, Ratten, Igel, Hasen, Wildkaninchen, Jungfüchse, Hauskatzen, Wiesel, Iltisse, Eichhörnchen, Hamster, Frösche, Fische, Schlangen, Großinsekten, Vögel aller Art einschließlich der anderen Eulen), weshalb bei ihrer Ansiedlung auch die Situation gefährdeter Tierarten berücksichtigt werden muß, doch sind viele Landstriche dank zivilisatorischer Errungenschaften ungeeignet. Besonders der Straßen- und Schienenverkehr sowie Hochspannungsleitungen werden vielen Uhus zum Verhängnis. Daß manche der Vögel allerdings auch mitten in einer technisierten Umwelt zurechtkommen, haben ein Paar am Rand des Harzes, ein anderes in Hessen bewiesen: Das eine brütet seit Jahren erfolgreich in einem Industriegelände, das andere zieht seine zwei bis vier Jungen in einem Steinbruch auf, in dem der Abbau mit viel Lärm vonstatten geht.

Seiten 206/207 *Junge Uhus in einer Geröllwand (Deutschland)*

Haubenmeise in der Nähe eines Futterplatzes (Deutschland)

Tannenmeise, die kleine Ausgabe der Kohlmeise (Deutschland)

Meisen

Im Winter werden viele zu Vegetariern

Zu den häufigsten Besuchern der Futterstellen für Vögel gehören die Meisen. Haben sie erst einmal eine regelmäßig ergiebige Nahrungsquelle entdeckt, so bleiben vor allem die Kohl- und die Blaumeise mitunter den ganzen Winter hindurch einem Platz oder wenigen, auf begrenztem Raum dicht beieinander liegenden Fütterungen treu. Ist das Nahrungsangebot im Einzugsgebiet unterschiedlich, so haben die quicklebendigen Sänger schnell herausgefunden, wo es am besten schmeckt. Sie danken es mit häufiger Anwesenheit, und besonders auf dem Lande, wo die Futterhäuschen in größerem Abstand zu finden sind, bilden sich mitunter stärkere Scharen. Kohlmeisen und Blaumeisen tauchen oft gemeinsam auf, denn sie sind die am häufigsten vorkommenden Vögel aus der Meisensippe, die es allein in Europa auf mehr als ein Dutzend Vertreter bringt.
Kohlmeisen, nicht selten zahlreicher und regelmäßiger anzutreffen als Haussperlinge, haben sich von allen Singvögeln dem Menschen am stärksten angeschlossen. In städtischen Parks werden sie darin vielleicht noch von den Amseln übertroffen, auf dem Lande jedoch zeigen sie mehr Zutraulichkeit als diese. Das wird besonders bei der Wahl ihrer Brutplätze deutlich. Briefkästen, Pumpenrohre, abgestellte Fahrzeuge oder Ackergeräte dienen ihnen genauso als Niststätte wie ausgediente Kochtöpfe, Blumenkästen oder Regenmesser. Wo man ihnen einen Nistkasten aufhängt, sind sie dankbare Mieter.
Wie die zierlichere, um gut zweieinhalb Zentimeter kleinere Blaumeise, die häufig von der 14 Zentimeter langen Kohlmeise aus der Nisthöhle vertrieben wird und der man daher eine künstliche Brutstatt mit kleinerem Einschlupfloch anbieten sollte, sorgt die Kohlmeise mit einer zahlreichen Nachkommenschaft dafür, daß ihre Art überall präsent bleibt. 15 Junge, bei der Blaumeise, gelegentlich sogar mehr als 20, sind keine Seltenheit. Entsprechend hoch ist die Zahl der von ihnen vernichteten Raupen, Käfer und anderen Insekten. Wer sich einmal die Mühe gemacht und ein Meisenpaar während einer sommerlichen Fütterungsstunde beobachtet hat, kennt den Fleiß und die Nützlichkeit der kleinen Vögel.
Im Winter, wenn aus den Fleischfressern Vegetarier geworden sind, ist ihre Emsigkeit nicht geringer. Ein besonders reger Stoffwechsel zwingt sie zu dicht aufeinanderfolgenden Mahlzeiten. So sieht man sie denn auch ununterbrochen am Futterplatz erscheinen, sich in Windeseile einen Kern, einen Samen, ein Körnchen oder ein Stück Talg holen und die Beute dann auf einem Zweig zerlegen. Erstaunlich, mit welcher Kraft die kleinen Vögel selbst große Kerne mit gezielten Hieben ihres robusten Kegelschnabels buchstäblich zertrümmern. Wie dem Specht bei der Meißelarbeit, so kommt auch der Meise eine besonders starke Nackenmuskulatur zustatten.
An einem Wintertag nimmt eine Meise ein Vielfaches ihres Körpergewichts zu sich, um zu überleben. Nur wenige Stunden ohne Nahrung, vor allem bei feuchter Kälte, können den Tod der kaum mehr als zehn Gramm leichten Singvögel bedeuten. In der Nacht werden sie zwar von einem besonders dichten Gefieder vor der Kälte geschützt, doch mit dem Tageslicht verlassen sie ihre Schlafquartiere in Baumhöhlen, Nistkästen und Mauerritzen und brauchen vor allem in den Morgenstunden Nahrung.
Nachts drängen sich häufig mehr als ein Dutzend Meisen in der Schlafstätte zusammen und wärmen sich auf diese Weise zusätzlich. Viele von ihnen sind während der Wintermonate aus dem Norden und Osten gekommen, einige haben 1000 und mehr Kilometer zurückgelegt: allerdings nicht in Zugvogelmanier mit großen Tagesetappen, sondern so, wie sich die Meisen auch im heimatlichen Revier vorwärts bewegen, von Zweig zu Zweig, von Busch zu Baum, von Hecke zu Waldrand, jede Deckung nutzend und lange Flüge über freie Flächen meidend. Diese Art der Fortbewegung ist allen Familienmitgliedern gemeinsam.
Neben den Kohl- und den Blaumeisen sieht man an den winterlichen Futterplätzen auch die Sumpf- oder Nonnenmeise, die Weidenmeise, die Tannen- und die Haubenmeise. Alle vier Arten treten aber wesentlich seltener auf, und sie sind stärker an bestimmte Lebensräume gebunden. Die Sumpf- und die Weidenmeise lassen sich leicht verwechseln, ebenso wird die Tannenmeise gelegentlich als »kleine Kohlmeise« angesehen, obwohl sie für den Fachmann am hellen Nackenfleck und am gut drei Zentimeter kleineren Körper sofort erkenntlich ist. Sie lebt, ähnlich wie die auffällig ausstaffierte Haubenmeise, überwiegend in Nadelwäldern. Beide besuchen gern die von den Forstämtern eingerichteten Futterplätze.
Haubenmeisen, die nicht so gesellig wie die meisten ihrer Verwandten sind, haben die Größe der Blaumeise und sind an ihrem grauweiß gesprenkelten Federschopf auf dem Kopf schnell zu bestimmen. Ein Merkmal der ganzen Familie, die hellen Wangenflächen, ist bei ihnen besonders markant von einem schwarzen Band umgeben. Zusammen mit dem ebenfalls dunklen Kehlfleck sieht es so aus, als sei damit die Haube befestigt. Die graubraunen Gefiederten mit den rahmfarbenen Flanken sind gute Kletterer, die häufig an der Rinde von Bäumen ihre Insektennahrung suchen. Im Sommer betätigen sie sich nach der Art eines afrikanischen Kleinvogels, dem Madenhacker, und sind daher beim Wild beliebt: Ohne Scheu fliegen sie Hirschen, Rehen und Mufflons auf den Rücken und suchen diese Tiere nach Zekken und anderen Insekten ab. Sie machen damit dem Namen ihrer Gruppe als »Waldmeise« besondere Ehre.
Zu den »Halbmeisen«, die sich sowohl durch ihr Aussehen als auch ihr Verhalten stark von den anderen Meisen unterscheiden, gehören Bart-, Beutel- und Schwanzmeise. Sie bauen im Gegensatz zu den Waldmeisen, die alle Höhlenbrüter sind, freistehende oder freischwebende Nester, die besonders bei der Beutel- und der Schwanzmeise wahre architektonische Kunstwerke sind. Im Winter lassen sich gelegentlich größere aus dem Norden und Osten zugereiste Flüge Schwanzmeisen beobachten, allerdings selten an Futterplätzen, denn als Insektenfresser ziehen sie es vor, gemeinschaftlich Bäume und Büsche nach Spinnen, Käfern, Mücken und Fliegen abzusuchen.
Meisen brauchen im Winter in erster Linie fetthaltige Kerne und ungesalzene Talgringe. Speisereste haben an einem Futterplatz für Singvögel nichts zu suchen. Um die Tiere vor der Gefahr einer Salmonelleninfektion zu bewahren, tut jeder Vogelfreund gut daran, das Futterhaus oder Futterbrett alle zwei bis drei Tage gründlich zu reinigen. Das ist besonders bei feuchtwarmer Witterung notwendig, bei der man ohnehin nicht füttern sollte.

Rotkehlchen in den letzten Sonnenstrahlen eines Wintertages (Deutschland)

Rotkehlchen

Noch in der Dämmerung am Futterplatz

Wenn alle gefiederten Sänger an einem Winternachmittag das Futterhaus räumen, um das Nachtquartier aufzusuchen, dann ist die Stunde des Rotkehlchens gekommen. Nicht nur deshalb, weil es sich den Platz an der Futterstelle ungern von Meisen, Sperlingen, Finken und Amseln streitig machen läßt, taucht der kleine Vogel, dem seit jeher die besondere Zuneigung der Menschen gehört hat, oft erst so spät auf oder bleibt so lange da; auch in anderer Jahreszeit, wenn ihm Frost und Schnee nicht zusetzen, ist er bei Dämmerlicht besonders aktiv. Im Frühling und im Sommer gehört das »Rotbrüstchen« zu den ersten und letzten Sängern des Tages, und dem Jäger auf dem Morgen- oder Abendansitz ist sein klarer, perlender Gesang eine vertraute Melodie. Zwar lassen die Rotkehlchen in der kalten Jahreszeit ihre Stimme nicht sehr oft erklingen, doch gehören sie zu den Kleinvögeln, die auch im Winter außer kurzen Warnlauten hin und wieder etwas mehr zum besten geben.
Die großen runden, dunklen Augen ermöglichen es den Rotkehlchen, bei »Schummerlicht« noch gut zu sehen. So macht es ihnen nichts aus, als erste früh morgens und als letzte mit schwindendem Tageslicht auf Nahrungssuche zu gehen. In der warmen Jahreszeit machen sie Jagd auf Insekten aller Art: Spinnen, Käfer, Raupen, Würmer, kleine Schnekken. Im Winter stellen sie sich zwangsläufig zu einem gut Teil auf vegetarische Kost um, doch sie bleiben dem Erdboden, dem bevorzugten Aufenthaltsort, treu. So sammeln sie dort, wo die Menschen in luftiger Höhe eine Vogelfütterung einrichten, gern heruntergefallene Reste auf. Wo ein Rotkehlchen regelmäßig Futtergast ist, sollte man jener »Erdverbundenheit« Rechnung tragen und Weichkörner oder Mehlwürmer ausstreuen! So spät oder so früh am Tage, daß nicht andere dem bescheidenen Einzelgänger alles wegschnappen.
Diejenigen graubraunen Vögel mit der orange- bis rostroten Brust, die sich im Winter in Mitteleuropa sehen lassen, stammen größtenteils aus dem Norden und Osten Europas. Sie verlegen ihren Aufenthaltsort nicht so weit südlich wie die einheimischen Rotkehlchen, die sich in den Mittelmeerraum und bis nach Nordafrika absetzen. Obwohl die mit 14 Zentimeter knapp sperlingsgroßen Tiere, die sich bei Kälte gern aufplustern und dann doppelt so groß aussehen, im Winter nicht ganz so sehr auf Distanz zu ihresgleichen gehen wie in der Brutzeit, sieht man selten zwei Rotkehlchen gleichzeitig am Futterplatz.
So zurückhaltend sich die Erdsänger auch zur Winterzeit geben, so aggressiv können sie im Frühjahr werden, wenn es an die Gründung und Verteidigung der Brutreviere geht. Die männlichen Rotkehlchen gehören zu den Angrifflustigsten unter den Singvögeln. Mitunter genügt schon ein roter Stoffetzen, um einen kleinen liebestollen Hahn in Eifersucht zu stürzen. Die farbige Brust nämlich gilt als »Stimulanz«. Läßt sich eine fremde Brust im Wohngebiet blicken, so wird der Nebenbuhler mit aufgefächertem Gefieder und sich überschlagendem Geticker angenommen. Artgenossen haben den Abstand zu wahren, den ihnen die Stimme des Revierinhabers vorschreibt; wo der Gesang nicht mehr zu hören ist, endet der Aktionsradius.
Rotkehlchen brüten zweimal im Jahr an zugewachsenen Wegböschungen, in hohlen Baumstümpfen, Mauerlöchern oder einfach in einem Laubhaufen. »Aufgeräumt« darf also die Landschaft nicht sein, in der sie ihre meist fünf bis sechs Jungen aufziehen sollen. Wer ein Rotkehlchenpaar zur Ansiedlung animieren möchte, sollte im Garten tunlichst ein paar wilde Ecken lassen. Belohnt wird er mit Standorttreue und Zutraulichkeit. Oft ist die erste Kinderschar im gefleckten Federkleid noch gar nicht ganz flügge, da sitzt das Weibchen schon auf dem nächsten Gelege und überläßt die frühere Generation alleine der Obhut des Männchens. Nicht immer gilt die Mühe dem eigenen Nachwuchs: Gern deponiert der Kukkuck sein Ei im Nest des Rotkehlchens.
»Schnickelchen« heißen die Rotkehlchen im Volksmund auch, denn eine häufig von ihnen dargebotene Tonfolge wird lautmalerisch als Schnickern bezeichnet. Ansonsten ist das Lied des Rotkehlchens vielfach als schwermütig beschrieben worden. Von hoher Warte trägt es das Männchen nur im Frühling vor, zur anderen Zeit bleibt es beim Singen meistens im niedrigen Gebüsch versteckt. Musikalische Ornithologen haben herausgefunden, daß es viele verschiedene »Dialekte« bei den Rotkehlchen gibt. So kann beispielsweise ein in den Alpen auf einer Höhe von mehr als 2000 Metern geborenes Männchen nie ein in der norddeutschen Tiefebene aus dem Ei geschlüpftes Weibchen erobern.

Schwalben

Den flinken Insektenjägern wäre leicht zu helfen

Nur wenige Vögel machen es dem Menschen so leicht wie manche Schwalben, ihnen direkt und ohne großen Aufwand zu helfen. Im Gegensatz zu ihren Verwandten, den Mehlschwalben und den Uferschwalben, zieht es die Rauchschwalben in die Behausungen von Mensch und Vieh. An der rostfarbenen Stirn und Kehle, dem langen »Schwalbenschwanz« mit den besonders weitreichenden Außenfedern und am schlankeren Körperbau sind sie verhältnismäßig leicht von den kleineren Mehlschwalben zu unterscheiden, die zwar auch den Menschen nicht scheuen, aber außerhalb von Gebäuden nisten. Während Rauch- und Mehlschwalben einen metallisch glänzenden dunkelblauen Rücken haben, trägt die in Sand- und Kiesgruben sowie an Steilufern in selbstgegrabenen Brutröhren nistende Uferschwalbe ein überwiegend braunes Federkleid. Ein besonderes Kennzeichen dieser kleinsten europäischen Schwalbe ist das braune Brustband auf der hellen Unterseite.
Weil sie häufig so zutraulich wird, gilt die Rauchschwalbe auf dem Lande als Glücksbringerin. Die Bewohner von Häusern und Ställen sollen von Krankheit, die Gebäude von Blitzschlag und Feuer verschont bleiben, so glaubt man vielerorts heute noch. War es früher selbstverständlich, daß in jedem Kuh- und Pferdestall gleich mehrere Paare ihr zwitscherndes Dasein in den Sommermonaten führten, so verwaisen heutzutage von Jahr zu Jahr mehr der einstmaligen Brutplätze. Mit der Abnahme des Viehs und mit der Zunahme der »absoluten Hygiene« in den verbleibenden Ställen, mit veränderten Baugewohnheiten, bei denen glatte Betonwände vorherrschen, mit der fortschreitenden Asphaltierung von Hofplätzen und Wegen nehmen sowohl die Futterquellen als auch die Nistmöglichkeiten ab, letztere gleich in doppelter Hinsicht: An den blanken Wänden halten die aus Lehm, Erde, Stroh und Speichel zusammengeklebten halboffenen Nistschalen schlecht, sofern es nicht bereits an dem notwendigen Baumaterial fehlt, das sich die Vögel an Pfützen- und Teichrändern holen. Denn auch auf dem Lande verschwinden zunehmend Wege, Plätze und selbst Hofflächen unter Teer und Beton.

Beidem ist abzuhelfen, und man braucht kein Bauernhofbesitzer zu sein, um einem Rauchschwalbenpaar die Ansiedlung zu erleichtern. Eine Leiste an der Wand im Abstand von zwölf bis fünfzehn Zentimetern unterhalb der Decke gibt dem Nest die richtige Stütze, eine am ruhigen und gut anzufliegenden Platz künstlich angelegte und feucht gehaltene Lehmpfütze im Frühjahr sorgt für Baumaterial, und eine ständig offene Tür, ein angelehntes Fenster oder eine Luke laden ein Schwalbenpaar ein, zumindest die Brutmöglichkeiten zu erkunden.
Manche Rauchschwalbe nimmt auch dankbar eine vorgefertigte Nistschale an. Das gleiche gilt für die Mehlschwalbe, die ihr bis auf ein kleines ovales Loch am oberen Rand geschlossenes Nest unter vorspringenden Dächern und Brücken an die Wand kleistert. Für beide Arten bieten Geschäfte für Gartengerät und Vogelschutzverbände die passenden Brutstätten zu einem Preis an, den die Anwesenheit der Vögel mehr als aufwiegt. Während sich viele Menschen die Ansiedlung eines Schwalbenpaares wünschen und keinen Versuch dafür scheuen, geben sich andere alle erdenkliche Mühe, die Untermieter wieder loszuwerden. Nur weil die schnellen Flieger weiße Kleckse unter ihrem Nest verbreiten, werden immer wieder Brutstätten von den Wänden geschlagen. Dabei macht es wenig Arbeit, ein kleines Kotbrett anzubringen.
Je mehr Wasser in der Nähe ist, desto mehr Rauch- und Mehlschwalben siedeln sich an einem Ort an. Denn wo Teiche, Seen und Bäche sind, da gibt es meistens auch Insekten. Auf diese machen die Vögel in der Luft Jagd; die Mehlschwalben steigen dabei in der Regel höher als die Rauchschwalben, die manchmal nur einen oder zwei Zentimeter über den Erdboden oder das Wasser hinwegsausen. (Wenn die Schwalben tief fliegen, gibt es nach alter Landweisheit ein Gewitter oder Regen.) Während der Jungenaufzucht fliegen beide Eltern täglich das Nest mehr als hundertmal mit Mücken, Fliegen, Käfern und kleinen Faltern im Schnabel an. Da die Jungen anfangs pro Tag mehr als ihr eigenes Gewicht verzehren, wachsen sie schnell heran und sind — bei günstiger Ernährungslage — nach knapp drei Wochen bereits flügge. Oft füttert einer der Partner die Kinder der vorausgegangenen Brut noch, während der andere bereits auf dem zweiten oder dritten Gelege sitzt, das im Durchschnitt jeweils fünf Eier umfaßt. Zwei Wochen lang bedürfen die mit feinen rostbraunen Flecken verzierten zartschaligen Eier der ständigen Wärme, dann schlüpfen die Schwalbenkinder — nackt und blind. Obwohl die zierlichen Vögel jährlich auf ihrem Zug, der manche bis nach Südafrika führt, gewaltige Strecken (tagsüber) zurücklegen und damit nicht nur großen Anstrengungen, sondern auch vielen Gefahren ausgesetzt sind, können sie bis zu 16 Jahre alt werden.
Allerdings kann das Leben der Schwalben auch schon nach wenigen Tagen zu Ende sein: Wenn die Altvögel an kalten, regenreichen Tagen nicht genügend Nahrung finden, sterben die Jungen innerhalb von 24 Stunden. Nicht selten geht die Brut auch an vergifteter Beute ein. Da ihr Körper noch nicht auf Umweltchemikalien programmiert ist wie der ihrer Eltern, genügt manchmal schon eine Mindestportion, die von ausgewachsenenen Schwalben noch vertragen wird. Schlechtwettereinbrüche unmittelbar vor oder beim Zug können verheerende Auswirkungen haben. Im Herbst 1974 retteten deutsche Vogelschützer mehr als eine Million Schwalben, indem sie nach dem vorzeitigen Einsetzen großer Kälte eine Luftbrücke in südlich der Alpen gelegene Länder organisierten. Die entkräfteten und verklammten Vögel wurden eingesammelt, zum Teil zwangsernährt, in Kartons verpackt, mit Linien- und Militärflugzeugen in den Mittelmeerraum transportiert und dort wieder freigelassen.
So werbewirksam für den Vogelschutz solche Aktionen auch sind — jeder einzelne, erhaltene, ursprüngliche Kuh- oder Pferdestall, jeder Misthaufen und jede lehmige Pfütze sind langfristig wichtiger für das Überleben unserer Haus- und Hofschwalben.
Den Uferschwalben ist allerdings nicht ganz so einfach zu helfen wie den Rauch- und Mehlschwalben. Für sie gilt es, Steilufer an Gewässern zu erhalten oder herzurichten. Manche alte Sandkuhle oder Kiesgrube, die jahrelang eine ganze Kolonie von Uferschwalben (ein anderer geläufiger Name für sie ist Sandschwalbe) beherbergte, wird gedankenlos mit Müll zugeschüttet oder eingeebnet. Die Vögel können aber nur in steilabfallende Erdwände ihre bis zu gut eineinhalb Meter tiefe in einen kleinen Brutkessel auslaufenden Röhren mit dem Schnabel und den Füßen hineingraben. — Die seltenste Schwalbe in Mitteleuropa ist in manchen Jahren mit nur wenigen Paaren in Deutschland vertreten: Recht unregelmäßig brütet die Felsenschwalbe in den nördlichen Alpen. Sie baut ihre Nester ähnlich wie die Mehlschwalbe in Gesteinsspalten und an überhängende Felswände.

Mehlschwalbe beim Nestbau (Deutschland)

Blauracken

In der Erntezeit wurden sie zu Mandelkrähen

Ihr Gefieder ist so farbenprächtig, daß man die Blauracke, erblickt man sie unverhofft in unseren Breiten, für einen verirrten Tropenvogel hält. Taucht sie heutzutage einmal westlich der Elbe auf, so hat sie sich entweder tatsächlich in der Richtung vertan oder sucht Gebiete auf, in denen ihre Art vor gar nicht allzu langer Zeit einmal zu Hause war. Die knapp dohlengroßen Vögel waren noch im vergangenen Jahrhundert bis nach Schweden verbreitet, sie brüteten sowohl in Elsaß-Lothringen als auch im Rheinland und in Bayern. Weiter östlich wurde ihr Vorkommen immer häufiger, und auch heute noch brüten die überwiegend blau und rotbraun gefärbten Tiere in der DDR, wenn auch auf geographisch ständig schrumpfende Inseln beschränkt. So wird die Zahl der dortigen Brutpaare mit allenfalls 100 angenommen. In Polen sind sie etwas häufiger und nehmen in den südosteuropäischen Ländern an Zahl zu. Im österreichischen Burgenland gibt es sie, in Frankreich kann man sie in der Camargue beobachten.

Blauracken — wegen ihrer Vorliebe, früher bei uns (und heute noch in Osteuropa dort, wo keine Mähdrescher zum Einsatz kommen) zur Erntezeit auf den zusammengestellten Getreidegarben, den »Hocken« oder »Mandeln«, zu sitzen, auch Mandelkrähen genannt — leben in erster Linie vom Insektenfang. Sie bevorzugen große Beute wie Grillen, Heuschrecken, Libellen oder Gottesanbeterinnen, die sie im Fluge fangen. Wie Fliegenschnäpper oder Bienenfresser suchen sie sich einen luftigen Ausguck, von dem aus sie die vorbeisurrenden Opfer in einem kleinen Rundflug verfolgen, um sich dann wieder auf der einmal gewählten Warte niederzulassen. Entdecken sie am Boden etwas Eßbares, so stoßen sie auch zuweilen kurzen Flugs in die Tiefe, um eine Eidechse, eine junge Maus oder einen Frosch zu packen. Auch wenn sie nur wenige Meter auf der Erde zurücklegen müssen, benützen sie ihre Flügel, denn ihre Beine und Füße sind nur schwach ausgebildet.

Um so wirkungsvoller können sie ihre Schwingen einsetzen. Das wird besonders während der Balz deutlich, die kurz nach dem Eintreffen aus ihren (meist ost-)afrikanischen Winterquartieren beginnt. Männchen und Weibchen werben mit den tollsten Luftkapriolen umeinander, wobei die schwarze Randzeichnung der Schwingen einen schönen Kontrast zum weithin leuchtenden Blau der Körperunterseite bildet. Die Flugbewegungen sind so ausgerichtet, daß die Sonnenstrahlen die Wirkung der Farben optimal verstärken. Mit ihrem Gaukeln, dem Hin- und Herwerfen beim Fliegen, erinnern sie von weitem an Kiebitze, doch gibt es nur wenige Gefiederte, die es mit ihren Sturzflügen und mehrfachen Überschlägen dabei aufnehmen können.

Als Brutstätte dient eine Baumhöhle, nicht selten ein älteres Grün- oder Schwarzspechtnest. Aber auch Mauerritzen oder Erdlöcher werden angenommen, und in manchen Gegenden gehen die Mandelkrähen sogar in künstliche Nisthöhlen. 19 Tage bebrüten beide Partner abwechselnd die vier bis fünf weißen Eier, die anfangs nackten Jungen bleiben vier Wochen lang im Nest. Ihr nördlichstes Verbreitungsgebiet verlassen die Familien bereits in der zweiten Augusthälfte, weiter südlich bleiben sie bis zum Septemberende. In Afrika sind sie häufig in unmittelbarer Nähe ihrer verschiedenen dortigen Verwandten (die bekannteste Art ist dort die Gabelracke) zu beobachten. Manche von ihnen ziehen bis in die Nähe von Kapstadt.

Wegen ihres schönen Gefieders waren die Vögel früher ein beliebtes Ziel für die Gewehre der Jäger. Während des Zweiten Weltkrieges brachten nicht wenige Soldaten zum Heimaturlaub von der Ostfront ihren Kindern die bunten Federn mit. Obwohl die Verfolgung durch den Menschen — wegen der Nützlichkeit der Vögel besonders unsinnig — dazu beigetragen hat, ihre Zahl zu verringern, und obwohl ihnen vielerorts der Mangel an hohlen Bäumen das Brüten und damit die ausreichende Vermehrung schwermacht, führen die Ornithologen das Verschwinden der Blauracke aus Mitteleuropa dennoch in erster Linie auf eine Klimaveränderung zurück. Das Vordringen des atlantischen Klimas mit seinen kälteren und feuchteren Sommern hat ein Zurückweichen vieler Vogelarten bewirkt. Gefiederte mit ähnlichen Ansprüchen an Klima, Brutplatz und Nahrung wie die Blauracke teilen mit ihr das gleiche Schicksal: die Wiedehopfe.

Blauracke nach der Ankunft in ihrem Brutgebiet (Polen)

Zaunkönige

Vogelzwerge mit aufwendigem Eheleben

Vom zeitigen Frühjahr bis in den späten Sommer hinein muß das Zaunkönigmännchen Schwerstarbeit leisten. Schon im März beginnt es mit dem Nestbau, allerdings auf Verdacht. Denn oft haben die gerade neuneinhalb Zentimeter kleinen Sänger noch nicht einmal ein Weibchen, da tragen sie schon kleine Halme, Blätter, feines Reisig, Moos und Rindenstückchen an einer geschützten Stelle zusammen und formen daraus die äußeren Wände für eine sehr spezielle Wohnung. Allerdings beläßt sie der Zaunkönighahn zunächst einmal im Rohbau. Kaum jedoch hat er den einen fertig, beginnt er mit dem nächsten. Manchmal nur wenige Meter vom ersten entfernt, mal einige 100 Meter weiter. Aber immer in seinem Revier, dessen Grenzen er akustisch absteckt und kontrolliert: mit aufgerichtetem Stummelschwänzchen schmettert er sein — an der Körpergröße gemessen — lautes und weithin hörbares Lied in die Gegend, das von Trillern und Rollern durchsetzt ist und jedem Kanarienvogel Ehre macht. Zwischendurch erklingen energische Locktöne, kommt auch einmal ein aufgeregtes »Zerrr«, wenn ihm etwas nicht paßt. Bei alldem sitzt er kaum zwei Sekunden still. Mit den Beinen knicksend, hüpft er von Ast zu Ast, immer darauf bedacht, gut gedeckt zu bleiben.

In der Nähe des Bodens, wo er sich mit Vorliebe aufhält, legt der Zaunkönig auch seine Nester an. Ein halbes Dutzend und mehr baut er manchmal in Mauerlöcher, hinter die abgeplatzte Rinde eines Baumes, zwischen einem Bretterstapel ins Efeugerank, unter eine Baumwurzel oder in den abfallenden Rand eines Grabens. Gelegentlich formt er seine Kugel auch hängend im Gezweig einer Hecke. Selten befindet sie sich höher als drei Meter von der Erde entfernt, und fast immer ist irgendwo Wasser in der Nähe. Zumindest feucht muß es dort sein, wo der Zaunkönig seine Jungen großziehen will.

Um es zu einer Familie zu bringen, singt und lockt der kleine Hahn, bis sich ein Weibchen einstellt. Doch damit ist es noch nicht getan. Die künftige Mutter seiner Kinder muß von der Qualität seiner Nestrohbauten überzeugt werden, bevor sie sich mit ihm zum Bund für die nächsten Monate einläßt. Je mehr der Brautwerber anbieten kann, desto besser sind seine Aussichten. Hat das Weibchen Gefallen an einem der Nestentwürfe gefunden, dann macht es sich an den Innenausbau, bei dem es Haare und Federn verwendet. Als letztes wird der runde Einschlupf geformt und verfestigt. Fünf bis acht der fast durchsichtig erscheinenden Miniatureier haben Platz in der Brutstätte; sie werden allein vom Weibchen gewärmt.

Das Männchen ist während der Zeit des Brütens nicht untätig. Es baut weiter an seinen Zweitwohnungen und singt an verschiedenen Stammplätzen regelmäßig seine Strophen: mit der Folge, daß sich nicht selten eine zweite Braut einstellt, der er wiederum seine Bauten präsentiert. So kann es sogar geschehen, daß ein Zaunkönigmännchen drei Weibchen hat und zum Schluß nicht mehr weiß, welchem es bei der Aufzucht der Jungen helfen soll.

Wenn die Jungen nach 14 Bruttagen schlüpfen, wiegen sie gerade ein Gramm, sind sie blind und nackt. Bereits nach acht Tagen aber haben sie ihr volles Gewicht, nach 16 Tagen fliegen sie aus. Das Weibchen macht meistens eine zweite Brut — nicht selten in einem anderen Revier, nämlich dann, wenn das erste Männchen noch mit seinen anderen Verbindungen beschäftigt ist.

Solche Polygamie ist eine weise Einrichtung der Natur, denn außer vielen Feinden hat der Zaunkönig vor allem einen strengen Winter zu fürchten. Bei hohem Schnee und strengem Frost kommen viele der Vogelzwerge ums Leben, weil sie dann von ihrer Nahrung abgeschnitten sind. Allerlei Insekten, Spinnen, Würmer und — am Wasser — Kleinstkrebse stehen auf ihrem Speisezettel. Manche der Vögel, jene etwa, die auf Bauernhöfen leben, verbringen den Winter überwiegend in der Scheune oder unter einem Schuppendach, wo sie übrigens auch gern brüten.

Die hohe Fruchtbarkeit gleicht auch Verluste aus, die der Sippe durch einen besonderen Gegner zugefügt werden: So stark auch der Größenunterschied ist, so gern sucht sich doch ein Kuckucksweibchen gerade das Nest eines Zaunkönigs aus, um dort sein Ei zu deponieren. Der gerade geschlüpfte Gauch hat nichts Eiligeres zu tun, als die jungen Zaunkönige oder die Eier aus dem Nest zu werfen und die winzigen Stiefeltern für sein Wohl rackern zu lassen.

Ist solches Schicksal an einer Zaunkönigsfamilie vorübergegangen, kann sich der Familienvater auf ein einziges Weibchen und dessen Nachkommenschaft konzentrieren, und dann bleibt die Familie manchmal noch einige Wochen nach dem Flüggewerden der Jungen beisammen. Nachts bezieht die ganze Schar zwei oder drei Nester, und es ist erstaunlich, wie sich manchmal vier oder fünf Tiere in der kleinen Nistkugel arrangieren. Mit der Zeit allerdings platzt das Nachtquartier langsam, aber sicher aus allen Nähten.

Hierzulande bleiben die meisten Zaunkönige im Winter der Heimat treu, doch werden ihre Reihen von Gästen aus dem Norden und Osten aufgefüllt. Daß manche der acht Gramm leichten Zwerge, bei denen ein Alter von sechs Jahren nachgewiesen wurde, große Reisen unternehmen, zeigte ein in Schweden beringter Vogel: Er wurde in Spanien registriert. Auch Höhenunterschiede scheinen ihm nichts auszumachen; denn der bei uns nach dem Goldhähnchen kleinste Vogel ist in den Alpen noch auf 2500 Metern Höhe und in Tibet sogar 4300 Meter über dem Meeresspiegel anzutreffen.

Während es in Europa, Asien und Nordafrika nur die eine Art des »Zwergvogerls« gibt, die sich nach der letzten Eiszeit aus einer in den Mittelmeerraum zurückgedrängten Schar Überlebender so erfolgreich wieder ausgebreitet hat, gibt es in Amerika unzählige Arten: Nicht weniger als 59 verschiedene Angehörige der Zaunkönigsippe leben in Nord-, Mittel- und Südamerika. Unser »Mäusekönig« (diesen Namen hat er wegen seines schnellen Hin- und Herhuschens am Boden, wo man ihn mit einer Maus leicht verwechseln kann) ist darunter; er bewohnt weite Teile Nordamerikas. Wie er einst aus der Neuen Welt, wo die Wiege der ganzen Familie stand, in die Alte Welt gelangte, bleibt sein Geheimnis. Und daß es gerade dem Däumling aus der ganzen Sippschaft gelang, einen neuen Lebensraum so großflächig in so unterschiedlichen Biotopen zu erobern, ist um so bewundernswerter. In Amerika gibt es nämlich viel stattlichere Vertreter. Einer von ihnen ist der Kaktuszaunkönig; er hat die Größe einer Amsel.

Zaunkönig mit dem Kotballen eines Jungen im Schnabel beim Verlassen des Kugelnestes (Deutschland)

Haselmäuse

Manches ihrer Kugelnester wird achtlos zerstört

Viel lieber als an den Beeren der Eberesche (Vogelbeeren) tut sich die Haselmaus an Haselnüssen gütlich. So bietet denn ein Herbst, in dem der Haselstrauch gut angesetzt hat, für die kleinsten Vertreter aus der Familie der Bilche, zu der auch die Siebenschläfer gehören, die besten Voraussetzungen, das Körpergewicht bis auf 40 Gramm zu erhöhen und während des Winters von einem guten Polster zu zehren. Doch wenn es zu kalt wird, nützt vielen der zierlichen Tiere eine solche Reserve wenig. Dann dringt der Frost in die unter einer dicken Laubschicht und im Erdreich angelegten Schlafnester ein, in denen die Haselmäuse — meistens zu mehreren dicht aneinander gedrängt — den Winter überdauern. Der Blutkreislauf ist während des etwa halbjährigen Winterschlafes auf ein Minimum reduziert, die Körpertemperatur sinkt auf ein Grad über null. Wird es zwischendurch wärmer, dann unterbrechen die kleinen Lebewesen mit den dunklen Perlaugen, den runden Ohren und dem buschigen Schwanz den Schlaf, dann stärken sie sich an den im Herbst in Vorratslager eingebrachten Nüssen, Beeren und Samen. Solche Speisekammern dienen auch zur Versorgung, wenn die Schlafmäuse — je nach Wetter — im April oder Mai wieder aktiv werden. Dann dauert es meistens nicht lange, bis die Weibchen nach einer Tragzeit von nur 20 Tagen ihre knapp fingernagelgroßen nackten und blinden Jungen zur Welt bringen. Der Nachwuchs wird drei bis vier Wochen gesäugt, wächst schnell heran und macht sich schon nach einem weiteren Monat selbständig.

Während die erste Jungenschar häufig noch im Winternest geboren wird, bauen die klettergewandten Eltern für die folgende Geschwisterrunde (die Stärke eines Wurfes liegt in der Regel zwischen drei und sieben) nicht selten eine luftige Wiege. Aus Gräsern, Moos und Blättern verwoben, schaukeln meistens mehrere Kugelnester im Buschgeäst. Denn: Da Haselmäuse ein geselliges Leben führen, findet man dort, wo sie vorkommen, gleich etliche von ihnen. Überhaupt geben die Nester den sichersten Hinweis auf Haselmäuse. Vor allem nach dem Laubfall wird manches der kleinen Verstecke sichtbar.

Die Haselmaus selber dagegen ist viel seltener zu beobachten, da sie vor allem in den Nachtstunden aktiv wird. Außerdem versteht sie sich gut aufs Tarnen: Bei Gefahr streckt sie sich auf einem Ast lang aus und verharrt — ähnlich wie der Baummarder — reglos, bis die Luft wieder rein ist. Zwar sind die Tiere geschickte Kletterer, die sich selbst noch auf einem stärkeren Grashalm fortbewegen, die eine Haselnuß freihängend mit den scharfen Zähnen rundum aufschneiden können, doch sind sie nicht sehr schnell. Daher fallen sie auch häufig gefiederten und behaarten Beutegreifern zum Opfer.

Haselmäuse stehen unter Naturschutz. So sollen sie besonders davor bewahrt werden, ein kurzes und trauriges Dasein in Käfigen zu fristen. Mit ihrem niedlichen Aussehen und possierlichen Verhalten wären sie für Tierhalter ein begehrtes Objekt. Abgesehen davon, daß ihre Zahl in der freien Natur stark zurückgegangen ist — Haselmäuse eignen sich schlecht für ein Leben in der Obhut des Menschen: Die kleinen Tiere sterben in Gefangenschaft ohne erkennbaren Grund meistens schon nach wenigen Wochen. Auch in freier Wildbahn dauert ihr Leben nicht sehr lange; sie werden nur zwei bis vier Jahre alt.

Unter den Maßnahmen der Flurbereinigung mit der damit einhergehenden Vernichtung von Hecken, Knicks und Sträuchern, unter der forstwirtschaftlichen Säuberung der Bestände vom Unterholz, unter den wegebaulichen Maßnahmen mit der Zerstörung von Gebüsch an Feldwegen und Straßen, aber auch unter der Aufräumarbeit manches Gartenbesitzers haben die Haselmäuse zu leiden. So dienen Zweige, die nach dem Beschneiden von Obstbäumen zusammengetragen und aufgeschichtet werden, im Herbst und Winter vielen Winterschläfern als Versteck. Wer also einen solchen Haufen errichtet, sollte ihn entweder sofort abfahren oder (wenn es erlaubt ist) verbrennen, ansonsten aber sollte er ihn entweder für immer oder bis zum späten Frühjahr liegen lassen, bevor sich wieder Vögel dort einnisten. Wer Gebüsch, das länger gelegen hat, beseitigt, kann allzu leicht damit auch Leben vernichten, ohne das vielleicht zu bemerken. Und da die Haselmaus bis auf hohe Berglagen und einen Teil der Küstengebiete in ganz Deutschland zu Hause ist, kann so etwas überall geschehen.

Haselmaus auf dem Ast einer Eberesche mit Vogelbeeren (Deutschland)

Gartengrasmücken

Heimlichtuer im Gebüsch

Wenn sie im April und Anfang Mai aus ihrem afrikanischen Winterquartier nach Mittel- und Nordeuropa ins Brutrevier zurückkehren, sind die Gartengrasmücken nicht zu überhören. Kaum haben sich die in ein unscheinbar graubraunes Gefieder gekleideten Männchen ein geeignetes Stückchen Landschaft mit Büschen und viel Unterwuchs als Bleibe ausgesucht, beginnen sie auch schon mit ihren Balzgesängen, die sowohl von Vogelkennern als auch Musikfachleuten zu den schönsten Vogelliedern gezählt werden. Nicht nur die Variationsbreite und Klangvielfalt sind beeindruckend, auch die Lautstärke ist es. Dabei sind die Sänger nur etwa 14 Zentimeter groß. Aus dem vielstimmigen Vogelkonzert während des Frühlings und Frühsommers tönen die Melodien der Grasmücke stets deutlich hervor, zumal sie nicht selten ist.

So eindrucksvoll sie jedoch bei der Ankunft auf sich aufmerksam macht, so lautlos und unauffällig verabschiedet sich die Grasmücke im Herbst. Auch jene Vögel, die auf der Reise in den Süden aus Skandinavien kommen und bei uns durchziehen, lassen allenfalls einmal einen kurzen Warnlaut (»tsek, tsek«) aus dem dichten Gesträuch hören. Da sie sich immer in Deckung befinden, bekommt man sie nur selten zu Gesicht, obwohl sie sich mitunter tagelang an einem Ort aufhalten, um für den weiten Weg bis hinunter ins südliche Afrika Fettreserven anzulegen. Dazu dienen neben allerlei Insekten, die sie von Zweigen und Blättern picken, auch Beeren, vor allem die Früchte des Holunderstrauches. Diese haben die richtige Größe für den zierlichen Schnabel; sitzen sie dicht genug, nähren sie die Gartengrasmücken so gut, daß die Vögel mehr als die Hälfte ihres Normalgewichts von etwa 15 Gramm zunehmen. Von diesem Polster zehren sie, wenn sie unterwegs mal keine Nahrung finden oder beim Durchqueren von Schlechtwettergebieten keine Rast einlegen können.

Wie ihre zahlreichen Verwandten in der Familie, zu der auch die Rohrsänger, die Spötter, die Schwirle und die Laubsänger zählen, ziehen die Grasmücken nicht in weithin sichtbaren Schwärmen. Sie legen, möglichst jede Deckung nutzend, kleinere Strecken zurück.

Gartengrasmücke in der Nähe ihres Nestes (Deutschland)

Nicht nur auf der Reise von vielen tausend Kilometern, sondern auch während der Brut halten es die Grasmücken mit der Heimlichkeit. Das Nest wird aus Grashalmen zwischen den Stengeln von Brennesseln, in Himbeer- oder Brombeerranken oder in dichten Büschen angelegt. Nur selten befindet es sich höher als eineinhalb Meter über dem Boden. Meistens beginnt das Männchen mit dem Bau; manchmal muß es dem Weibchen mehrere Vorschläge machen, bevor dieses sich für einen Platz entscheidet. Dann hilft es bei der Fertigstellung der ziemlich anspruchslos gebauten künftigen Kinderwiege und legt schnell hintereinander die vier bis sechs auf hellem Grund leicht gefleckten Eier.
Mit zwölf Tagen ist die Brutdauer recht kurz, und nur genauso lange hocken die anfangs nackten und blinden Jungen in der zerbrechlichen Niststätte. Da beide Eltern unaufhörlich Insektennahrung herbeischleppen, nehmen die Kinder schon in den ersten Lebenstagen um mehr als das Doppelte ihres Körpergewichts zu. Doch so häufig die Gartengrasmücken auch zwischen dem Nest und den Nahrungsgründen hin- und herfliegen, den Ort ihres Brutplatzes geben sie kaum bekannt: Bereits viele Meter vor dem Nest schlüpfen sie ins Dickicht und legen dann eine beträchtliche Strecke — gut getarnt — hüpfend, flatternd und kletternd zurück. Wer sie aus einem Versteck heraus beobachtet, wird immer wieder überrascht: Plötzlich tauchen die Vögel am Nestrand auf, ohne daß sie vorher zu sehen waren. Dieser Fähigkeit haben die Grasmücken schließlich ihren Namen zu verdanken. Mit dem grünen Gras hat er nämlich nichts zu tun; er hat sich aus den alten Begriffen »gra« (grau) und »smigan« (schlüpfen, schmiegen) entwickelt. »Grauschlüpfer« paßt denn auch viel besser zu den kleinen Sängern.
Trotz ihrer Heimlichtuerei kann die Gartengrasmücke es häufig nicht verhindern, daß ein Kuckucksweibchen dank ausdauernder Beobachtung ihr Nest entdeckt und sein Ei hineinlegt. Mit dem »Erfolg«, daß die Grasmückeneltern statt fünf oder sechs eigener Sprößlinge einen nimmersatten »Gauch« aufziehen. Solches widerfährt übrigens auch den nächsten Verwandten immer wieder: Mönchsgrasmücken, Dorngrasmücken, Zaun- oder Klappergrasmücken und den bei uns besonders selten gewordenen Sperbergrasmücken. Das sind die Arten, die auch in Mitteleuropa vorkommen. Weit mehr Angehörige der Sippe gibt es im Mittelmeerraum, wo allein fünfzehn der insgesamt achtzehn Arten brüten.

Hasen

Ihnen fehlen heute viele Kräuter

Als die Landwirtschaft noch nicht so total wie heute mechanisiert war, bot die Erde eines geeggten Ackers den Junghasen die beste Dekkung: Die Farbe ihres Haarkleides ist identisch mit der des Untergrundes. So sind sie weder aus der Luft von Greifvögeln noch am Boden vom Fuchs, vom Wildschwein oder von wildernden Hunden und Katzen leicht zu entdekken. Zur hervorragenden Tarnung der sich flach und bewegungslos ans Erdreich drückenden Hasenkinder kommt hinzu, daß sie in den ersten Lebenstagen keinen Körperduft (»Witterung« sagt der Jäger dazu) ausströmen. So ist es meistens ein Zufall, wenn ein junger Mümmelmann erbeutet wird. Daß es oft bei einem bleibt und daß nicht gleich die gesamte Geschwisterschar eines »Satzes« das Leben lassen muß, dafür sorgen die anfangs etwa 130 Gramm leichten Tiere selber; schon kurz nach der Geburt verlassen sie die von der Mutter gescharrte und mit etwas ausgezupfter Wolle ausgepolsterte Erdvertiefung in alle Richtungen.
Doch alle diese Schutzvorkehrungen nützen auf den »Industrieäckern« von heute wenig, wenn im Frühjahr die Landwirte ihre großen Maschinen über die Schläge steuern. Da wird mancher Junghase von breiten Treckerreifen zerdrückt, von der Egge oder dem Grubber zerrissen, ohne daß es der hoch auf seinem Sitz lenkende Mensch überhaupt bemerkt. Früher, als die Felder noch mit Pferden und als sie auch in größeren zeitlichen Abständen bearbeitet wurden, hatten die jungen Hasen weitaus bessere Chancen. Da geschah es häufig, daß Pferde einfach stehenblieben; der Landmann brauchte das kleine Wollknäuel dann nur auf den schon bearbeiteten Teil des Feldes umzusetzen.
Die moderne Landwirtschaft mit ihrer vielfältigen und intensiven Behandlung des Bodens und der Pflanzen erschwert dem Hasen auch anderweitig das Leben. Dank wissenschaftlicher Untersuchungen ist bekannt, daß diese Tiere eine überaus abwechslungsreiche Äsung brauchen: mehr als 70 Pflanzenarten stehen auf der täglichen Speisekarte. Dort, wo die Flora noch mehr zu bieten hat, kommen weitere hinzu. Diese gut gemischte Kost macht aus einem leichtgewichtigen Jungtier nicht nur einen kräftigen Hasen mit einem Gewicht bis zu sieben Kilogramm, sie ist auch wichtig für die Gesundheit der Tiere. Die vielen Pflanzen mit ihren unterschiedlichen Wirkstoffen sind sozusagen die Apotheke des Hasen, wie das einmal ein Zoologe ausgedrückt hat.
Besonders die Junghasen sind auf Vielfalt angewiesen, wenn sie im Alter von gut zwei Wochen beginnen, das erste Grünzeug zu äsen. Bis dahin werden sie ausschließlich von der Mutter mit einer besonders nährreichen Milch (23 Prozent Fettgehalt) gesäugt. Bis die Tiere etwa fünf Wochen alt sind, sammelt die Häsin ihre zwei bis vier Jungen (manchmal ist es auch nur eines, es können aber bis zu sieben sein) zwei- bis dreimal in 24 Stunden zum Säugen, doch nehmen diese von Tag zu Tag mehr vegetarische Kost zu sich. Anfangs erhalten sie ein gut Teil notwendiger Antikörper mit der Muttermilch. Doch auch die Milch ist nur so gut wie das Futter der Häsin. So kommt es, daß mancher Junghase gar nicht widerstandsfähig genug ist, wenn er allein zu leben beginnt. Und wenn er dann lediglich eine Einheitsvegetation findet, die der auf Höchsterträge ausgerichtete Landwirt mit der Hilfe der Agro-Chemie übriggelassen hat, dann ist es nicht selten schnell um ihn geschehen.
Gerade in den ersten Lebensmonaten muß der Hase eine stabile Gesundheit haben, da ihm allerlei Krankheiten drohen. Besonders bei Nässe werden ihm Parasiten gefährlich, allen voran die Kokzidien, die eine — meistens tödlich endende — Darmerkrankung hervorrufen. Wenn in vielen Gebieten Mitteleuropas von den zehn Jungen, die eine Häsin durchschnittlich im Jahr hat (sie kann vom März bis zum Oktober viermal »setzen«), nur drei ein Jahr und älter werden, dann ist daran vor allem die Kokzidiose schuld. Sie wiederum kann nur deshalb derart verheerende Auswirkungen haben, weil den Hasen fast überall das große Spektrum an Wildkräutern genommen worden ist. Nur jene, die im Wald leben, haben es da besser.
Doch die meisten Hasen zieht es immer wieder aufs Feld. Als einstige Buschsteppenbewohner, die sich nach der Eiszeit in Europa ausbreiteten und hier auch heute noch neues Terrain »erobern«, ziehen sie weite Flächen dem Wald vor. Allerdings brauchen sie eine gelegentliche Deckung in Form eines bewachsenen Kuhlenrandes, einer Hecke, eines Dorngе-

Seiten 230/231 *Wenige Tage alter Junghase auf einem gepflügten Acker (Deutschland)*

strüpps, eines Streifens Brachlands — all das, was heute bei der Bestellung der Felder stört.
Noch haben es die Hasen jedoch geschafft, dank ihrer enormen Fruchtbarkeit in ansehnlicher Zahl zu überleben. Dazu trägt nicht zuletzt eine biologische Einmaligkeit bei: Die Häsin kann, während sie trächtig ist, schon von neuem befruchtet werden. Während der Tragzeit von etwa 42 Tagen kommt es schon nach 36 Tagen wieder zu einem Eisprung. Es braucht sich dann nicht einmal ein Rammler einzufinden; zur Befruchtung dienen häufig die Spermien, die die Häsin noch vom vorausgegangenen Mal bei sich hat. So kann es sein, daß sie gleichzeitig zwei unterschiedlich alte »Partien« Junge trägt.
Doch trotz solcher Schachtelträchtigkeit oder Superfötation, wie die Zoologen diese bei keinem anderen vergleichbaren Tier auftretende Eigenschaft nennen, geben die Hasen Anlaß zur Sorge: Ein Blick auf die Jagdstrecken in der Bundesrepublik Deutschland beweist, daß ihre Zahl großen Schwankungen unterliegt. Sie kann über Jahre hinweg sinken, um dann plötzlich wieder anzusteigen. So war es zwischen 1975 und 1980 zu verzeichnen. Bis zum Jagdjahr 1977/78 wurden jeweils mehr als eine Million geschossen, 1978/79 waren es 733 000, 1979/80 aber nur noch 447 408. Im Jagdjahr 1980/81 betrug die Strecke dann wieder 720 488 Hasen. Viele Jäger hoffen, daß es sich bei jedem Absinken erneut um eine der schon über mehr als 250 Jahre zurückzuverfolgenden Populationsschwankungen — die etwa alle fünf Jahre festzustellen sind — handelt. Manche allerdings befürchten eine dauerhafte Abwärtsentwicklung, die dazu führen könnte, daß auch der Feldhase bei uns eines Tages seinen Platz auf der Liste der vom Aussterben bedrohten Tiere hätte. Neben den Flurbereinigern und Landwirten müßte mancher Autofahrer dafür mitverantwortlich gemacht werden: Bis zu 120 000 Hasen kommen nach Angaben der Forschungsstelle für Jagdkunde und Wildschadenverhütung des Landes Nordrhein-Westfalen jährlich auf bundesdeutschen Autobahnen und Straßen ums Leben. Das ist, gemessen an dem durchschnittlichen Jahresbestand von 1,13 Millionen Tieren, ein gewaltiger Tribut.

Selten tagsüber unterwegs: der Igel (Deutschland)

Igel

Die Autos und falsche Fürsorge bringen einer großen Zahl den Tod

Aufmerksamen Autofahrern fällt es vielleicht auf. In regenreichen, kalten Sommern sehen sie am Morgen weniger überfahrene Igel als sonst zu dieser Jahreszeit auf den Straßen. Das mag einmal daran liegen, daß die Sippe der Stachelträger in der Vergangenheit durch ihren größten »Feind«, den Autofahrer, in Nähe der unzähligen Teer- und Betonbahnen, die fast ganz Europa dicht an dicht durchziehen, schon erheblich dezimiert ist. Kälte und Dauerregen allerdings retten manchen Igel davor, in den Nachtstunden von Autoreifen zermalmt zu werden. Tagsüber erwärmte Straßen locken nämlich den stacheligen Insektenfresser während der Dämmerung und Dunkelheit zu längerem Verweilen und zur Beutesuche an.
Langanhaltendes schlechtes Wetter sorgt dafür, daß die meisten Igel weniger rege als üblich sind. Eigentlich entwickeln sie in den Sommermonaten die größten Aktivitäten, geben vor allem vorübergehend ihre bevorzugte Lebensform, die Einsiedelei, auf und verlassen während der Brautschau und Jungenaufzucht die Grenzen ihrer Stammreviere. Doch nasse Kälte zwingt den meisten Igeln ein winterschlafähnliches Verhalten auf, so daß sie manche Nacht in ihrem Nest bleiben oder nur einen ganz kurzen Ausflug unternehmen. Das auf Grund großer Feuchtigkeit reiche Angebot an Schnecken erleichtert den Igeln zudem vielerorts die Nahrungssuche schon unmittelbar »vor der Haustür«. Neben Insekten aller Art machen nämlich Schnecken einen nicht unerheblichen Anteil auf der Beuteliste aus. Aber auch junge Mäuse, Eier und Junge kleinerer bodenbrütender Vögel, Frösche, Echsen und Schlangen sind vor ihnen nicht sicher. Gelegentlich halten sie sich an vegetarische Kost, vor allem im Herbst verschmähen sie nicht das Fallobst. Der Schaden, den sie nach Meinung mancher Jäger unter dem Niederwild (Hasen, Wildkaninchen, Fasanen, Rebhühner) anrichten sollen, hält sich sehr in Grenzen und wird bei weitem von ihrer Nützlichkeit übertroffen.
Zwischen vier und sieben, manchmal bis zu zehn Junge bringt eine Igelmutter nach einer Tragzeit von 35 bis 40 Tagen zur Welt. Von der Zahl der Kinder hängt es ab, ob sie bei der Geburt 12, 20 oder gar 25 Gramm wiegen. Blind, nackt und überwiegend rosafarben, mit einer Andeutung der späteren Stacheln in Form von weichen, hellen Spitzen auf der stark wasserhaltigen Rückenhaut, verbringen sie die ersten beiden Wochen im versteckt angelegten Bodennest aus Moos, Laub und Gräsern. Wenn sie nach drei Wochen zum ersten Mal gemeinsam mit der Mutter ihre Wiege verlassen, tragen sie bereits ihr richtiges Stachelkleid und sind an der Unterseite voll behaart. Manche Kinderschar wird im Juli schon selbständig, und das Igelweibchen läßt sich dann noch einmal mit einem Männchen ein. Nicht selten kommt der zweite »Wurf« erst im September zur Welt, und dann bedarf es eines milden Herbstes, damit die Igelkinder mit genügend Umfang und Gewicht (das in der Regel beim ausgewachsenen Tier zwischen 450 und 1200 Gramm liegt) in den Winterschlaf gehen. Nur dann haben sie ausreichende Reserven, um rund sechs Monate zusammengerollt die kalte Jahreszeit in einer Körperstarre zu überleben. Die Lebensfunktionen sind während dieser Zeit auf ein Minimum herabgesenkt: fünf bis acht Atemzüge, etwa dreimal so viele Herzschläge pro Minute. Die Muskelringe am Rücken, die dem Igel ermöglichen, sich in Sekundenschnelle in eine Stachelkugel zu verwandeln, bleiben während des Dauerschlafes zusammengezogen. Der Winterschlaf ist abhängig von der Außentemperatur; in Gefangenschaft lebende Igel kommen ohne diese Langzeitruhe aus, wenn ihr Quartier warm genug ist.
Die Zoologen unterscheiden zwei Rassen »unseres«, des eurasischen Igels: den Braunbrust- oder Westigel und den Weißbrust- oder Ostigel. Die Namen bezeichnen die äußerlich erkennbaren Hauptunterscheidungsmerkmale. Die gesamte Unterfamilie der Echten Igel bewohnt in fünf Gattungen und unzähligen Arten, Unterarten und Rassen die meisten Gebiete Europas, Asiens und Afrikas und zählt zu den ältesten lebenden Säugetieren. Seit mehr als 30 Millionen Jahren sollen sie bereits in Europa vorkommen, die Urform bevölkerte die Erde schon vor mehr als 100 Millionen Jahren. Aber noch nie waren die Tiere, die in so vielen Märchen, Sagen und Erzählungen sowie als kunstvolle oder kitschige Nachbildungen ihre »Vermenschlichung« erfahren haben, so gefährdet wie jetzt. Naturschützer befürchten, daß der Igel in den Industriestaaten bald auf die Liste der von der Aussterbung bedrohten Tiere gesetzt werden muß.
Nicht nur der Autoverkehr, sondern auch die Flurbereinigung und selbst ordnungswütige Gartenbesitzer machen der Art Erinaceus europaeus das Leben schwer. Durch das Roden von Knicks (Wallhecken), die »Säuberung« und die Begradigung von Bachufern, das Wegräumen oder Aufbrennen von Reisighaufen gehen viele Unterschlupfe verloren. Diese fehlen dem Igel auch mehr und mehr dadurch, daß es nicht — wie früher — auf den Feldern Strohmieten gibt, daß die letzten mit Sträuchern umwachsenen Wasserlöcher zugeschoben werden. Von den natürlichen Feinden ist der gefährlichste ebenfalls selten geworden: Der Uhu, der mit seinen starken Fängen mühelos durch das Stachelkleid hindurchgreifen kann. In der Nähe von Uhuhorsten wurden an bestimmten Plätzen schon die Reste von mehr als 100 Igeln gefunden. Andere Greifvögel wagen sich seltener an das braune Tier, das wesentlich behender ist, als es auf den ersten Blick scheint. Auch dem Fuchs, Dachs und Iltis gelingt es bisweilen, einen Igel zu überraschen und an seiner verwundbaren Unterseite zu packen.
Doch mehr als durch die natürliche Auslese werden die Igelreihen durch tierliebe Menschen gelichtet. Besonders im Herbst geraten die »armen Tierchen« in manchen Haushalt, wo sie dann im Verlauf des Winters häufig wegen unsachgemäßer Haltung oder Ernährung eingehen. Den meisten Igeln ist am besten damit gedient, wenn man sie dort läßt, wo man sie findet.
Das Leben und Überleben der Igel war dem Bayerischen Umweltministerium so wichtig, daß es 1979 den Staatlichen Naturwissenschaftlichen Sammlungen Bayerns in München einen Forschungsauftrag in Höhe von rund 130000 Mark erteilte, um sinnvolle Schutz- und Erhaltungsmaßnahmen für die Tierart herauszufinden und einzuführen. Unabhängig davon richtete im selben Jahr der Tierschutzverein Starnberg eine Igelstation ein, zu der mittlerweile zum Herbst aus der gesamten Bundesrepublik Kisten und Kartons mit stacheligem Inhalt gesandt wurden. Tierärztlich versorgt, von Ungeziefer, unter dem die Igel reichlich zu leiden haben, befreit, bis zum Wintermindestgewicht von 700 Gramm angefüttert und in einem naturgerecht temperierten Quartier untergebracht, verschlafen Dutzende von Igeln die Zeit bis zum Frühjahr am Starnberger See. Auch andere Tierschutzvereine haben sich die Betreuung der urtümlichen Tierchen, die — gemessen an ihrer geringen Körpergröße — laut schnaufen und schmatzen können, auf ihr Panier geschrieben.

Rote Liste der gefährdeten Säugetiere und Vögel in der Bundesrepublik Deutschland

Um die Öffentlichkeit zu informieren, um eine Arbeitsgrundlage für Natur- und Artenschutzprogramme zu schaffen und um Behörden und Gerichten Entscheidungshilfen anzubieten, wurde im Jahr 1971 von der Deutschen Sektion des Internationalen Rates für Vogelschutz erstmals eine Rote Liste der in der Bundesrepublik Deutschland und Westberlin gefährdeten Vogelarten veröffentlicht. Mittlerweile gibt es diese Liste bereits in der vierten Fassung (Stand 1.1.1977), die fünfte Fassung ist in Arbeit. Heute existieren darüber hinaus Rote Listen der Säugetiere, der Kriechtiere, der Lurche, der Fische und Rundmäuler, der Muscheln, der Schnecken, der Fransenflügler, der Großschmetterlinge, der Schnabelfliegen, der Netzflügler, der Geradflügler, der Libellen, der Zehnfüßigen Krebse, der Weberknechte, ferner der Farn- und Blütenpflanzen, der Moose sowie der Flechten.
Insgesamt stehen viele tausend Arten auf den Listen — als ausgestorben, ausgerottet, verschollen, vom Aussterben bedroht, stark gefährdet, gefährdet oder potentiell gefährdet. Als Vorbild dienten die 1966 für die gesamte Welt begonnenen »Red Data Books« der IUCN (International Union for Conservation of Nature = Internationale Naturschutz Union). Da sich die Bestandssituation ständig verändert, werden die Listen laufend überarbeitet und im Abstand von einigen Jahren auf neuestem Stand veröffentlicht. Wer dieses Buch gelesen hat, weiß, daß die Roten Listen immer länger statt kürzer werden, daß sich die Gefährdungsgrade immer weiter nach oben verschieben. Wären hier alle Tier- und Pflanzenarten der Roten Listen wiedergegeben worden, hätte das Buch um viele Seiten erweitert werden müssen.

Säugetiere

Ausgestorben
Auerochse · Braunbär · Elch · Europäischer Nerz · Wildpferd (Tarpan) · Wisent · Wolf

Vom Aussterben bedroht
Alpensteinbock · Baumschläfer · Biber · Birkenmaus · Braunfisch (Schweinswal) · Breitflügelfledermaus · Große Hufeisennase · Kleine Hufeisennase · Luchs · Mopsfledermaus · Nordische Wühlmaus · Otter · Wimperfledermaus

Stark gefährdet
Abendsegler · Bechsteinfledermaus · Braunes Langohr · Fransenfledermaus · Graues Langohr · Große Bartfledermaus · Kleinabendsegler Kleine Bartfledermaus · Mausohr · Nordfledermaus · Rauhhautfledermaus · Seehund · Wasserfledermaus · Wildkatze · Zweifarbenfledermaus · Zwergfledermaus

Gefährdet
Brandmaus · Dachs · Feldspitzmaus · Gartenschläfer · Hamster · Haselmaus · Hausratte · Iltis · Kleinäugige Wühlmaus · Siebenschläfer · Sumpfspitzmaus · Wasserspitzmaus

Potentiell gefährdet
Alpenschneehase · Alpenspitzmaus · Murmeltier · Schneemaus

Vögel

Ausgestorben
Blauracke · Doppelschnepfe · Fischadler · Gänsegeier · Großtrappe · Habichtskauz · Mornellregenpfeifer · Papageitaucher · Raubseeschwalbe · Rosenseeschwalbe · Rothuhn · Schlangenadler · Schreiadler · Seggenrohrsänger · Steinrötel · Steinsperling · Steinwälzer · Triel · Waldrapp

Vom Aussterben bedroht
Alpenstrandläufer · Auerhahn · Birkhuhn · Blaukehlchen · Brachpieper · Bruchwasserläufer · Drosselrohrsänger · Flußseeschwalbe · Flußuferläufer · Gänsesäger · Goldregenpfeifer Haselhuhn · Kampfläufer · Kormoran · Kornweihe · Kranich · Lachseeschwalbe · Moorente Rohrdommel · Rotkopfwürger · Rotschenkel Schwarzhalstaucher · Schwarzstirnwürger · Schwarzstorch · Seeadler · Sperbergrasmücke · Sperlingskauz · Steinadler · Sumpfohreule · Trauerseeschwalbe · Uhu · Wachtelkönig · Wanderfalke · Weißstorch · Wiedehopf · Wiesenweihe · Zaunammer · Zippammer · Zwergdommel · Zwergseeschwalbe

Stark gefährdet
Baumfalke · Bekassine · Brachvogel · Brandseeschwalbe · Eisvogel · Graureiher · Hohltaube · Knäckente · Kolbenente · Krickente · Löffelente · Mittelspecht · Ortolan · Raubwürger · Rauhfußkauz · Rohrweihe · Schilfrohrsänger · Schleiereule · Schnatterente · Schwarzkehlchen · Sperber · Steinkauz · Tüpfelsumpfhuhn · Uferschnepfe · Wachtel · Waldschnepfe · Ziegenmelker

Gefährdet
Braunkehlchen · Dreizehenspecht · Grauammer · Habicht · Heidelerche · Kolkrabe · Küstenseeschalbe · Neuntöter · Rotmilan · Saatkrähe · Schwarzmilan · Seeregenpfeifer · Steinschmätzer · Turteltaube · Uferschwalbe · Wasseramsel · Wasserralle · Wendehals · Wespenbussard

(Die unter »stark gefährdet« und »gefährdet« aufgeführten Vogelarten werden von der deutschen Sektion des Internationalen Rates für Vogelschutz unter der Gefährdungsstufe »bedroht« zusammengefaßt.)

Potentiell gefährdet
Alpenbraunelle · Alpendohle · Alpenschneehuhn · Alpensegler · Bartmeise · Beutelmeise · Birkenzeisig · Dreizehenmöwe · Eissturmvogel Felsenschwalbe · Kleinsumpfhuhn · Mauerläufer · Mittelsäger · Nachtreiher · Purpurreiher · Ringdrossel · Rohrschwirl · Rothalstaucher · Schellente · Schneefink · Schwarzkopfmöwe · Spießente · Sprosser · Steinhuhn · Tordalk · Trottellumme · Waldwasserläufer · Wasserpieper · Weißrückenspecht · Zitronengirlitz · Zwergschnäpper · Zwergsumpfhuhn

Neben den Brutvögeln steht noch eine erkleckliche Anzahl von Vermehrungsgästen (das sind Arten, deren Brutgebiete normalerweise außerhalb der Bundesrepublik Deutschland liegen, die sich hier aber sporadisch oder in Einzelfällen vermehren), von Durchzüglern, Übersommerern, Überwinterern und anderen Gastvögeln auf der Roten Liste.

Vermehrungsgäste
Bergfink · Bienenfresser · Brachschwalbe · Karmingimpel · Löffler · Pfeifente · Rotdrossel · Rotfußfalke · Seidensänger · Stelzenläufer · Steppenhuhn · Steppenweihe · Weißbartseeschwalbe · Weißflügelseeschwalbe · Zwergmöwe · Zwergohreule · Zwergschnepfe

Gefährdete Durchzügler, Überwinterer, Gäste usw.
Alken · Bleßgans · Brachschwalben · Eulen · Flamingos · Greifvögel · Ibisse · Kraniche · Kurzschnabelgans · Lappentaucher · Nonnengans · Pelikane · Raubmöwen · Reiher · Ringelgans · Saatgans · Säger · Scharben · Seeschwalben · Seetaucher · Singschwan · Trappen · Watvögel · Zwerggans · Zwergschwan

Literatur

Die Auswahl nennt keine wissenschaftlichen Einzelveröffentlichungen; sie führt Zeitschriftenherausgeber auf, sofern es sich um Naturschutzvereinigungen, -behörden o. ä. handelt.

Bücher

Ali, S.: Field Guide of the Birds of the Eastern Himalayas, Delhi 1977
Ali, S.: The Book of Indian Birds, Bombay 1977
Bezzel, E.: Verstummen die Vögel?, München 1973
Blab, J., E. Nowak, W. Trautmann und H. Sukopp (Hrsg.): Rote Liste der gefährdeten Tiere und Pflanzen in der Bundesrepublik Deutschland, Reihe »Naturschutz aktuell« (Hrsg.: Wolfgang Erz), Greven 1978
Blaupot ten Cate, S. J.: Jagd und Wildschutz im Norden Amerikas, Hamburg und Berlin 1977
Blondel, J. und P. Isenmann: Guide des oiseaux de Camargue, Neuchâtel und Paris 1981
Brink van den, F. H.: Die Säugetiere Europas, Hamburg und Berlin 1975
Brown, L.: Eagles of the World, Newton Abbot und London 1976
Brown, L.: The African Fish Eagle, Kapstadt, Johannesburg und London 1980
Brüll, H.: Das Leben europäischer Greifvögel, Stuttgart 1977
Brüll, H., A. Lindner, L. v. Lutterotti und W. Scherzinger: Die Waldhühner, Hamburg und Berlin 1977
Bucher, R. (Redaktion): Das Buch der Jagd, Luzern und Frankfurt am Main 1973
Bützler, W.: Rotwild, München, Bern und Wien 1972
Burrows, R. und K. Matzen: Der Fuchs, München, Bern und Wien 1972
Cameron, A. W.: Canadian Mammals, Ottawa 1972
Cameron, A. W. und C. J. O. Harrison: Bird Families of the World, New York 1978
Deutscher Falkenorden (Hrsg.): Jahrbuch für Falknerei, Greifvogelkunde und Greifvogelschutz, Osterode, verschiedene Jahrgänge
Deutscher Jagdschutz-Verband e. V. (Hrsg.): DJV Handbuch, Mainz, verschiedene Jahrgänge
Deutsche Sektion des Internationalen Rates für Vogelschutz e. V. (Hrsg.): Vogelschutz, Jährliche Berichte, Greven
Dorst, J. und P. Dandelot: Säugetiere Afrikas, Hamburg und Berlin 1973
Douglas-Hamilton, I. und O.: Unter Elefanten, München und Zürich 1976
Dröscher, V. B.: Die Tierwelt unserer Heimat, Hamburg 1978
Global 2000, Der Bericht an den Präsidenten, Frankfurt am Main 1980
Glutz, U., K. Bauer und E. Bezzel: Handbuch der Vögel Mitteleuropas, Bde. 1 bis 7, 9, Frankfurt am Main 1966 bis 1980
Godfrey, W. E.: The Birds of Canada, Ottawa 1974
Grossmann, M. L. und J. Hamlet: Birds of Prey of the World, New York 1964
Grzimek, B. (Hrsg.): Grzimeks Tierleben, 13 Bände und ein Ergänzungsband, München 1968 bis 1972
Harrison, C.: Eier und Nester aller Vögel Europas, Nordafrikas und des Mittleren Ostens, Hamburg und Berlin 1975
Heinzel, H., R. Fitter und J. Parslow: Pareys Vogelbuch, Hamburg und Berlin 1977
Horbach, M.: Der Kampf um die letzten Tier-Paradiese in Afrika, München 1972
Johnson, P.: As Free as a Bird, Kapstadt 1976
Johnson, P. und A. Bannister: Okavango, Kapstadt und Hannover 1978
Kahl, M. P.: Welt der Störche, Hamburg und Berlin 1981
Kalchreuter, H.: Die Sache mit der Jagd, München, Bern und Wien 1977
Karlsson, S. und B.: Der Zug der Kraniche, Gütersloh 1977
Kolbe, H.: Die Entenvögel der Welt, Radebeul 1972
Künkel, R.: Elefanten, Hamburg 1981
Kurt, F.: Naturschutz – Illusion und Wirklichkeit, Hamburg und Berlin 1981
Landelijke Vereniging tot Behoud van de Waddenzee und Vereniging tot Behoud van Natuurmonumenten in Nederland (Hrsg.): Wattenmeer, deutsche Ausgabe: Neumünster 1976
Makatsch, W.: Der Kranich, Wittenberg Lutherstadt 1970
Moll, K. H.: Unter Adlern und Kranichen, Wittenberg Lutherstadt 1970
Myers, N.: The Long African Day, New York und London 1972
Nüßlein, F.: Jagdkunde, München, Bern u. Wien 1980
Ornithologische Arbeitsgemeinschaft für Schleswig-Holstein und Hamburg e. V. (Hrsg.): Vogelwelt Schleswig-Holsteins, Bd. 1: R. K. Berndt und D. Drenckhahn, Bearb., Seetaucher bis Flamingo, Kiel 1974; Bd. 2: V. Looft und G. Busche, Bearb., Greifvögel, Neumünster 1981
Peterson, R. T.: A Field Guide to Western Birds, Boston 1961
Peterson, R. T., G. Mountfort und P. A. D. Hollom: Die Vögel Europas, Hamburg und Berlin 1979
Portmann, A.: Kleine Einführung in die Vogelkunde, München 1966
Prater, S. H.: The Book of Indian Animals, Bombay 1980
Raesfeld, F. v.: Das deutsche Waidwerk, Hamburg und Berlin 1966
Raesfeld, F. v., A. H. Neuhaus und K. Schaich: Das Rehwild, Hamburg und Berlin 1978
Reuther, C. und A. Festetics (Hrsg.): Der Fischotter in Europa – Verbreitung, Bedrohung, Erhaltung, Oderhaus und Göttingen 1980
Roberts, A.: Birds of South Africa, Kapstadt 1975
Schaller, G. B.: Serengeti, A Kingdom of Predators, New York 1972
Schmidt, G. A. J. und K. Brehm: Vogelleben zwischen Nord- und Ostsee, Neumünster 1974
Schmidt-Koenig, K.: Das Rätsel des Vogelzugs, Hamburg 1980
Schüz, E.: Grundriß der Vogelzugskunde, Hamburg und Berlin 1971
Sielmann, H.: Das Wild unserer Wälder und Felder, Hamburg und Berlin 1981
Steinbach, G.: Die Welt der Eulen, Hamburg 1980
Stern, H., G. Thielke, F. Vester und R. Schreiber: Rettet die Vögel – Wir brauchen sie, München und Berlin 1978
Stern, H., W. Schröder, F. Vester und W. Dietzen (Hrsg.: R. Schreiber): Rettet die Wildtiere, Stuttgart 1980
Strassen zur, W. H.: The Fur Seal of Southern Africa, Kapstadt 1971
Thun-Hohenstein, Romedio Graf v. (Hrsg.): Wild und Jagd, Hamburg 1977
Treuenfels, C.-A. v.: Solange sie noch leben, München 1973
Treuenfels, C.-A. v.: Den Tieren zugeschaut, München 1973
Trommer, G.: Greifvögel, Stuttgart 1974
Udvardy, M. D. F.: The Audubon Society Field Guide to North American Birds, New York 1977
Voous, K. H.: Die Vogelwelt Europas und ihre Verbreitung, Hamburg und Berlin 1962
Weber, K. und L. Hoffmann: Camargue, München, Basel und Wien 1968
Williams, J. G.: Die Vögel Ost- und Zentralafrikas, Hamburg und Berlin 1973
World Wildlife Fund (Hrsg.): Yearbook, Gland (Schweiz), verschiedene Jahrgänge
Wüst, W.: Die Brutvögel Mitteleuropas, München 1970
Zaloumis, E. A. und R. Cross: A Field Guide to the Antelope of Southern Africa, Durban 1975

Zeitschriften

african wildlife, Wildlife Society of Southern Africa, Weenen
Audubon, National Audubon Society, New York
Die Pirsch, München
fauna & flora, Transvaal Nature Conservation Division, Pretoria
GEO, Hamburg
Grzimeks TIER und Sielmanns TIERWELT, Bern und Stuttgart
HORNBILL, Bombay National History Society, Bombay
International Wildlife, National Wildlife Federation, Washington, and Canadian Wildlife Federation, Ottawa
Jäger, Hamburg
Kosmos, »Kosmos«, Gesellschaft der Naturfreunde, Stuttgart
National Geographic, National Geographic Society, Washington
National Wildlife, National Wildlife Federation, Washington
Nationalpark, Grafenau
natur, München
Natur und Landschaft, Bundesforschungsanstalt für Natur und Landschaft, Bonn
Natur & Umwelt, BUND, Bonn
Otterpost, Aktion Fischotterschutz e. V., St. Andreasberg/Harz
Panda, WWF-Schweiz, Zürich
Seevögel, Verein Jordsand zum Schutze der Seevögel e. V., Hamburg
Swara, East African Wildlife Society, Nairobi
Vogelschutz, Landesbund für Vogelschutz in Bayern e. V., Garmisch-Partenkirchen und Greven
Wild und Hund, Hamburg
Wir und die Vögel, Deutscher Bund für Vogelschutz e. V. Kornwestheim
WWF, Umweltstiftung WWF-Deutschland, Frankfurt am Main

Register

Tiernamen und Seitenzahlen, die in Fettdruck hervorgehoben sind, verweisen auf die Fotos.